江西理工大学优秀学术著作出版基金资助

废铬资源再利用技术

熊道陵　李金辉　李　英　编著

北京
冶金工业出版社
2012

内 容 提 要

本书首先简单介绍了铬的性质、应用以及废弃铬资源的来源和危害，然后详细论述了含铬废渣、废水中铬的回收再利用技术，最后介绍了铬的分析方法。

本书可供化工、冶金、环境保护等行业生产、科研、设计人员阅读，也可供高等院校师生参考。

图书在版编目(CIP)数据

废铬资源再利用技术／熊道陵，李金辉，李英编著. —北京：冶金工业出版社，2012.10

ISBN 978-7-5024-6046-4

Ⅰ.①废…　Ⅱ.①熊…　②李…　③李…　Ⅲ.①铬－废物综合利用　Ⅳ.①X781

中国版本图书馆 CIP 数据核字(2012)第 222699 号

出 版 人　谭学余

地　　址　北京北河沿大街嵩祝院北巷 39 号，邮编 100009

电　　话　(010)64027926　电子信箱　yjcbs@ cnmip. com. cn

责任编辑　杨秋奎　美术编辑　彭子赫　版式设计　葛新霞

责任校对　郑　娟　责任印制　李玉山

ISBN 978-7-5024-6046-4

冶金工业出版社出版发行；各地新华书店经销；北京百善印刷厂印刷

2012 年 10 月第 1 版，2012 年 10 月第 1 次印刷

787mm × 1092mm　1/16；11. 25 印张；271 千字；170 页

36. 00 元

冶金工业出版社投稿电话：(010)64027932　投稿信箱：tougao @cnmip. com. cn

冶金工业出版社发行部　电话：(010)64044283　传真：(010)64027893

冶金书店　地址：北京东四西大街 46 号(100010)　电话：(010)65289081(兼传真)

(本书如有印装质量问题，本社发行部负责退换)

前　言

随着世界经济的快速发展及国际市场的不断开拓，人们对铬资源的需求越来越迫切。铬盐及铁合金等行业在生产过程中会需要大量的含铬矿物，这些矿物经过一定的工艺处理后，会产生许多含铬废渣、废水。这些废料中的铬大多是以毒性很大的六价铬形式存在，对人类健康及生存环境都造成了巨大的威胁。近几年来国内外不断发生的铬污染事件，不仅导致周边环境不断恶化，而且使废料中大量有价金属离子也白白流失，造成资源的浪费。因此，越来越多的科研工作者投入到废铬资源的回收及其资源化的研究工作中，并取得了一系列科研成果。尽管有很多的学术成果见诸于世，但还没有一本相关的著作对其进行归纳总结，鉴于此，笔者在教学、科研实践基础之上编写了本书。

本书较为全面且细致地介绍了近年来最新的关于含铬废渣、废水的处理方法及铬的分析方法，相关的工艺流程以及部分设备选型，并对相关研究成果进行了分析总结。在内容设置上，为满足研究型人才培养的需要，充分体现基础理论和工程实践相结合的特点，同时为适应国际发展和培养高水平管理人才的需要，尽量融入国际上先进的和前瞻性的技术内容。全书共分4章：第1章介绍了铬资源的分类、产生以及消耗等内容，并对当今国际国内铬资源消耗进行了归纳总结；第2章介绍了含铬废渣的回收再利用技术，主要是针对固体铬废料的回收及资源化再利用；第3章详细介绍了含铬废水的回收再利用技术；第4章介绍含铬资源中铬的分析方法研究进展。本书对基础知识部分的介绍语言精练、简明扼要，文字深入浅出；对含铬废渣、废水中的铬的再利用技术及方法描述得详细、形象，每种处理方法后都会有相应的例证及该方法进展情况；选取的铬分析方法具有实用性、可靠性。

感谢江西理工大学各位同仁对本书编写工作的大力支持。

由于作者水平所限，书中不妥之处，恳请广大读者及同行不吝指教。

作　者

2012年6月

目　录

1 铬资源概述

在18世纪的采矿业中，西伯利亚地区出产了一种红色的矿石，德国人列曼对此矿石进行了检测，发现了除铅元素以外的其他物质[1]。直至1797年，法国化学家沃克兰认定这些除铅以外的元素为新的元素[2]。1798年，沃克兰教授把这种新发现的元素命名为chrom，在拉丁语中称为chromium，确定了它的元素符号为Cr。在希腊文中称为Chroma，意为颜色，因为这种元素以多种不同颜色的化合物存在，故被称为"多彩的元素"。在当时，铬元素被普遍发现于铅矿中，克拉普洛特就曾从铅矿中发现了铬元素[3]。

自然界不存在游离状态的铬，主要含铬矿石或铬铁矿。铬在地壳中的含量为0.01%，居第17位。铬属于金属元素，是黑金属中的一种，肉眼观察为银白色，质地较硬，而且脆硬。铬的化合价态比较多，一般为+2、+3和+6。金属铬不易溶于水，但易溶于除硝酸以外的任何无机酸中，也可溶解于强碱溶液中，熔融状态下的碱金属也可以溶解铬[4]。值得一提的是金属铬在酸中具有很强的钝化性质。金属铬只有在高温下才能被氧化，在空气中很难被氧化。由此可见，金属铬具有很强的抗腐蚀性，可以作为抗腐蚀性材料。

1.1 铬的性质

1.1.1 铬的物理性质

铬是一种具有银白色光泽的金属，无毒，化学性质很稳定，有延展性，含杂质时硬而脆。铬的熔点1857℃，沸点2672℃，单晶密度为7.22g/cm^3，多晶密度为7.14g/cm^3；原子序数为24，相对原子质量为51.9961[5]。铬在所有金属中硬度最大。

铬具有良好的金属光泽，抗蚀性强，常常用作金属表面的镀层。大量铬还用于制造合金，如铬钢和不锈钢。铬盐作为重要的工业原料，是无机盐产品的主要品种之一，主要用于冶金、化工、电镀、制革、制药及航空工业，还可以用作防水及催化、耐磨剂等，在国民经济建设中起着重要的作用。据商业部门统计，全国有10%的商品品种与铬盐产品有关。

1.1.2 铬的化学性质

铬的价电子结构为$3d^54s^1$，氧化值有−2、−1、0、+1、+2、+3、+4、+5、+6，自然界中常见的是+3和+6。铬的电离能为6.767kJ/mol。在水中的主要离子类型有Cr^{3+}、$CrO_4{}^{2-}$、$Cr_2O_7{}^{2-}$等。在酸性溶液中，$Cr_2O_7{}^{2-}$有较强的氧化性，可被还原成Cr^{3+}；Cr^{2+}有较强的还原性，可被氧化成Cr^{3+}，Cr^{3+}在酸性溶液中不易被氧化也不易被还原。在碱性溶液中$CrO_4{}^{2-}$氧化性很弱，相反Cr^{3+}容易被氧化成Cr^{6+}。

1.1.2.1 氧化还原性能

在常温下，铬的性质并不活泼，与空气、水等许多化学物质都不反应，但与氟起反应。在高温时则不同，其反应物质及产物见表1-1。铬的基态电子构型为$1s^22s^22p^63s^23p^6$

$3d^5 4s^1$。其最外层电子分布比较有利，因为半满的轨道增加了稳定性。可能是因为存在大量的交换能，半充满态是特别稳定的[6]。

表 1-1 铬的高温化学性质

反应剂	产　物	反应剂	产　物
H_2	（吸附）	Cl_2	$CrCl_3$（约 600℃）
B	硼化物	Br_2	溴化物（红热）
C	碳化物	I_2	CrI_2，CrI_3（750～800℃）
Si	硅化物（约 1300℃）	NH_3	氮化物（850℃）
N_2	氮化物（900～1200℃）	NO	氮化物，氧化物
P	磷化物	H_2O	Cr_2O_3，H_2（红热）
O_2	氧化物涂片（600～900℃） 燃烧成 Cr_2O_3（2000℃）	CS_2	Cr_2S_3
S	硫化物（700℃）	HF	CrF_2（红热）
Se	硒化物	HCl	$CrCl_2$（红热）
Te	碲化物	HBr	$CrBr_2$（红热）
F_2	CrF_4，CrF_2（红热）	HI	CrI_2（750～850℃）

作为一个典型的过渡元素，铬能与其他物质结合生成许多有颜色的顺磁性的化合物。铬在羰基、亚硝基及金属有机配合物等化合物中呈强还原性。一般来说，低价铬化合物具有碱性，高价铬化合物具有酸性。重铬酸钾和铬酸酐是应用最广泛的氧化剂，在有机合成中用于制取香料、药品。

铬与酸反应能放出氢气。氢卤酸、硫酸和草酸均能溶解铬，加热时溶解更为迅速。铬与稀硫酸反应较缓慢，隔绝空气时在氢卤酸中生成亚铬离子 Cr^{2+}。铬不受磷酸的攻击，并能经受甲酸、柠檬酸和酒石酸等多种有机酸的侵蚀，但乙酸对铬有轻微的腐蚀。

1.1.2.2 配合性能

铬能与有自由电子对的分子、有机基团、多种离子形成配位键，构成稳定配合物。皮革工业中使用最广泛的铬鞣剂，在制备及水溶液陈化时，碱式硫酸铬形成 H_2O-Cr-O-Cr（H_2O）$_3$ 型多核络合物。后者在鞣革时同皮中的胶原生成多个交联键，从而使皮变成革，并赋予形成的革以弹性、柔软、光滑等优良性能。不仅如此，通过 Cr 的桥梁作用，还可以使 Al、Zr 等经多核配合物而同皮中胶原配合，这就是 Cr-Al、Cr-Zr 等复合鞣剂。这些复合鞣剂有与铬鞣剂同样的鞣制效果，但可减少铬的消耗并降低铬的污染[6]。

1.1.2.3 钝化作用

铬的氧化还原电位处在 Zn 和 Fe 之间，似乎应当被稀酸溶解，且在空气和水中应像 Fe 那样生锈，实际上铬在这些介质中均极为稳定，仅在较高温度才与氧及其他非金属化合反应。这是因为金属铬遇空气迅速氧化成了一层极薄而致密的 Cr_2O_3 膜，将内部金属与外部介质隔绝，从而保护内部金属不再被氧化，这就是铬的钝化作用[6]。

未经钝化的铬能将铜、锡和镍从它们的盐水溶液中置换出来。然而，一经钝化，铬变得与贵金属相似，不再受矿物酸侵蚀。铬不溶于硝酸、发烟硝酸和王水，因为它们对铬表面产生了钝化作用。其他能产生钝化作用的氧化剂有氯气、溴以及氯酸与三氧化铬的溶液等。铬在空气中因表面氧化会慢慢变得钝化，其效果自然要比上述氧化剂差。

一般认为钝化作用是铬表面吸附了氧或形成氧化物层所产生，但至今尚未得出令人满意的解释。已经钝化的铬可通过还原过程，例如用氢气处理或将铬浸在稀硫酸中与锌接触，来重新活化。

1.2 铬的用途及毒性

1.2.1 铬的用途

铬主要用于金属加工、电镀等行业。铬同铁、锰、镍等能组成各种性能的抗腐蚀的“不锈钢”，大量的铬用于制造合金材料。由于在高温时也能保证足够的强度及耐氧化能力，在低温时又有较强的韧性，故在机械制造工业中用途十分广泛。铬在自然界中的存在形式主要有铬铁矿（$FeCr_2O_4$）、铬铅矿（$PbCrO_4$）和铬赭石矿（Cr_2O_3）。铬的重要化合物是重铬酸钾（俗称红矾钾）和重铬酸钠（俗称红矾钠），它们是重要的化工原料，大量用于鞣革、印染、颜料、电镀、木材防腐、精细化工、有机合成等方面[7,8]。

铬如同铁、锌、铜、锰、钴、硒等其他元素一样，也是人体必需的微量元素之一，植物体中含量为0.23～1mg/kg，动物体中为0.075～1mg/kg，正常人的肺、肾、肝、脾、胃含铬量的最大值为50～980mg/kg，动植物直接或间接从土壤及水中吸取铬。土壤中平均含铬约100mg/kg，地表水平均含铬量约为180mg/L。人体每天需铬约0.7mg，都从食物和水中摄取，这样才能维持人体正常的生理活动。铬在体内只能保持一定的数量，摄取过量，非但无益还会有害。Cr^{3+}是生物所必需的微量元素，在生物系统中常与生物体内的许多配位基如磷酸盐、蛋氨酸、丝氨酸等形成许多配位化合物，从而对酶的催化活性或蛋白质核酸的三级结构发挥作用。Cr^{3+}具有激活胰岛素的作用，以增加对葡萄糖的作用，是人体维持糖代谢和脂肪代谢的必要物质，能保持血清中胆固醇的恒定。同时它与脂类代谢有密切联系，能增加人体内胆固醇的分解和排泄，是机体内葡萄糖能量因子中的一个有效成分，能辅助胰岛素利用葡萄糖。如食物不能提供足够的铬，人体会出现铬缺乏症，影响糖类及脂类代谢[9]。缺铬会引起动脉粥样硬化和葡萄糖耐力受损，葡萄糖、脂肪等代谢紊乱，遗传不正常等，严重的可导致糖尿病和高血糖症。同时，低浓度铬会刺激植物生长和增产。

铬与其他元素结合能够形成许多化合物，其中一些化合物会影响人体健康。随着铬和它的化合物在工业上的广泛应用，这势必会对人及动植物造成一定的威胁，因此它也越来越引起人们的重视。

1.2.2 铬的毒性

铬的毒性主要是Cr^{6+}的毒性，来源于其强氧化性引起的对有机体的腐蚀与破坏；又有透过生物体膜的作用，能影响体内物质的氧化还原和水解等正常生理过程；还可抑制尿素酶的活动，影响组织中的磷含量。Cr^{3+}的毒性次之，Cr^{2+}和金属铬的毒性小。《铬的健康、安全与环境指南》[10]指出：“对职业健康最有影响的是六价铬化合物”。Koranus 在《铬化合物职业健康、毒物学和生物学监控》[11]一文中引用了美国职业安全与健康学会

(NIOSH）和前联邦德国研究委员会（DFG）关于判断铬化合物致癌性的分类标准。按照1975年NIOSH提出六价铬化合物致癌性的分类，非致癌物包括氢、锂、钠、钾、铷、铯、铵、钡的铬酸盐和重铬酸盐，除此之外的六价铬盐为致癌物。

目前Cr^{6+}的致癌机理还不完全清楚，主要有两种观点：一种观点认为Cr^{6+}被细胞内的还原性物质还原成Cr^{5+}和Cr^{4+}的过程中产生了大量的游离基（已被体外的实验证实），大量的游离基引发肿瘤；另一种观点认为Cr^{6+}被细胞内还原物质还原为Cr^{3+}，生成的Cr^{3+}迅速与DNA发生了反应（体外的实验观察到了还原的Cr^{3+}与DNA的结合），引起遗传密码的改变，进而引起细胞的突变和癌变[12]。

1.3 铬化合物的性质与生产

1.3.1 铬氧化物

1.3.1.1 氧化亚铬

氧化亚铬（CrO）是铬酸根离子，在溶液中显黄色。

1.3.1.2 Cr_2O_3

A 物理性质

Cr_2O_3为浅绿至深绿色细小六方结晶。灼热时变棕色，冷后仍变为绿色。结晶体极硬，极稳定，即使在红热下通入氢气亦无变化。溶于加热的溴酸钾溶液，微溶于酸类和碱类，几乎不溶于水、乙醇和丙酮。相对密度5.22。熔点约2435℃，沸点约3000℃。有刺激性。

B 化学性质

Cr_2O_3溶于热的碱金属溴酸盐溶液。不溶于水、醇、酸和碱。对光、大气、高温及二氧化硫和硫化氢等腐蚀性气体均极稳定。有很高的遮盖力。有毒。与许多二价金属的氧化物一起加热至高温能生成尖晶石型化合物。具有$\alpha-Al_2O_3$结构。Cr_2O_3呈现两性，不仅溶于酸，而且溶于强碱形成亚铬酸盐。

$$Cr_2O_3 + 3H_2SO_4 = Cr_2(SO_4)_3 + 3H_2O \quad (1\text{-}1)$$

$$Cr_2O_3 + 2NaOH = 2NaCrO_2 + H_2O \quad (1\text{-}2)$$

经过灼烧的Cr_2O_3不溶于酸，但可用熔融法使它变为可溶性的盐。如Cr_2O_3与焦硫酸钾在高温下反应：

$$Cr_2O_3 + 3K_2S_2O_7 = 3K_2SO_4 + Cr_2(SO_4)_3 \quad (1\text{-}3)$$

C Cr_2O_3制备方法

Cr_2O_3制备方法包括氧化还原法、三氧化铬分解法、氢氧化铬分解法。

（1）氧化还原法。由重铬酸钾和硫黄混合后进行还原反应，经湿磨、热水洗涤、压滤、干燥、粉碎制得。

$$K_2Cr_2O_7 + S = K_2SO_4 + Cr_2O_3 \quad (1\text{-}4)$$

（2）三氧化铬分解法。可用铬酸酐经1100℃热分解，冷却，高速粉碎制得，由于所需的温度很高，一般情况下采用单相电炉来进行加热，如图1-1所示。

$$4CrO_3 \xrightarrow{1100℃} 2Cr_2O_3 + 3O_2\uparrow \quad (1\text{-}5)$$

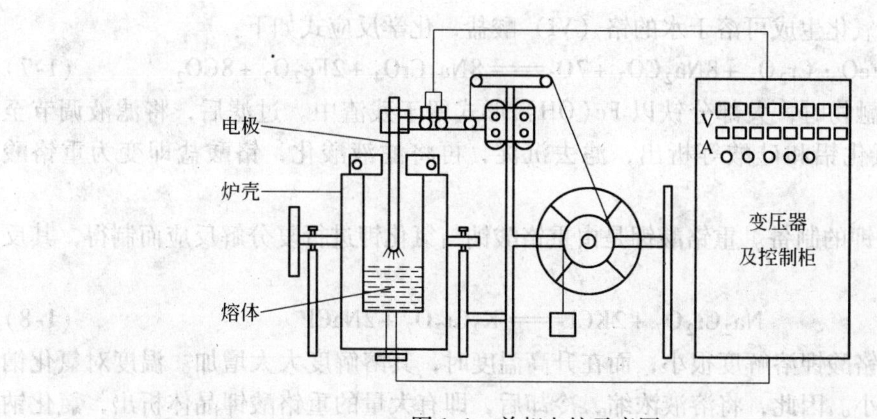

图 1-1 单相电炉示意图

(3) 氢氧化铬分解法。用氢氧化铬在高温下热分解，经洗涤，干燥，粉碎制得。

$$2Cr(OH)_3 \xrightarrow{\triangle} Cr_2O_3 + 3H_2O \quad (1\text{-}6)$$

1.3.2 铬盐

铬盐主要产品品种为重铬酸钠、重铬酸钾、硫酸铬、氯化铬等。

1.3.2.1 重铬酸钠

A 物化性质

重铬酸钠为红色至橘红色结晶。略有吸湿性。100℃时失去结晶水，约400℃时开始分解。易溶于水，不溶于乙醇，水溶液呈酸性。1%水溶液的 pH 值为 4，10%水溶液的 pH 值为 3.5；相对密度 2.348，熔点 356.7℃（无水品），有强氧化性，与有机物摩擦或撞击能引起燃烧。中等毒，半数致死量（大鼠，经口）50mg/kg（无水品）。经流行病学调查表明，对人有潜在致癌危险性，有腐蚀性。

重铬酸钠易潮解，粉化，为强氧化剂。有腐蚀性，容易被还原成 Cr^{3+}。

B 制备方法

重铬酸钠由铬酸钠经酸化或电解制得。工业生产主要采用硫酸法和电解法。硫酸法是将铬酸钠中性液先蒸发至一定浓度，用洗液稀释，加入浓硫酸酸化，使铬酸钠转化为重铬酸钠，经两次蒸发，使硫酸钠完全除去，再经澄清，取澄清液冷却至40℃以下进行结晶，固液分离制得。

1.3.2.2 重铬酸钾

A 物化性质

重铬酸钾又名红矾钾，橙红色粉末或板状结晶，与可燃物接触则着火。相对密度 2.676。熔点 398℃，在 500℃以上发生氧化生成铬酸与 Cr_2O_3。本品为用途极广的铬化合物，用于铬酸混合液和重铬酸滴定等实验室应用，工业上的铬酸盐、重铬酸盐制造、有机合成，电镀、防腐剂、颜料、媒染剂、照相、印刷、电池、安全火柴、化学研磨剂等。

B 制备方法

重铬酸钾可由重铬酸钠与氯化钾或硫酸钾进行复分解而制得。实验步骤为：

(1) 重铬酸钠的制备。一般是用铬铁矿，主要成分 $FeO \cdot Cr_2O_3$ 在碱性介质（如碳酸钠等）中，易被氧化生成可溶于水的铬（VI）酸盐，化学反应式如下：

$$4FeO \cdot Cr_2O_3 + 8Na_2CO_3 + 7O_2 = 8Na_2CrO_4 + 2Fe_2O_3 + 8CO_2 \quad (1\text{-}7)$$

用水浸取熔融物时，大部分铁以 $Fe(OH)_3$ 形式留于残渣中。过滤后，将滤液调节至 pH = 7 ~ 8，氢氧化铝和硅酸等析出，滤去沉淀，再将滤液酸化，铬酸盐即变为重铬酸钠盐。

（2）重铬酸钾的制备。重铬酸钾是由重铬酸钠与氯化钾进行复分解反应而制得，其反应式为：

$$Na_2Cr_2O_7 + 2KCl = K_2Cr_2O_7 + 2NaCl \quad (1\text{-}8)$$

在室温下重铬酸钾溶解度很小，而在升高温度时，其溶解度大大增加。温度对氯化钠的溶解度影响很小。因此，将溶液浓缩，冷却后，即有大量的重铬酸钾晶体析出，氯化钠仍留在溶液中。

1.3.2.3 硫酸铬

A 物化性质

它的分子式为 $Cr_2(SO_4)_3$，相对分子质量为 392.18，绿色粉末或深绿色片状结晶。除六水化合物外，尚有无水物和多种含不同结晶水的化合物，最多可达 18 分子结晶水。色泽由绿到紫不等。含结晶水的可溶于水，无水物则不溶，最小致死量（大鼠，静脉）144mg/kg，有腐蚀性。

B 制备及来源

一种碱式硫酸铬化合物的制备方法如下：以铬铁矿为原料，经过研磨，加入硫酸、搅拌、升温，温度为 90 ~ 160℃ 条件下，加入催化剂，反应温度为 110 ~ 170℃，反应 1 ~ 8h 后，过滤，滤渣为二氧化硅；滤液用碱调整到游离酸值为 0.8% ~ 3.1%，在搅拌条件下，加入晶种钙盐、镁盐或氧化铬、氧化铁，控制温度为 130 ~ 190℃，保温 30 ~ 120min 后，过滤除去含铁渣质，过滤后母液加入碳酸钠进行中和反应，调和至盐基质为 33% ± 1%，将母液干燥获得成品碱式硫酸铬。

在实验中经常是由氢氧化铬与硫酸作用而得。

1.3.2.4 硝酸铬

A 理化性质

硝酸铬分子式是 $Cr(NO_3)_3 \cdot 9H_2O$，结构式如图 1-2 所示。相对分子质量为 238.03，易溶于水，溶于乙醇、丙酮，不溶于苯、氯仿、四氯化碳。深紫色正交单斜结晶，有氧化性，熔点约 60℃，低毒，半数致死量（大鼠，经口）3250mg/kg，有刺激性。用于玻璃制造、陶瓷釉彩、印染及铬催化剂等领域，还可以用作水性胶黏剂有交联剂，可提高聚醋酸乙烯乳液的耐水性。

B 制备方法

由三氧化铬与硝酸加入蔗糖进行还原反应，经过滤，浓缩，冷却结晶，固液分离制得。

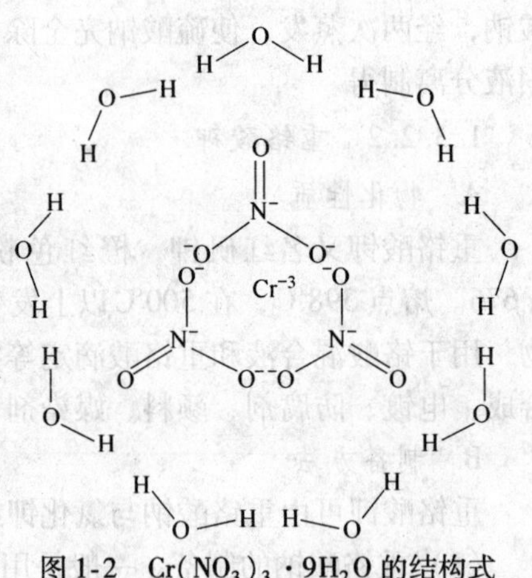

图 1-2 $Cr(NO_3)_3 \cdot 9H_2O$ 的结构式

1.3.2.5 氯化铬

A 物化性质

氯化铬为深绿色结晶粉末，熔点为83℃，相对密度（水=1）为1.7600。分子式为$CrCl_3 \cdot 6H_2O$，相对分子质量为266.48；易溶于水；溶于乙醇、二甲基亚砜（DMSO）、二甲基甲酰胺（DMF）；不溶于乙醚。

氯化铬与水长时间沸腾后成绿色溶液。在空气中灼热则变为Cr_2O_3。在氯气流中可升华，和CCl_4在400℃下共热可以得到动力学惰性的紫色无水物。六水物有深绿色、浅绿色和紫色三种变体，在水溶液中都变成深绿色和紫色混合物，但在DMSO、DMF、乙醇等有机溶剂中呈现墨绿色。

B 制备方法

由氯通过三氧化二铬与碳的混合物或氢氧化铬与盐酸作用而制得。

无水三氯化铬的制备步骤：

(1) Cr_2O_3的制备。称取2.5g $(NH_4)_2Cr_2O_7$，堆放在干燥的蒸发皿中。将玻璃棒的一端加热后引发$(NH_4)_2Cr_2O_7$分解，直至全部橙红色的$(NH_4)_2Cr_2O_7$变成深绿色的Cr_2O_3粉末。产物冷却后，移入烧杯中，用去离子水洗涤所得Cr_2O_3至洗出液为无色，以除去可溶性杂质。将洗净的Cr_2O_3转移到蒸发皿内，放入烘箱，在110℃左右烘干4~6h，冷却后装瓶待用。

(2) 三氯化铬的制备。用无水Cr_2O_3与卤化剂CCl_4在氮气保护下，加热到650℃以上，使$CrCl_3$升华而制得。反应式如下：

$$Cr_2O_3(s) + 3CCl_4(g) = 2CrCl_3 + 3COCl_2(g) \quad (1\text{-}9)$$

由于生成的$CrCl_3$在高温下能与氧气发生氧化还原反应，所以必须在惰性气氛中进行，反应过程中产生少量极毒的光气$COCl_2$，因此该实验必须在良好的通风条件下进行。

1.3.3 铬配位化合物

铬很容易与一些物质发生反应，形成一些配位化合物，如$[Cr(NH_3)_6]Cl_3$、$[Cr(NH_3)_5Cl]Cl_2$、$[Cr(NH_3)_4Cl_2]Cl$等。

1.3.4 含铬有机化合物

含铬有机化合物有螯合铬（如吡啶羧酸铬、烟酸铬）和高铬酵母等。

1.3.4.1 吡啶羧酸铬

A 物化性质

吡啶羧酸铬又名吡啶甲酸铬，甲基吡啶铬。分子式为$Cr(C_6H_4NO_2)_3$，相对分子质量为418.33，它呈现紫红色结晶性细小粉末，流动性良好，常温下稳定，微溶于水，不溶于乙醇，其中铬为Cr^{3+}，属于脂溶性非电解质，可顺利通过细胞膜直接作用于组织。

B 生产工艺

吡啶甲酸铬一般是由甲基吡啶氧化成吡啶甲酸，再与Cr^{3+}化合物络合而成。目前甲基吡啶氧化的方法很多，主要有化学氧化法、微生物发酵氧化法、气相氧化法、电解氧化法[13]。

（1）化学氧化法。化学氧化法包括高锰酸钾、臭氧和硝酸作氧化剂氧化。王海棠等[14]通过添加相转移催化剂和冰醋酸提取剂等改进方法，使得反应产率提高15%以上，2－吡啶甲酸的收率达82.37%。使用化学氧化法生产吡啶甲酸，成本高，生产中会产生大量废液，污染环境；氧化剂在酸、碱条件下对设备腐蚀，发达国家已经逐渐淘汰。臭氧氧化法对设备无腐蚀，三废少，收率较高，缺点是需要特殊的臭氧发生器，难以大规模生产。

（2）微生物发酵氧化法。利用微生物细菌发酵作用，可以将杂环上的甲基氧化成羧基。T Ishikawa等[15]在玫红球菌SP·NS156的存在下，于30℃发酵230h，甲基吡啶在相同条件下发酵，吡啶甲酸的产率能达到90%以上。微生物发酵制备吡啶甲酸，条件温和，成本低，转化率高，不污染环境。但是其生产周期过长，规模化生产具有一定困难。

（3）气相氧化法。气相氧化法是将甲基吡啶在300～450℃变成蒸气，再与氨气、水蒸气、空气或者氧气混合经过催化剂层，氧化生成吡啶甲腈，吡啶甲腈控制水解生成吡啶甲酰胺和吡啶甲酸。气相氧化法温度高，能源消耗大，反应难于控制，容易产生焦油和有害气体，催化剂对原料要求纯度高。

（4）电解氧化法。电解氧化制备吡啶甲酸是在有隔膜的电解槽的阳极进行。电解质、隔膜很重要，而电极导电性与耐腐蚀性影响电解效率和电极寿命，这两方面的影响直到20世纪80年代才得到解决。李克昌等[16]以平板网状PbO_2/Ti（1cm×2.5cm）为阳极，Ni板（1cm×3cm）为阴极，阳极室和阴极室用国产CM－001质子交换膜隔开，饱和KCl甘汞电极为参比电极，通过鲁金毛细管与阳极相连，阳极液为2－甲基吡啶和H_2SO_4的水溶液，阴极液为10% NaOH水溶液，电解氧化2－甲基吡啶，选择性达96.88%。对于选择性来说，电解反应的最佳条件应该是：40℃，1.0mol/L H_2SO_4，0.5mol/L 2－甲基吡啶和阳极电位1.95V。电解氧化法具有条件温和、生产成本低、三废少的优点，是今后化工发展的方向之一。

1.3.4.2 烟酸铬

A 物化性质

烟酸铬的分子式为$C_{18}H_{12}CrN_3O_6$，结构式如图1-3所示，相对分子质量为418.33。它呈烟灰色细小粉末，常温下稳定，不溶于水，不溶于乙醇，其中铬为Cr^{3+}。

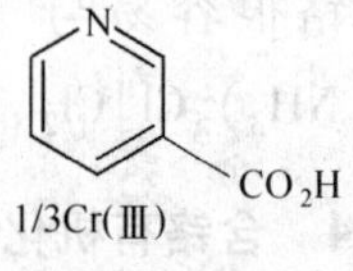

图1-3 $C_{18}H_{12}CrN_3O_6$的结构式

国内外不少学者围绕葡萄糖耐量因子拟似的化学结构式研究了烟酸铬的合成、分子结构等，得到了不同配位和核数的烟酸铬，如$[Cr(Nic)_2(H_2O)_3OH]$[17,18]、$[Cr(Inic)_2(H_2O)_3OH]$[17]、$Cr(Enic)_2(H_2O)Cl_3$[17]、$Cr(Salen)(Nic)(H_2O)_2$[19]、$Cr_2(Nic)_3Cl_3(H_2O)_3\cdot 5H_2O$[20]、$Cr_2(Inic)_3Cl_3(H_2O)_3.5H_2O$[21]、$[Cr_3(Hnic)_6(H_2O)_3]^{7+}$等（Nic－烟酸根，Inic－异烟酸根，Enic－烟酸乙酯，Salen－双水杨基缩乙二胺，Hnic－烟酸）。

B 烟酸铬制备方法

a 实验室制备方法

称取烟酸124g(1mol) 置于1000mL烧杯中，用100mL水湿润，用6mol/L NaOH调pH值至8.0左右，同时加热至80℃。另称取$CrCl_3\cdot 6H_2O$ 88g（0.33mol）于500mL烧杯中，

加300mL水，加热溶解并升温至80℃左右，在搅拌下倒入上述烟酸钠盐溶液中，用少量水洗烧杯后合并入上述反应液中，在搅拌下用6mol/L NaOH调pH值到6.8~7.2，加水至总体积900mL，冷却至室温。抽滤，滤饼用水洗涤，再用乙醇（95%）洗一次，抽滤干，于室温下挥发去乙醇，再用110℃充分干燥，得灰色烟酸铬（Ⅲ）140g。

b　$Cr(Nic)_3$的合成

将0.1mol的烟酸溶于0.1mol/L 50mL氢氧化钾乙醇溶液中，0.03mol的$CrCl_3 \cdot 6H_2O$溶于无水乙醇中，在55~60℃剧烈搅拌下，缓慢将$CrCl_3 \cdot 6H_2O$乙醇溶液滴入烟酸溶液中。滴毕时，溶液pH>7，继续搅拌1h，静置陈化24h，离心过滤，得蓝灰色沉淀，用乙醇洗涤3次，离心，105℃干燥即得。

1.4 铬的来源

1.4.1 铬的工业来源

铬的所有化工产品都是由铬酸钠和重铬酸钠制得。将铬铁矿与碳酸钠一起焙烧，然后浸出铬酸钠溶液，并结晶出铬酸盐。若酸化此溶液，则能结晶出重铬酸盐。将重铬酸钠与硫酸加热可得到铬酸。如用二氧化硫或葡萄糖来还原重铬酸盐溶液可得到三价铬盐。铬盐在国民经济各部门中用途极广，主要用于电镀、鞣革、印染、医药、颜料、催化剂、有机合成氧化剂、火柴及金属缓蚀等方面。据商业部门统计，铬盐产品与我国10%的商品品种有关。

1.4.2 常见的铬矿石

铬矿物主要被应用在冶金工业和化学工艺上，它们一般都归属于铬尖晶石类矿物，而且有共同的化学式（Mg^{2+}，Fe^{2+}）（Cr^{3+}，Al^{3+}，Fe^{3+}）$_2O_4$或（Mg^{2+}，Fe^{2+}）$O(Cr^{3+}$，Al^{3+}，$Fe^{3+})_2O_3$，其中Cr_2O_3的含量约为20%~60%[22]。一般开采的铬矿中，Cr_2O_3的含量大约都在30%以上[23]。常见的铬矿石包括铬铁矿、富铬类型晶石、硬铬尖晶石等。

1.4.2.1 铬铁矿

铬铁矿[24]一般包括亚铁铬铁矿（$FeCr_2O_4$，其中含FeO 32.00%、Cr_2O_3 68.00%）、铬镁铁矿（$MgCr_2O_4$，其中含MgO 20.95%、Cr_2O_3 79.05%）以及介于两者之间的矿石[$(Mg、Fe)Cr_2O_4$]。所有的铬铁矿均是等轴晶系，晶体非常细小，为八面体，然后以粒状或者密度很大的块状进行结合。此种矿石硬度大、密度大、颜色为黑色、且具有褐色条痕，还具备半金属光泽，有一定的磁性。铬铁矿是岩浆形成的矿物，在超基性岩当中形成，在经受长期风化等条件下，铬铁矿便会形成铬铁砂矿[25]。此种矿石被广泛应用于化学工业和冶金工业中。

1.4.2.2 富铬类型晶石

富铬类型晶石又称为铝铬铁矿或者铁铬尖晶石[26]，化学式为$Fe(Cr, Al)_2O_4$，其中含Cr_2O_3 33%~39%。此种晶石也为等轴晶型，晶体细小，八面体，以粒状或者密度很大的块状进行结合，颜色为黑色且具有褐色条痕，还具备半金属光泽，有一定的磁性。此矿石也形成于岩浆产物，被广泛应用于化学工业和冶金工业中。

1.4.2.3 硬铬尖晶石

此种晶石[27]化学式为（Mg，Fe）（Cr，Al)$_2$O$_4$，其中含 Cr_2O_3大约为30%~50%。此种矿石同为等轴晶型，具有相同的物理性质，同样形成于岩浆，被广泛应用于化学工业和冶金工业中。

1.4.3 铬的食物来源及其代谢

铬是动物和人体必不可少的微量营养素之一。其主要作用是帮助维持身体中所允许的正常葡萄糖含量。饮食中供铬不足与葡萄糖和类脂同化作用的改变有关。肠胃中铬的吸收与食品中元素的化学结构有关。研究表明，饮食中摄入的无机铬只有1%~3%被吸收，铬一旦被吸收，便迅速离开血液分布于各个器官中，特别是肝脏，有 Cr^{3+}存在。在所有细胞组织中铬的浓度都随着年龄的增加而下降。吸收的铬主要通过肾脏排泄。人体的头发含铬浓度最高，约为0.2~2.0mg/kg。

铬的最好来源是肉类，尤以肝脏和其他内脏，是生物有效性高的铬的来源。啤酒酵母、未加工的谷物、麸糠、硬果类、乳酪也提供较多的铬；软体动物、海藻、红糖、粗砂糖中的铬的含量高于白糖。家禽、鱼类和精制的谷类食物含有很少的铬。

铬源大致可分为无机铬和有机铬两种形式。无机铬有 $CrCl_3$、$Cr(SO_4)_3$等，有机铬有高铬酵母和螯合铬（如烟酸铬、吡啶羧酸铬）等。在饲料原料中含铬最丰富的是啤酒酵母。此外，禾谷类、坚果、豆类、植物油、肉类、奶制品、动物肝脏、胡萝卜、螃蟹等也是天然有机铬的来源。铬在动物体内以低浓度广泛分布于全身，存在形式为 Cr^{3+}，主要分布在肝、血液、毛发、牙齿中[28]。

铬主要经过肠道吸收，有机铬吸收率高于无机铬，有机铬的吸收率为10%~25%，无机铬为1%~3%或更低。铬进入有机体后，除结合到运铁蛋白（β-球蛋白）外，在高于生理浓度时，铬经常非特异地结合到几种血浆蛋白中。铬在动物体内的吸收与饲粮中铬存在的形式密切相关，并受年龄、内环境（如血液和肠道pH值等）、饲料营养成分等因素的影响。由于铬不能在肾中重新吸收，而从尿中排出，因此，尿中排出的铬量可用于反应铬的代谢和消耗。几种有机铬的物化性质对比见表1-2[29]。

表1-2 几种有机铬的物化性质对比

名 称	分子式	相对分子质量	性质及作用
吡啶羧酸铬	$Cr(C_6H_4NO_2)_3$	418.33	一定剂量下使用是安全的，不具有细胞毒性和基因毒性。低剂量的吡啶羧酸铬对DNA结构反而有保护和抗氧化作用，另外它对肥胖症、糖尿病及高血脂等病症具有缓解作用
烟酸铬	$Cr(C_6H_4NO_2)_3$	418.33	烟灰色细小粉末，流动性良好，常温下稳定，不溶于水，为五元环结构，与吡啶羧酸铬是同分异构体
酵母铬	$Cr(C_6N_4NO_2)_3$	418.33	又称吡啶羧酸铬，是酵母细胞培养在 Cr^{3+}的培养基中，通过生物转化将无机铬转化为有机铬，提高了铬在机体内吸收利用率，降低毒副作用，发挥调节血糖、降脂及降胆固醇的作用
蛋氨酸铬	$(C_5H_{10}NO_2S)_3Cr$	497.0	它是铬的天然配位体，在生理条件下，能够抵制铬的羟桥合作用，保证铬和蛋氨酸的生物学活性。蛋氨酸与铬不仅具有清除自由基的作用，还有抑制自由基产生的作用

1.5 铬的危害

1.5.1 近年来铬污染案例

随着经济和现代工业的发展，人类社会对金属铬和铬盐的需求量越来越大。但是，在金属铬和铬盐的生产过程中排放的铬渣，不仅大量占用土地，而且严重污染了周围的环境，引起了人们的广泛重视。尤其是在铬盐生产过程中产生的铬渣，数量之大、污染之重、治理难度之大等，使得铬渣的解毒和资源化问题越来越成为各国环境工作者关注的焦点。

下面是近年来一些铬渣污染事故：

（1）2011 年 8 月 12 日云南曲靖发生重金属污染。2011 年 8 月 12 日，云南信息报报道了一篇关于曲靖重金属污染的事件。报道指因 5000t 铬渣倒入水库，致使水库致命 Cr^{6+} 超标 2000 倍。事后云南将 300000m^3 受污染水，铺设管道排入珠江源头南盘江。

（2）河南六城市堆放铬渣。河南六城市堆放 52 万吨铬渣数十年致持久污染[30]。河南省义马市区 4km 处的铬渣场，渣场中黄色物质十分醒目，它便是铬渣遇水后产生的剧毒物质——六价铬。这处数十万吨的铬渣已封存 26 年。

（3）湖南浏阳“铬污染”事件。2009 年 6 月 15 日上午，浏阳市镇头镇双桥村。以湘和化工厂为圆心向外 500m 延伸，周围田野里的庄稼渐次呈现出深黄色、黄绿色、绿色三种不同颜色，晒在水泥地上的稻谷谷壳上透着黄褐色。

（4）据《洛杉矶时报》报道，有毒的化学物质正不断地逼近科罗拉多河，它使得 1800 万加利福尼亚居民的供水受到威胁。文章说，至少有 1.08 亿加仑（约 410 万立方米）的被 Cr^{6+} 污染的溪流正在威胁着科罗拉多河。这也引起控制科罗拉多河输水道的城市水管区专家们的关注，因为科罗拉多河输水道是洛杉矶饮用水的主要来源。

1.5.2 铬污染危害

铬渣作为浸出毒性的固体废弃物，被联合国环境规划署《控制危险废物越境转移及其处置巴塞尔公约》，列出的“应加控制的废物类别”中 45 类的 Y21 组别。根据《中华人民共和国固体废物污染环境防治法》，2008 年 6 月 6 日中华人民共和国环境保护部、中华人民共和国国家发展和改革委员会令第 1 号，特制定《国家危险废物名录》，铬渣列在编号 HW21 中。

铬分布于自然界，在水和大气中均含有微量铬。铬在自然界中的稳定价态是 Cr^{3+} 和 Cr^{6+}，三价铬以 Cr^{3+} 阳离子形式存在。铬的毒性与其存在形态有极大关系，Cr^{6+} 具有强氧化性，是一种毒性较大的致畸、致突变剂，是美国 EPA 公认的 129 种重点污染物之一。而 Cr^{3+} 毒性较小，只有 Cr^{6+} 的 1%。甚至有些 Cr^{3+}，如三氧化二铬及其水合物可考虑无毒。铬的价态不同，人体吸收铬的效果也不一样，胃肠道对 Cr^{3+} 的吸收比 Cr^{6+} 低。环境中大量的铬会污染环境，进一步则危害人体健康，现已有充足的资料证明，接触铬酸盐的工人发生肺癌的危险性要比一般人高出 38 倍。因此含铬废水废渣的危害主要是由其中的 Cr^{6+} 所造成的。多年来各国普遍将铬污染，尤其是 Cr^{6+} 的污染列为重点防治对象。

1.5.2.1 Cr^{6+}对人体的危害

可溶性Cr^{6+}能引起鼻膜发炎、溃疡甚至鼻穿孔，引起皮肤湿疹，形成难以愈合的“铬疮”，引起喘息性支气管炎；误服将引起胃薄膜充血甚至内脏出血，其成人致死量为3~5g。Cr^{6+}的微溶盐还有致癌作用，在大量实验及统计的基础上，美国国家职业安全与健康学会（NIOSH）于1975年、前联邦德国研究委员会（DFG）于1984年先后宣布铬酸钙、铬酸锌及铬酸银（均为铬盐厂副产物）为致癌物，铬化合物的致癌部位主要是肺部，死于肺癌的铬盐厂工人其肺含铬量为1300~98870mg/kg，而正常人为0~330mg/kg。

1.5.2.2 Cr^{6+}对农田和植物的危害

Cr^{6+}主要分布在土壤表层，是可溶性的，易被植物吸收，主要保留在植物的根部，其次是茎叶中。因此Cr^{6+}对农作物的危害主要是影响植物生长。研究表明，Cr^{6+}浓度为20mg/kg时，对玉米苗生长有明显刺激作用；50mg/kg时，有显著的抑制作用；160mg/kg时，玉米苗就不能成活。土壤中Cr^{6+}浓度大于10mg/kg时，对春小麦的苗期生长发育就有不利影响，这是由于Cr^{6+}干扰了植物对铜、铁、磷等营养元素的吸收，破坏了植物的正常生理代谢。

1.5.2.3 Cr^{6+}的其他影响

Cr^{6+}特别是铬酸盐对排水管网有危害，容易造成金属管道的腐蚀。例如铬酸钠浓度为0.31mg/L（换算为铬的浓度为0.1mg/L）时对排水管道有腐蚀作用。Cr^{6+}对污水处理工程也有危害。污水中Cr^{6+}浓度为1mg/L时，可使沉淀池的沉淀效果降低，在生物滤池的表面形成大量的薄膜，使污水的净化受到抑制，沉淀池中矿物质的沉淀数量明显减少，生物滤池里的有机物质发生氧化和硝化作用，生物滤池的功能受到破坏，致使污水的净化作用受到严重破坏。污水中Cr^{6+}浓度为2mg/L时，可使其硝化作用和活性污泥作用明显减弱，使活性污泥的形成和有机质的氧化作用减缓。

总之，铬在人体内可影响氧化还原水解过程，并可使蛋白质变性，沉淀核酸、核蛋白、干扰酶系统，且对农作物、水生动植物、市政管网工程与水体性状等都有明显影响，已被列为一类水环境污染物。

1.6 铬的生产与消费

铬在自然界中主要形成铬铁矿，大多以三价形态存在，三价的三氧化二铬即为通常所说的铬盐。铬在国民生产中具有重要的作用[31]。铬主要用于金属加工、电镀等行业，大量的铬用于制造合金[29]。铬盐是重要的无机化工产品之一，其系列产品是我国重点发展的一类化工原料，广泛应用于冶金、化工、医药、轻纺、机械、电子等工业。随着我国国民经济的飞速发展，对铬盐等相关产品的需求也日益增长，但目前我国铬盐的生产能力还相对不足。

1.6.1 全球铬矿消费及产量增长状况

世界铬铁矿消耗为1300万吨/年，其中80%用于铬铁工艺生产不锈钢合金，剩余20%用于耐火材料、铸造及铬化学品。因此约100万吨/年铬铁矿用于化学加工。全球铬铁矿探明储量135亿吨（消费能力约1300万吨），其中南非72%、津巴布韦10%、哈萨克斯坦10%、印度4%，其他4%。

世界铬铁矿的供给主要被南非、津巴布韦、哈萨克斯坦主宰，其三大生产商Samancor Chrome（BHP Bilitong公司60%，Anglo－American 40%），Xstrata AG公司（前Sudelektra Holding AG）和Kazchrome公司供给全球铬铁矿开采量的50%。这些公司也是铬铁生产商，也向化工行业提供细粉和精矿产品。

近年来，全球铬矿产量保持在7.4%左右的增长，2006年产量为2100万吨，2007年为2340万吨，2008年受到全球经济危机的影响，市场需求有所萎缩，增长率有所下降，同比增长3.85%。2009年全球经济有所回暖，增长率在7%左右，产量为2600万吨，如图1-4所示。

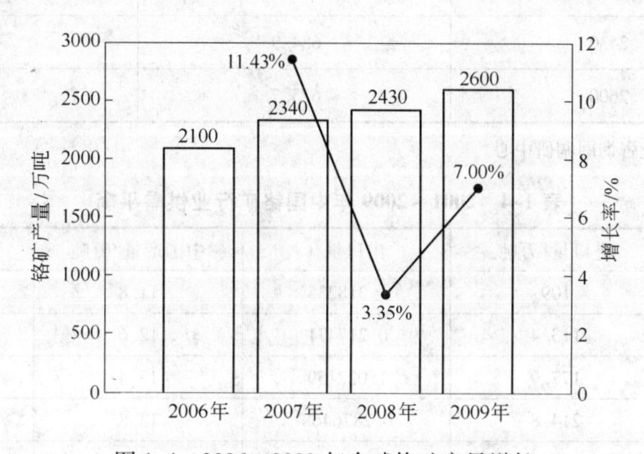

图1-4 2006～2009年全球铬矿产量增长

1.6.2 我国铬矿资源及消费预测

铬铁矿一直是我国最短缺的矿产。我国铬铁矿储量少、产量低，矿床规模小且地处边远地区。我国累计铬矿探明储量仅1000多万吨，不足世界总储量的0.01%。1995年在我国西藏罗布萨建成的全国最大铬铁矿生产基地，设计能力仅有15万吨，年产量约10万吨，探明的总储量也只有246万吨。

在铬矿生产方面，1997年我国多种铬矿矿石产量20万吨，达到了历史最高水平。其中西藏12.2万吨，新疆3.2万吨，甘肃2.4万吨，内蒙古1.1万吨，青海1.1万吨。2002年我国铬矿矿石产量在15万吨左右，2010年产量达18.6万吨。由于铬矿矿山产能增长潜力小，今后各时期铬矿矿石产量可能会下降，预计在2015年产量15万吨左右。在需求方面，铬矿矿石在不锈钢生产中的消费量占总消费量的80%。目前，我国虽然是世界铬铁矿消费大国，但不锈钢产量占钢产量的比例和不锈钢人均消费量的比例均远低于世界水平，预计我国不锈钢需求和生产将持续增长，因此，铬矿矿石在不锈钢生产中的需求也将不断增长。

我国铬铁生产能力较大，每年有10多万吨出口，对铬矿的需求也较大，2010年铬矿进口量已达到为866.2万吨，已是全球最大的铬矿进口国。预计对外进口依赖性将继续保持95%以上，继续长期的、严重的依赖国外铬矿资源。依国别计算，2010年我国铬矿进口前3位的国家分别为南非、土耳其和阿曼，三国合计占进口量的65%以上。

回顾过去几年市场的供需情况，可以发现我国市场需求直接关系着全球铬矿的发展，我国进口铬矿占全球的份额达到了四分之一左右，预计未来5年这种趋势更为严重。未来几年，我国依然是全球最大的铬矿消费国，而我国国内铬矿资源受储量及开采成本影响，供给难以满足国内需求，使得进口原料成为满足冶炼需求的主要来源（表1-3和表1-4）。

表1-3 2006~2009年中国铬矿需求占全球产量份额情况

年 份	全球产量/万吨	中国进口量/万吨	中国进口占全球份额/%
2006年	2100	404.8	19.28
2007年	2340	609.1	26.03
2008年	2430	684.9	28.19
2009年	2600	625.7	24.07

数据来源：中国行业咨询网调研中心。

表1-4 2001~2009年中国铬矿行业供需平衡

年 份	进口量/万吨	出口量/t	中国产量/万吨	表观消费量/万吨
2001年	109	1.318235	11.8	119.48
2002年	113.4	0.217471	12.6	125.78
2003年	177.9	1.022159	13.4	190.28
2004年	214.8	0.2876468	13.8	228.31
2005年	302.4	0.392353	14	316.01
2006年	404.8	0.043125	14.8	419.56
2007年	609.1	0.1216666	15.3	624.28
2008年	684.9	0.231388	16.7	701.37
2009年	625.7	0.201	17.5	643

数据来源：中国行业咨询网调研中心。

在冶金工业上，铬铁矿主要用来生产铬铁合金和金属铬。铬铁合金作为钢的添加料生产多种高强度、抗腐蚀、耐磨、耐高温、耐氧化的特种钢，如不锈钢、耐酸钢、耐热钢、滚珠轴承钢、弹簧钢、工具钢等。金属铬主要用于与钴、镍、钨等元素冶炼特种合金。这些特种钢和特种合金是航空、宇航、汽车、造船，以及国防工业生产枪炮、导弹、火箭、舰艇等不可缺少的材料。在耐火材料上，铬铁矿用来制造铬砖、铬镁砖和其他特殊耐火材料。铬铁矿在化学工业上主要用来生产重铬酸钠，进而制取其他铬化合物，用于颜料、纺织、电镀、制革等工业，还可制作催化剂和触媒剂等。随着中国经济的快速发展，我国不锈钢、颜料、合金产量不断增长，将有力拉动全球铬矿的市场需求。图1-5所示为2012~2015年国内铬矿表观消费量预测。

我国铬矿年消费量大量依赖进口，我国已然成为全球最大的铬矿进口国。据海关统计[32]，2005年我国铬矿进口总量为302万吨，2006年为432万吨。2007年全年，我国共计进口铬矿609.03万吨，累计金额15.5亿美元，同比2006年，分别增长8.192%和9.453%。

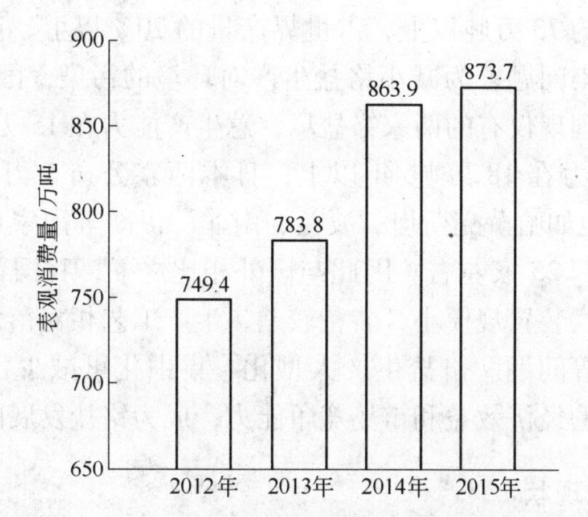

图 1-5　2012～2015 年国内铬矿表观消费量预测

（数据来源：中国行业咨询网调研中心）

随着国内铁合金生产旺季即将来临，铬矿需求量将必然上升。2007 年以来国内不锈钢企业强大的铬铁采购需求对进口铬矿量提出了很高的要求，国内巨大的不锈钢产能对铬矿需求将不会减少。2011 年经济形势颇具波折，一系列的问题还未完全解决，甚至有进一步扩大的可能，需要 2012 年来继续探索解决。对于 2012 年走势总体说供需矛盾和原料价格走势将成为其主要因素。2011 年中国不锈钢产能已经达到 2040 万吨，预计实际产量 1250 万吨，产能利用率仅仅达 61.3%，消费量达 1053 万吨。2012 年不锈钢新的产能将继续释放，虽在炼钢新产能投产有限，新的炼钢产能主要集中在大型民营企业方面，如青山阳江项目、西南云南项目、华光连云港项目；其次冷热轧项目也有新开工，宝钢德盛热轧、西南酸洗线，酒钢冷轧项目、太钢天管冷轧项目；联众、宝新、太钢 BA 项目等，而且 2012 年在冷轧和 BA 方面会竞争更加激烈。预计 2012 年产量将达到 1400 万吨，消费量 1179 万吨，供应过剩差距继续加大。

从长远来看，预计到 2015 年，我国不锈钢产能控制在 2000 万吨，不锈钢产量将超过 1900 万吨，不锈钢需求量将增加至 1600 万吨。“十二五”期间，我国住宅建设将加快发展，将全面提高建筑品质。随着未来建筑质量要求的提高、建筑功能要求的增多和不同区域对建筑的不同要求，不锈钢和不锈钢制品应用数量、质量都将得到提高。今后我国一些地区将在桥梁、高速公路、隧道等基础设施中，更多地采用不锈钢和不锈钢钢筋。另外，“十二五”期间，我国将加紧实施西部大开发、中部崛起战略等计划，各地出台了一批地区发展规划，如《珠江三角洲地区改革发展规划》、《海南国际旅游岛发展的若干意见》、《国务院关于支待赣南等原中央苏区振兴发展的若干意见》等。区域发展将是“十二五”的一个热点，而区域发展必然带来大规模的基础设施建设，这将拉动不锈钢和不锈钢制品需求的持续增长。

1.7　铬盐的发展概况

1.7.1　国内外铬盐的发展状况

目前世界上铬盐生产国主要有美国、俄罗斯、哈萨克斯坦、德国、日本和英国等，铬盐生产能力以红矾钠计约73万吨以上，占世界产量的70%以上。世界铬盐工业面临的主要问题是生产造成的污染问题，为减小铬盐生产对环境的污染，国外铬盐生产向集中化、大型化方面发展，如美国现仅有的两家铬盐厂，总生产能力在15万吨/年以上；俄罗斯的两家铬盐厂，总生产能力在18万吨/年以上；日本两家公司5万吨/年；英国一家公司13.5万吨/年以上，其他如哈萨克斯坦、波兰、南非、伊朗等国家也仅有一个或两个中型厂家；而国内铬盐生产厂25家左右。因此与国外相比之下，我国铬盐生产存在着矿产资源不足，生产厂点过多，装置规模小，装备较差，生产工艺相对落后，产品品种及规格较少，环境污染仍较严重等问题。铬盐生产大型化、集中化可减少污染源，有利于环境治理，也有利于提高企业的经济效益和市场竞争能力，成为铬盐发展的方向[33]。

1.7.2 铬盐行业生产及现状

铬盐是通过焙烧铬铁矿获得的，我国铬铁矿焙烧现在仍然采用的是有钙焙烧工艺，在铬盐生产企业中，除重庆民丰农化公司采用石灰—返渣填料粉料燃烧、济南裕兴化工总厂采用消石灰—返渣填料造粒焙烧外，其余均为白云石—石灰石—返渣填料粉料燃烧[34]。

有钙焙烧工艺需在炉料中配加大量钙质填充料，使排渣量增大，由于有钙铬渣中含有大量类似水泥物相，如硅酸三钙、硅酸二钙和铁铝酸钙等，导致渣水泥化、浸取过滤困难，带损较严重，其带损的水溶性 Cr^{6+}（铬酸钠和游离铬酸钙）造成 Cr^{6+} 近期污染。而其所含铬铝酸钙 - 铬酸钙、硅酸钙 - 铬酸钙、铁铝酸钙 - 铬酸钙等固溶体，虽然短期不易被地表水和雨水溶出，但是长期堆存，在 CO_2 和水的作用下发生水化反应，将导致铬渣对环境的中长期污染。另外有钙铬渣的排放量很大，其造成的污染会进一步加剧。这些都是导致铬盐生产严重污染的重要原因。

无钙焙烧工艺与有钙焙烧工艺不同，它是铬渣危害的源头治污工艺。表现在生产过程中不添加石灰质填加料，使得其铬渣物相与有钙铬渣迥异，进而使得渣的物性得到极大的改善，渣中无水泥化物质，不含 Cr^{6+} 固溶体成分，易于高效浸洗。渣中不含致癌物铬酸钙，每吨产品的排渣量从有钙焙烧的1.5~3.0t/t下降到0.65~1t/t，大幅减少了排渣量，渣含 Cr^{6+} 从1%~1.5%（以 Cr_2O_3 计）降到0.1%，由于不含酸溶 Cr^{6+}，不会出现有钙焙烧工艺湿法解毒后渣返黄的问题，便于解毒利用，从而有效地解决了铬盐生产的清洁化问题，给铬盐生产的清洁化发展带来了最大希望[35]。

我国铬盐主要有4类生产工艺，即铬铁矿焙烧工艺、重铬酸钠中和与酸化工艺、铬酸酐生产工艺、碱式硫酸铬生产工艺。国内的中和与酸化工艺普遍采用了硫酸氢钠沉淀法，用含铬硫酸氢钠溶液中和预酸化铬酸钠碱性液，将游离碱中和，同时部分铬酸钠被转化成重铬酸钠，碱性液中的铝酸钠和硫酸氢钠中的 Cr^{3+} 形成氢氧化物沉淀，连同其他杂质被除去；由于氢氧化铝及氢氧化铬易生成絮状物，带损率较高，近年来已改进为磷酸沉淀法，用磷酸使铝和 Cr^{3+} 形成致密的碱式磷酸盐沉淀，可降低带损率，且滤渣有可能被综合利用。对于铬酸酐生产工艺，国内普遍采用重铬酸钠 - 硫酸熔融法。碱式硫酸铬生产工艺近年来已由蔗糖还原 - 滚筒干燥法改进为二氧化硫塔式还原 - 喷雾干燥法，该法不消耗硫酸，还原完全，适于连续化大型生产，离心喷雾干燥产品为多孔微球，水溶性良好，质量明显优于滚筒干燥的片状产品。

1.7.3 铬盐的污染特点

我国城市布局不断扩大，大量人口在城市集中，随之而来的是城市废物产量的不断增长，每年以10%的速度上升，废物构成也因能源结构、产业结构、消费水平的变化而日趋复杂。目前，我国铬渣污染有以下几个基本特征。

（1）铬盐厂规模小，布点多，污染范围广。由于铬盐产品应用范围广，产量少，产品供不应求，价格一涨再涨，刺激了铬盐生产的发展，在20世纪70~80年代盲目上马了近50家小铬盐厂，建设处于失控状态。这些生产厂点过多且分散，难以集中治理；布局不合理，有的企业建在人口稠密区、风景区、水源地上游；生产规模过小，国外一个厂的年产量等于甚至超过我国全部年产量；没有大型骨干企业，既不便于大型化以提高效益，又造成污染点多面广，给治理造成困难。有的工厂不仅缺乏环境保护意识，而且也缺乏治理污染的技术和资金，“三废”基本上没有得到治理。因此遍布全国的大大小小铬盐厂，都不同程度地造成了环境污染。

（2）工艺落后，管理不善，设备陈旧老化，加剧铬盐行业的污染。我国大多数生产铬盐的老厂存在着设备不同程度的老化，前后工段生产能力不配套，实际生产能力大于设计能力等问题，设备简陋，密闭装置少，生产基本上是手工间歇操作，铬收率比国外低10%以上，三废排放量一般比国外高40%左右。由于历年积存的大量铬渣，尽管各厂积极开发综合利用途径，但由于渣量太大，在短期内很难彻底解决污染问题。另一种情况是一些老厂，生产技术和消耗指标较好，有一定的生产能力和较长的生产历史，但管理不善，设备严重老化，车间滴漏严重，厂区铬渣散失量大，铬渣堆存量大，污染严重。

（3）铬渣排放量大，随意排放严重，处理率低。据不完全统计，铬盐行业每年无控制排入到环境的含铬粉尘达3600t，许多厂家含铬废水也未加处理而随意排放。此外，我国目前工业固体废物处置率为20%左右，有害废物处理率约10%。由于长期以来缺乏环境保护意识，对有害废物处理的意识淡薄等原因，大部分废物都是在未经处理的情况下任意排弃或堆放，有的被混入到城市垃圾和一般废物中，得不到有效的控制。

参考文献

[1] Tessler A. Sequential Extraction Procedure for the Speciation of Particulate Trace Metals [J]. Anal. Chem, 1979, 51 (7): 844~851.

[2] 徐衍忠，秦绪娜，刘祥红. 铬污染及其生态效应 [J]. 环境科学与技术，2002，(25)：8~9.

[3] 李艳廷，李芳. 环境中无机铬形态分析研究进展 [J]. 化学研究与应用，2000，12 (5)：476~481.

[4] 刘二保，梁建功，韩素琴，等. 铬的形态分析研究进展 [J]. 理化检测（化学分册），2003，39 (6)：368~371.

[5] 朱霞石，江祖成，胡斌. 铬形态分析的分离富集/原子光谱分析研究进展 [J]. 分析测试学报，2005，24 (4)：108~115.

[6] 阎江峰，等. 铬冶金 [M] 北京：冶金工业出版社，2007.

[7] 北京师范大学，华中师范大学，南京师范大学无机化学教研室. 无机化学（下册）[M]. 第4版. 北京：高等教育出版社，2003：755~757.

[8] 武汉大学，吉林大学，等. 无机化学（下册）[M]. 第3版. 北京：高等教育出版社，1994：953~

954.

[9] Lippardang S J, Berg J M. 生物无机化学原理［M］. 席振峰，等译. 北京：北京大学出版社，2000.

[10] Health safety and environment guidelines for chromium［M］. Paris：International chromium development association，2001.

[11] Korallus. Chromium compounds：Occupational Health toxicological and biological monitoring［J］. Toxicological and environment chemistry，1986（12）：47～59.

[12] 李静萍，杜亚利. 铬对人体的作用［J］. 甘肃科技，2003，19（12）：118～119.

[13] 张永华，张国玺，高红核. 吡啶甲酸合成方法综述［J］. 首都师范大学学报（自然科学版），2007，28（3）：50～52.

[14] 王海棠，王咏心，潘志权. 一种合成2-吡啶甲酸的新方法［J］. 湖北化工，2001（2）：26～27.

[15] Ishikawa T，Maeda K，Mukohara Y，et al. Manufacture of nicotinic acids from 3-picolines with rhodococcus and the rhodococcus SP · NS156［P］. JP 0723792，1995.

[16] 李克昌，张恒彬，刘佳，等. 2-甲基吡啶的电氧化研究［J］. 分子科学学报，2005，21（3）：6～10.

[17] Johansson L，Gustafsson J P. Phosphate removal using blast furnace slags and opoka-mechanisms［J］. Water Research，2000，34：259～265.

[18] Zeng L，Li X M，Liu J D. Adsorptive removal of phosphate from aqueous solutions using iron oxide tailings［J］. Water Research，2004，38：1318～1326.

[19] Agyei N M，Strydom C A，Potgieter J H. The removal of phosphate ions from aqueous solution by fly ash，slag，ordinary Portland cement and related blend［J］. Cement Concrete Research，2002，32：1889～1897.

[20] Gupta V K，Ali I. Removal of lead and chromium from wastewater using bagasse fly ash-a sugar industry waste［J］. Journal of Colloid and Interface Science，2004，（271）：321～328.

[21] Rengaraj S，Yeon K H，Moon S H. Removal of chromium from water and wastewater by ion exchange resins［J］. Journal of Hazardous Materials，2001，87：273～287.

[22] 周享春，黄春华，吴爱斌. 脉冲悬浮体进样火焰原子吸收光谱法直接测定土壤中铬［J］. 理化检验：化学分册，2001，37（3）：97～99.

[23] 池泉，史建波，梅俊，等. 石墨炉原子吸收光谱法测定土壤可交换态Cr(Ⅲ)和Cr(Ⅵ)［J］. 分析试验室，2002，21（2）：63～66.

[24] 冯宁川，王妍，金利通，等. Nafion修饰钨丝圆盘预富集-石墨炉原子吸收法测定煤飞灰中Cr^{3+}［J］. 环境与健康杂志，2001，18（3）：168～169.

[25] Nikolay Panichev，Khakhathi Mandiwana，George Foukaridis. Electrothermal atomic absorption spectrometric determination of Cr(Ⅵ) in soil after leaching of Cr(Ⅵ) species with carbon dioxide［J］. Anal. Chim. Acta，2003，491：81～89.

[26] 李建文，黄坚. 铬的形态分析研究与展望［J］. 冶金分析，2006，5：38～43.

[27] 李宇庆，陈玲，仇雁翎，等. 上海化学工业区土壤重金属元素形态分析［J］. 生态环境，2004，13（2）：154～155.

[28] Chen J G，Kong H N，Wu D Y，et al. Removal of phosphate from aqueous solution by zeolite synthesized from fly ash［J］. Colloid Interface Sci.，2006，（300）：491～497.

[29] Kim E H，Lee D W，Hwang H K，et al. Recovery of phosphates from wastewater using converter slag：Kinetics analysis of a completely mixed phosphorous crystallization process［J］. Chemosphere，2006，63：192～201.

[30] 大河网. 河南六城市堆放52万吨铬渣数十年致持久污染［OL］.［2010-10-25］. http：//news. sina. com. cn/

c/2010-10-25/035421343610. shtml.
[31] 台州钢铁网．中国铬矿市场现状分析［OL］．［2011-02-16］. http：//www. tzsteel. cn/a/luliao/ tiehejin/2011/0216/25320. html.
[32] 王孝峰．从原料及产品进出口看我国铬盐行业发展趋势［J］．铬盐工业，2005，(01)：36～49.
[33] 匡少平．铬渣的无害化处理与资源化利用［M］．北京：化学工业出版社，2006.
[34] 梁爱琴，匡少平，白卯娟．铬渣治理与综合利用［J］．中国资源综合利用，2003（1)：1～6.
[35] 丁翼．我国铬盐生产状况及发展建议［J］．无机盐工业，2000，2（4)：3.

2 含铬废渣的再利用技术

2.1 铬渣的来源及组成性质

2.1.1 铬渣的来源

金属铬及铬盐生产和铬铁生产过程中排放的废渣，统称为铬渣[1]。我国铬盐工业中，随所用原料、工艺和配方的不同，每生产1t重铬酸钠（红矾钠）将会排出1.7 ~3.2t铬渣；每生产1t金属铬将排出7t铬渣，全国每年要排出10万余吨铬渣。自1958年以来，我国有70余家企业投入铬盐生产，其中已有40多家生产企业由于国民经济发展和市场调节、环保或经济效益等原因而停产或转产。据不完全统计，生产和停产的企业合计产渣量约630万吨，已利用渣量约270万吨，解毒堆存12万吨，去向待查31万吨，目前仍堆存铬渣量约320万吨。一般铬渣的化学成分有 Al_2O_3、MgO、SiO_2、CaO、Fe_2O_3、Cr^{6+} 及 Cr^{3+} 等。铬渣中除含有钙、镁、铁、硅、铝元素外，还含有一定量反应不完全的 Cr_2O_3，1%~3%水溶性铬酸钠和酸溶性铬酸钙，含铬废渣是最危险的固体废物，会对周围环境造成持续性的污染。

我国铬盐生产主要有铬铁矿焙烧工艺、重铬酸钠中和与酸化工艺、铬酸酐生产工艺及碱式硫酸铬生产工艺等4种工艺[2~4]，其生产过程即为铬渣的产生过程。

我国铬盐生产多采用有钙焙烧工艺（碱性高温氧化煅烧法）[5~7]，即将磨细的铬铁矿、白云石与纯碱等按一定配比混匀，把混合料加入回转窑内在1000 ~1150℃下氧化焙烧1.5 ~2h，使铬铁矿中绝大部分的三氧化二铬转化成铬酸钠，氧化反应如下：

$$2Cr_2O_3 + 4Na_2CO_3 + 3O_2 = 4Na_2CrO_4 + 4CO_2 \qquad (2\text{-}1)$$

烧成的熟料经冷却粉碎后，用稀溶液或水在盘式浸取器中多级逆流浸取，抽滤，可得高浓度铬浸出液，其主要成分为铬酸钠。铬浸出液经还原、冶炼可生产出金属铬；铬浸出液经硫酸酸化法可制得用于生产其他铬盐产品的母液，即重铬酸钠，而后残余的固体废渣就是铬渣[8]。这种方法产渣量大，并且渣中含有水不溶性的铬酸钙，难以解毒处理，环境污染极为严重。目前，国外铬盐生产大国已用无钙焙烧工艺取代了传统的有钙焙烧工艺。无钙焙烧工艺用经过充分分选的铬渣和不尽相同的促进剂作填充料，基本不产生铬酸钙，炉料中有效成分总铬得以提高，产量、能耗、生产成本、产渣量等技术经济指标明显优于有钙焙烧工艺，已成为铬盐生产的主要发展趋势[9]。

2.1.2 铬渣的组成及性质

由于铬渣是铬盐及铁合金等行业在生产过程中排放的有毒废渣[10,11]，其有害成分主要是可溶性铬酸钠、酸溶性铬酸钙等。Cr^{6+} 的化合物具有很强的氧化性，毒性强，属于危险废物[12]，它会对周围生态环境造成持续性的污染，世界卫生组织已将 Cr^{6+} 化合物列为致癌物质[13]。铬渣的特殊之处在于其淋滤液中含有 Cr^{6+}，它是一种具有高迁移能力的重要污染物。铬渣如果不加处理，而长期堆放，会致使铬渣中的水溶性六价铬（绝大部分酸溶性六价铬也转化为水溶性六价铬）被雨、雪水浸后，随着雨、雪水和地表水渗入地下，对周边水环境，地表水、地下水以及土壤造成严重污染[14]。危害农田，损害人畜和其他生物。同时，以气溶胶形式存在的铬化合物则通过各种途径污染环境。

铬盐生产中排出的铬渣，一般呈块状。铬渣外观有黄、黑、赭等颜色，碱度高，新排出铬渣的 pH 值为 11～12[15]。这种高碱度是铬渣表面长期无植物和菌类生长的主要原因。Cr^{6+} 的存在也是不利于植物和菌类生长的原因之一[16]。

2.1.2.1 铬渣的化学组成

铬渣在化学成分上因原料和使用的工艺不同而有所不同，但通常均含有 Ca、Mg、Si、Al、Fe 等元素，此外还含有少量其他元素如 Cr、Hg、Pb、Ni 等，其中约有 60%～70% 的总铬以 Cr^{3+} 形式存在，其余的 20%～25% 以 Cr^{6+} 形式存在。我国铬盐生产多采用铬铁矿有钙焙烧工艺，由于添加石灰、白云石等炉料填充剂，因此铬渣含有大量的钙镁化合物而呈碱性，一般铬渣的主要化学组成见表 2-1[17]。

表 2-1 铬渣的主要化学组成 （质量分数/%）

成分	Al_2O_3	MgO	SiO_2	CaO	Fe_2O_3	Cr^{6+}	Cr^{3+}
含量	5～8	20～33	8～11	29～36	7～11	0.3～2.9	3～7

注：Cr^{6+}、Cr^{3+} 的含量均以 Cr_2O_3 计。

由于铬渣的成分随生产原料、工艺流程、操作条件等的不同而有所差异。国内几家工厂铬渣其主要成分、含量见表 2-2。

表 2-2 铬渣化学成分及含量 （质量分数/%）

铬渣化学成分	SiO_2	Al_2O_3	CaO	MgO	Fe_2O_3	总铬 Cr^{3+}	Cr^{6+}
锦州铁合金厂	5.10	7.00	24.00	23～24	5.00	4.50	1.00
南京铁合金厂	11.26	4.14	27.35	27.11	6.61	4.46	1.33
青岛红星化工厂	9.28	4.86	29.64	24.14	8.05	—	4.95
天津同生化工厂	11.10	5.81	33.01	27.02	9.98	—	2.29
广州铬盐厂	8.00	8.00	35.00	22.00	10.00	3～4	—

从表 2-2 中可知，浸出铬渣的主要化学成分是硅、铁、铝、钙、镁的氧化物和少量未反应完全的铬铁矿与残留的铬化合物。其中 CaO、MgO、SiO_2 占了铬渣总量的 50% 以上。毒性较强的 Cr^{6+} 含量在 1%～5% 之间。

2.1.2.2 铬渣的物相组成

铬渣的物相组成是极其复杂的，国内外学者综合运用 XRD、FTIR、SEM－EDX 和 XRF 技术对铬渣的物相组成及铬渣中 Cr^{6+} 的存在形式做了细致的研究。Hillier[18] 将组成铬渣的物质分为三类：未反应的铬铁矿[亚铬酸盐，$(Mg,Fe)Cr_2O_4$]；高温煅烧产生的物质，包括钙铁石[$Ca_2(Al,Fe,Cr)_2O_5$]、方镁石（MgO）和斜硅钙石（Ca_2SiO_4）等；堆放过程中由于长期侵蚀风化产生的物相，包括氢氧镁石[$Mg(OH)_2$]、方解石（$CaCO_3$）、水榴石[$Ca_3(Al,Fe)_2(H_4O_4)_3$]、水铝钙石[$Ca_4(Al,Fe)_2(OH)_{12}(OH)_2 \cdot 6H_2O$]和钙矾石

$[Ca_6Al_2(OH)_{12}(SO_4)_3 \cdot 26H_2O]$等。国内铬渣的物相组成见表2-3[19]。

表2-3 铬渣的物相组成

物 相	化 学 式	质量分数/%	备 注
方镁石	MgO	≤20	熟料原有
硅酸二钙	$\beta-2CaO \cdot SiO_2$	≤25	熟料原有
铁铝酸钙	$4CaO \cdot Al_2O_3 \cdot Fe_2O_3$	≤25	熟料原有
亚铬酸钙	$\alpha-CaCr_2O_4$	5~10	熟料原有
铬尖晶石	$(Mg, Fe)Cr_2O_4$	—	熟料原有
铬酸钙	$CaCrO_4$	≤1	熟料原有
四水合铬酸钠	$Na_2CrO_4 \cdot 4H_2O$	2~3	浸取形成
铬铝酸钙	$4CaO \cdot Al_2O_3 \cdot CrO_3 \cdot 12H_2O$	1~3	浸取形成
碱式铬酸铁	$Fe(OH)CrO_4$	0.5	浸取形成
方解石型碳酸钙	$CaCO_3$	2~3	浸取形成
水合铝酸钙	$3CaO \cdot Al_2O_3 \cdot 6H_2O$	≤1	浸取形成

利用XRD及化学相分析测定铬渣中有六种组分含有Cr^{6+}，分别为四水铬酸钠、铬酸钙、铬铝酸钙与碱式铬酸铁四种矿物[20,21]。此外尚有一部分Cr^{6+}包藏在铁铝酸四钙（铁铝酸钙—铬酸钙固溶体）、β-硅酸二钙固溶体（硅酸钙—铬酸钙固溶体）中。四水铬酸钠和铬酸钙存在于铬渣内部，主要是因为在铬盐厂浸洗过程中，其不能及时的全部扩散到表面溶解，从而留在渣内。铬铝酸钙和碱式铬酸铁中的Cr^{6+}，其晶粒很小或附着在其他颗粒表面，能被地表水、雨水慢慢溶出，较易被硫粒子、亚铁粒子还原，高温时易分解还原。与β-硅酸二钙及铁铝酸四钙形成固溶体的Cr^{6+}位于这些晶体晶格点阵处，很难溶解，也难以低温还原，在室外长期堆放使这部分Cr^{6+}随铁铝酸四钙及β－硅酸二钙的水化而慢慢溶出，造成环境污染。

利用化学物相分析（选择性溶解法）测得它们的相对含量及水溶性见表2-4[22]。

表2-4 铬渣中Cr^{6+}的主要存在形式

物 相	渣中Cr^{6+}(以Cr_2O_3计)的质量分数/%	Cr^{6+}相对质量分数/%	水溶性
四水合铬酸钠	1.11	41	易溶
铬酸钙	0.63	23	稍溶
碱式铬酸铁	0.34	13	微溶
硅酸钙-铬酸钙固溶体	0.48	18	难溶
铁铝酸钙-铬酸钙固溶体	0.13	5	难溶
合 计	2.69	100	

潘金芳等[23]将铬渣中的铬分为水溶态、酸溶态、稳定态、结晶态、残余态五种形态。

（1）水溶态。这种形态的铬元素一般以铬酸根（如铬酸钠、铬酸钙）阴离子形式存在，呈六价，在水中的溶解度很大，故当铬渣浸水后，这部分铬溶入水中。

（2）酸溶态。铬渣中存在大量呈死烧的碱性矿物，这些碱性矿物遇酸溶解，包裹其中的铬释放出来，这部分铬一般也多呈六价。此外，铬铝酸钙、碱式铬酸铁在酸性条件下部分溶解也可释放出部分铬。酸溶态铬在某些情况下也可以转变为水溶态。

(3) 稳定态。稳定态是与铁、锰等元素以氧化物形式存在的铬，处于凝聚但未发生晶化的状态。这部分铬既有六价，也有三价。

(4) 结晶态。结晶态是与铁、锰氧化物形成固溶体进入晶体内部发生晶化，一般很难溶解释放出来，但某些络合物如柠檬酸可溶解此种形态的铬。

(5) 残余态。残余态是进入矿物晶格中的铬，这种形态的铬只有在强酸溶解和强碱熔融时才会释放出来，一般情况下十分稳定。

在自然条件下，铬渣中结合态、结晶态和残余态的铬都比较稳定，不会对环境造成危害，我们所面临的危险主要来自于铬渣中的水溶态和酸溶态铬。

2.2 土壤中铬的化学行为

2.2.1 土壤中铬的简介

铬元素在地壳中的丰度很高，是地壳中常见的一种元素，要比许多常见金属元素含量要高。由于铬化合物的化学性质比较稳定，不易发生氧化还原反应，而且在自然界中基本上都不溶于水。在自然界中主要以铬铁矿 $FeCr_2O_4$形式存在[24]。铬元素有很强的和氧元素、铁元素的结合能力，而且与氧元素的结合能力要强于与铁元素的结合能力，有时在特定的条件下也与硫元素结合[25]。在土壤中 Cr^{3+} 是一种常见的化合价态，因为铬与铁、钴、镍、铜、锌在同一周期，所以 Cr^{3+} 与 Fe^{3+} 等离子具有相似的类质同象，它们可以在土壤中形成铁镁铬硅酸盐矿、铝铁铬矿等，目前现有的铁镁硅酸盐矿中均发现有大量铬的出现[26]。在氧化性很强的条件下，铬化合价都为六价。Cr^{6+} 为能移动的铬离子，在遇到极性很强的其他离子（如 Cu^{2+}、Pb^{2+}）时则容易形成矿物质，常见的是铅矿中经常含有大量的铬。

2.2.2 铬在土壤中的化学行为

世界各地土壤中铬的含量悬殊甚大。美国土壤中铬含量平均值为100mg/kg，前苏联为200mg/kg，日本为 20～200mg/kg[27]。我国一般在 50～60mg/kg[28]。由于自然地理和气候条件复杂，我国不同地区土壤铬含量差异也较大。北京地区土壤中铬本底值为29.7～98.7mg/kg，平均为 59.2mg/kg；南京地区土壤铬本底值为 17～112mg/kg，平均为59.0mg/kg；上海地区农业土壤铬的本底值为54.3～75.0mg/kg，平均为64.6mg/kg[28,29]。同一地区不同土壤类型，铬含量也不同，如北京淋溶褐土 61mg/kg ± 19mg/kg、石灰性褐土 54.2mg/kg ± 6.2mg/kg，南京黄棕壤 57mg/kg ± 24mg/kg、灰潮土 70mg/kg ± 10mg/kg。不同母质发育的同类土壤含铬量差别也较大，如玄武岩发育的黄棕壤表土铬含量为112mg/kg，花岗岩发育的黄棕壤表土铬含量仅 21.0mg/kg。有些地区的土壤由于污泥、城市垃圾的农田使用和污水灌溉，其土壤中铬含量大大超过其本底含量。李惠英等[27]认为，铬在土壤中的垂直分布规律一般为土壤表层含量高，越往下铬的含量越少。这说明外界进入土壤中的铬大部分被固定在耕层，很少向下渗透。铬在土壤中的水平分布主要受成土母质及人为因素的影响。

2.2.3 土壤中铬的来源

土壤中铬有两个来源：一是自然来源；二是人为来源。

铬最初来源于岩石，在自然条件作用下转移到成土母质及土壤中。

人为来源如下：

(1) 污水灌溉，污泥及城市垃圾是土壤铬的一个主要来源。含铬污水灌溉是土壤中铬的重要来源，含铬灌溉水中的铬只有0.28%～15%为作物吸收，而85%～95%累积于土壤中，并几乎全部集中于表土[30]。据报道，含铬量在超过10mg/L的工业废水灌溉农田，铬会迅速积累在土壤耕作层。

(2) 城市固体废弃物（污泥、垃圾、粉煤灰）和磷肥（如蛇纹石或铬渣制钙镁磷肥）中含有铬（表2-5、表2-6），由于对这些具有作物肥料价值的固体废弃物实施农业利用，造成农田土壤铬的增加[31]。

(3) 含铬粉尘、废气中含铬尘粒的沉降也是土壤中铬的重要来源。铁路工业、耐火材料、煤的燃烧等都会向大气中排放含铬尘粒，这些尘粒经扩散、沉降会造成土壤的污染。

(4) 铬渣堆放是土壤铬污染的一个重要来源。铬渣及被铬污染的地下水也能通过各种途径进入土壤，造成铬的累积。

表2-5 部分工业废物中铬含量 (mg/kg)

高炉渣	转炉渣	轧钢污泥	印染污泥	电镀污泥	制革污泥	油漆涂料污泥	电缆加工污泥	炼锌粉尘
2600	72.0	271	7.2%	27.9	4.2%	1500	39.0	42

表2-6 垃圾中铬含量 (mg/kg)

垃圾Ⅰ	垃圾Ⅱ	垃圾Ⅲ	垃圾Ⅳ	垃圾Ⅴ	全国垃圾肥	农村土粪
31	20	1400	25	112	4～112	20

土壤中铬主要以Cr^{3+}和Cr^{6+}两种价态存在。土壤中的Cr^{6+}主要以CrO_4^{2-}和$HCrO_4^-$存在。Cr^{3+}以Cr^{3+}、$Cr(OH)^{2+}$、$Cr(OH)_2^+$、$Cr(OH)_3$、$Cr(OH)_4^-$、$Cr(OH)_5^{2-}$形式存在。土壤pH值对Cr^{6+}和Cr^{3+}的存在形式有极大影响。在中性和偏碱性土壤中，Cr^{6+}以CrO_4^{2-}为主；在偏酸性土壤中（$pH<6$），以$HCrO_4^-$为主。Cr^{3+}在强酸性土壤中（$pH<4$），主要为$Cr(H_2O)_6^{3+}$；当$pH<5.5$时，主要是$CrOH^{2+}$；在中性至碱性（$pH=6.8\sim11.3$）土壤中，趋向于形成$Cr(OH)_3$的沉淀；当$pH>11.3$时，则以$Cr(OH)_4^-$形式存在。

2.2.4 土壤中铬的迁移

铬在环境中的迁移转化十分活跃，可以在大气、水体、土壤和生物间迁移。铬在环境中的迁移转化主要由氧化还原反应、沉淀、溶解、吸附和解吸等物理、化学过程决定。大气中的含铬尘埃、颗粒可因重力沉降或降水的作用迁移至水和土壤中，颗粒的大小对铬沉降有明显影响。各种含铬废物和废水可随水流迁移扩散到周围的土壤和水域中，使土壤和水体中的铬含量增加。铬在土壤中的迁移、转化，主要是因土壤运移及重金属与土粒间的各种物理、化学吸附引起，因此土壤的类型、孔隙率、含水率等对铬的迁移转化有很大的影响[32]。

李桂菊等[33]设定轻壤（砂土）、中壤（中性土）、重壤（黏土）3 种质地的土壤，并对盆栽植物进行施肥，通过灌水淋溶试验观测铬在 40cm 土层中的分布，从而估计铬的迁移对地下水的影响。观测 40cm 土层中铬的迁移能力，试验设施肥量：（1）45t/hm^2（肥施在 20cm 内，土重的 2%）；（2）112 t/hm^2（肥施在 20cm 内，土重的 5%）。在 40cm 土层中，研究制革污泥堆肥中铬的迁移能力，结果显示随施肥量的增加，各层铬含量均增加。在同一施肥量下，铬含量随深度的增加而减少，不同质地土壤铬的迁移能力不同，依次为：轻壤 > 中壤 > 重壤。综上所述，土壤对 Cr^{6+} 的吸附是决定其在土壤中迁移的主要因素，凡是影响其吸附作用的因素都将决定铬的迁移。土壤质地、土壤 pH 值、土壤矿物、土壤有机质不同，对铬的吸附能力不一样，黏土大于砂土[27]。

2.2.5 对土壤的修复技术

现有的土壤修复技术主要有固化/稳定化技术、电动修复技术、微生物修复技术、热解还原技术、土壤清洗技术。

2.2.5.1 固化/稳定化技术

固化/稳定化（S/S）技术是将被铬污染的土壤与某种黏结剂混合，它可以辅以一定的还原剂，用于还原 Cr^{6+}，通过黏结剂固定其中的铬，使铬不再向周围环境迁移。在众多的黏结剂中，水泥和硅土被认为是一种有效、易得和价廉的产品。采用该方法修复铬污染土壤，需将土壤挖掘出来，成本较高，处理效果也有待进一步提高。Meegoda[34]等应用 S/S 技术，进行了治理铬污染土壤的小规模实验。将被污染土壤挖出后与一定的硅土混合，从而实现铬的固定化/稳定化。处理前土壤含铬量从 0.2% ~2.6% 不等，淋滤液 Cr^{6+} 浓度大于 30mg/kg，处理后淋滤液 Cr^{6+} 浓度可达 5mg/kg 以下。还探讨了利用处理后土壤做建材的可能。固定化/稳定化方法主要用于处理铬矿冶炼后留下的铬渣，处理后的铬渣可作为建筑材料使用。采用该方法修复铬污染土壤，需将土壤挖掘出来，成本较高，处理效果也有待进一步提高。

2.2.5.2 电动修复技术

污染土壤的电动修复是一门综合土壤化学、环境化学、电化学和分析化学等交叉的研究领域，它主要是通过在污染土壤两侧施加直流电压形成电场梯度，土壤中的污染物质在电场作用下通过电迁移、电渗流或电泳的方式被带到电极两端从而清洁污染土壤。

它的工作原理是把电极插入受污染的土壤并通入直流电，发生土壤孔隙水和带电离子的迁移，土壤中的污染物质在外加电场作用下发生定向移动并在电极附近累积，定期将电极抽出处理，可将污染物除去。电动力学修复技术（以下简称电动修复）是一种新型高效的去除土壤和地下水中污染物。电动修复技术因具有可以处理低渗透性土壤，适用于多相不均匀土壤介质，能有效地去除土壤中重金属、总体费用低等优点而受到关注。目前，应用电动修复技术可以有效地去除土壤中的重金属及石油烃、酚类、多氯联苯、胺类和有机农药等有机污染物。但是电动修复术对土壤湿度要求较高。一般情况下影响土壤电动修复的几个主要因素，如土壤的 pH 值、Zeta 电位、极化问题、化学性质以及含水率等。

近些年来利用此修复技术对土壤中铬的去除也有许多报道，如 Li 等[35]提出在阴极和土壤间保持一段溶液，从而使聚焦效应发生在溶液内，保证土壤内的酸性环境，有利于污染物的去除。实验结果表明，沙土内 Pb^{2+}、Cr^{3+} 等重金属离子的去除率可达 90% 以上，而且所需操作时间也大为缩短；Haren 等[36]研究了电修复技术处理土壤中的 Cr^{6+}。以石墨为阴极，铁为阳极，在土壤基质两端加上直流电场。阳极铁失电子成为 Fe^{2+} 而溶解，含六价铬阴离子迁移到阳极附近，氧化 Fe^{2+} 而自身还原为 Cr^{3+}。

2.2.5.3 微生物修复法

微生物修复法是指通过微生物的作用清除土壤和水体中的污染物，或是使污染物无害化的过程。它包括自然和人为控制条件下的污染物降级或无害化的过程。在自然修复的过程中，利用土著微生物的降解能力，但需要以下条件：（1）有充分和稳定的地下水流；（2）有微生物可利用的营养物质；（3）有缓冲 pH 值的能力；（4）有使代谢能够进行的电子受体。如果缺少一项条件，将会影响微生物修复的速率和程度。对于外来化合物，如果污染新近发生，很少会有土著微生物能降解它们，所以需要加入有降解能力的外源微生物。人为修复工程一般采用有降解能力的外源微生物，用工程化手段来加速生物修复的进程，这种在受控条件下进行的生物修复又称强化生物修复或工程化的生物修复。

它的优点是投资费用较少，对环境影响小，能有效降低污染物浓度，适用于在其他技术难以应用的场地，而且能同时处理受污染的土壤和地下水，但是微生修复时，微生物活性受温度和其他环境条件的影响，某些情况下，生物修复不能去除全部的污染物。对于 Cr^{6+} 的还原则一般需要选择适合的土著微生物，在当地需要专门的试验筛选土著微生物，需要较多的时间和费用，因此一般的微生物修复法也不适用。但据有关资料报道，尚有一些适合当地采用的有效方法，如：Bartlett[37]等人研究发现，把牛粪加入不含有机质的土壤后，加入的 Cr^{6+} 在 24h 内几乎全部被牛粪还原为 Cr^{3+}。除此之外猪粪、厩肥、有机碳、风化煤、稻草等含有机质的物质在土壤中施加均可将其中的 Cr^{6+} 还原。这些研究说明动物排泄物和动植物遗骸常年累积形成的泥炭、腐殖土，既含有大量活的细菌，也含有为细菌生存繁衍所必需的营养物，又含有大量强还原性的其他有机物，能将 Cr^{6+} 还原为 Cr^{3+}。同时，这些物质中包括腐殖酸在内的多种有机酸还是良好的螯合剂，能与 Cr^{3+} 形成稳定的螯合物，更促进 Cr^{6+} 快速还原[38]。

另外，微生物修复法中还包括植物修复，它的工作原理是利用绿色植物来转移、容纳或转化污染物使其对环境无害。植物修复的对象是重金属、有机物或放射性元素污染的土壤及水体。研究表明，通过植物的吸收、挥发、根滤、降解、稳定等作用，可以净化土壤或水体中的污染物，达到净化环境的目的，因而植物修复是一种很有潜力、正在发展的清除环境污染的绿色技术。它具有成本低、不破坏土壤和河流生态环境、不引起二次污染等优点。自 20 世纪 90 年代以来，植物修复成为环境污染治理研究领域的一个前沿性课题。但是它也是有诸多缺点的，如修复周期长、对于深层污染的修复有困难，气候及地质等因素使得植物的生长受到限制，存在污染物通过“植物—动物”的食物链进入自然界的可能等，使生物修复技术中的植物修复法在应用中遇到阻碍。总的来说，这项技术目前还是不够成熟的。

2.2.5.4 热解还原技术

热处理是一种处理土壤中有机污染物和重金属的有效方法，但是这种方法对含铬土壤不适用。其原因是，含铬土壤在空气中焚烧后，难溶的Cr^{3+}氧化成了溶解性更大的Cr^{6+}，导致铬的浸出不降反升。

热解是一种无氧条件下的热处理过程，热解烧结处理能有效抑制底泥中的Cr^{3+}转化为Cr^{6+}。但是利用土壤中含有的有机质热解还原其中Cr^{6+}的研究还未见报道，因此热解还原技术仍不成熟，尚属于试验阶段。

2.2.5.5 土壤清洗法

土壤清洗法是利用水力压头推动清洗液通过污染土壤而将铬从土壤中清洗出去，然后再对含有铬的清洗液进行处理。清洗液一般含有还原剂、某种配合剂，或者就是清水等，还原剂常用的有硫酸亚铁，配合剂则常用EDTA。清洗方法有原位淋洗和异位清洗两种方式。原位淋洗不需要将土壤挖出，费用较低。但如果该地区污染持续时间已很长，污染严重，那么原位清洗所需时间会很长，总体费用将会较高；而异位清洗需要将土壤挖出，建立清洗车间总体费用也较高。Pichtel等[39]比较了EDTA、NTA、SOS和HCl四种清洗剂从被污染碱性土壤中去除铬和铅的能力。结果表明：EDTA、NTA和SOS在较宽的pH值范围内都有清洗能力，清洗效果取决于pH值和配合平衡。EDTA清洗效果最好，用0.1M的EDTA在$pH<3$实施清洗可去除100%Pb；在pH值为12附近操作时，可去除54%的铬和96.2%的铅。使用2%~8%的HCl能去除所有的Pb和Cr，但约有一半的土壤基质也被溶解，使后续的废水处理变得很困难。

当然，也可采用不同技术结合使用，充分发挥不同工艺技术特点和优势，实现污染处理。例如，采用固化/稳定化技术与微生物处理技术结合，将场地污染土壤挖出，在专用渣场填埋（与铬渣处理物同场地），直接将挖出的土壤与牛羊粪混合，填埋场除常规使用混凝土防水材料等铺垫外，填埋前先铺一层牛羊粪、稻草等含有机质的垫层，厚度约1m，再做固化处理，预防后续可能造成的潜在危害。

2.3 含铬废料中铬的提取

目前，我国的铬资源仍不能完全满足于人们的需要，而且，铬污染的事件也是层出不穷，因此做好铬的回收及处理具有显著的经济效益和社会效益。当前针对含铬矿石的开采、冶炼、电镀、皮革鞣制、印染等排放的污水、废渣，以及由此产生的铬渣的处理方法有很多，综合国内外资料，处理方法主要有化学方法、膜分离法、生物处理方法、溶剂萃取法、电解、电沉积法、吸附法、离子交换树脂法等。由于许多方法属于含铬废水的处理方法（见第3章），因此这里只介绍废渣中铬的提取及资源化。

2.3.1 沉淀法

沉淀法主要是以强酸与铬渣反应后，滤去杂质，再以碱液与滤液反应后滤去沉淀物，所得含铬滤液，以亚硫酸还原后，再加碱液沉淀得铬化合物回收由生产重铬酸盐所产生的铬渣中铬的方法，该方法包括以下步骤：

（1）加强酸于含铬废渣。

（2）滤去酸不溶物并洗涤。

（3）加碱液于滤液（含洗涤液）中，使铁、钙、镁等金属沉淀。

（4）过滤，使铁、钙、镁等沉淀与铬的化合物分离，并洗涤。所得滤液（含洗涤液）

为黄色（铬酸根离子），滤渣为已除去铬的滤渣，对环境无害，符合环保要求。

(5) 所得黄色滤液（铬酸根离子）中，加亚硫酸，使 Cr^{6+}（黄色）还原为 Cr^{3+}（绿色）。

(6) 加碱液使 Cr^{3+} 沉淀为灰绿色的氢氧化铬。

(7) 过滤，并洗涤杂质离子而得铬化合物纯品。

(8) 滤去铬化合物的母液，可重复循环使用，以节省工业用水。

沉淀法其后续处理铬的思路与含铬废水中化学法处理思路一样。其主要流程如图 2-1 所示。

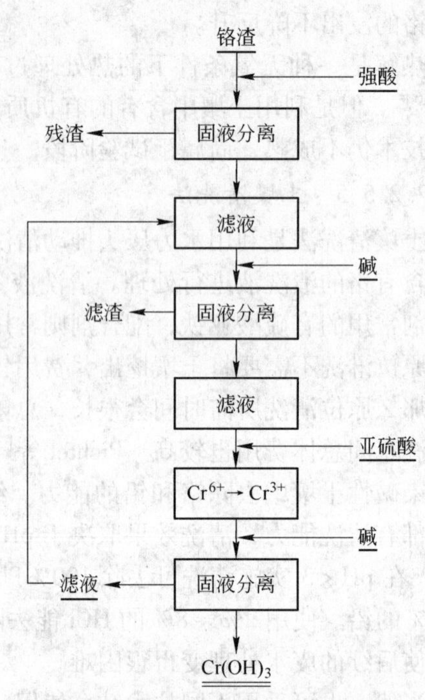

图 2-1 化学沉淀法工艺流程

2.3.2 湿法回收有价金属

2.3.2.1 氨浸法

A 反应机理

氨浸法主要利用 NH_3—$(NH_4)_2SO_4$ 体系，使电镀污泥或含铬的废料中金属元素生成的不同的产物达到其分离的目的[40,41]。具体的实验步骤为：

(1) 样品的预处理。将电镀污泥过 0.15mm 筛，再放入烘箱内在 102℃烘干，备用。

(2) 氨浸。取一定量的电镀污泥，按照试验设计的液固比加入浸出剂，在水浴恒温振荡器中进行浸出后，浆料过滤得浸出液，氨水通过蒸氨再利用。在浸出工序中，采用 NH_3 - $(NH_4)_2SO_4$ 体系，反应式如下：

$$Cu(OH)_2 + 4NH_3 + (NH_4)_2SO_4 \longrightarrow [Cu(NH_3)_6]SO_4 + 2H_2O \tag{2-2}$$

$$Ni(OH)_2 + 4NH_3 + (NH_4)_2SO_4 \longrightarrow [Ni(NH_3)_6]SO_4 + 2H_2O \tag{2-3}$$

由反应式确定 $n(NH_3):n[(NH_4)_2SO_4] = 4:1$。

(3) 氢还原。自制和实际电镀污泥氨浸后，调节浸出液 pH 值至 5.4～5.6，并加入聚丙烯酸铵的氨性溶液（PAA）0.2g/L、$PdCl_2$ 0.8g/L，将浸出液加入到高压反应釜中，在设定的反应温度、氢压力和搅拌转速下反应。

分析可知，NH_3 - $(NH_4)_2SO_4$ 体系的浸出工艺对铜、镍、锌的浸出效果好，而铁、钙、铬留在残渣中，几乎不发生氨浸反应，从而对这些金属的回收率不高。因此可以有效地将铜、镍、锌金属与其他金属分离，对后续的金属回收有利。虽然对有些金属处理的较好，但此方法在后期处理过程中较为麻烦，因为最终会产生铁铬氨浸渣，不能够作进一步的处理，而且也造成了二次的污染。

B 氨水浸出法回收铜镍

氨水对铜和镍的浸出选择性好，浸出效率高，铜离子和镍离子在氨水中极易生成铜氨和镍氨配离子，溶解于浸出液中，绝大部分铁和铬被抑制在浸出渣中。为提高氨的利用率，一般采用氨水的循环浸泡使其与铜镍金属充分配合。由于氨有刺激性气味，当 NH_3 的浓度大于18%时，氨容易挥发，不仅造成氨的损失，而且影响操作环境。因此，对浸出装置密封性要求较高。如果电镀污泥的氨浸出液为只含铜的铜氨溶液，可直接用作生产氢氧化铜的原料。此外，电镀污泥浸出液铜与镍分离出来的氢氧化铜或碱式碳酸铜也是生产工业硫酸铜的主要原料，利用其生产工业硫酸铜在国内已经是成熟工艺[42]。

氨水浸出常用于含金属铜等金属及其氧化物的废物的浸出，属于金属电化学腐蚀过程。由于铜能与氨形成稳定的可溶性配合物，扩大了铜离子在浸出液中的稳定区，降低了铜的还原电位，使其较易转入浸液中。氨浸铜及其矿物的主要反应为：

$$Cu(OH)_2 + 2NH_3 + (NH_4)_2CO_3 = Cu(NH_3)_4CO_3 + 2H_2O \tag{2-4}$$

黑铜矿

$$CuO + 2NH_4OH + (NH_4)_2CO_3 = Cu(NH_3)_4CO_3 + 3H_2O \tag{2-5}$$

孔雀石

$$CuCO_3 \cdot Cu(OH)_2 + 6NH_4OH + (NH_4)_2CO_3 = 2Cu(NH_3)_4CO_3 + 8H_2O \tag{2-6}$$

金属铜不直接氨浸,而是:

$$Cu + Cu(NH_3)_4CO_3 \xrightarrow{\text{氧化-还原}} Cu_2(NH_3)_4CO_3 \tag{2-7}$$

$$Cu_2(NH_3)_4CO_3 + 2NH_4OH + (NH_4)_2CO_3 + 1/2O_2 = 2Cu(NH_3)_4CO_3 + 3H_2O \tag{2-8}$$

常压氨浸对铜的氧化物选择性较高，可获得相当纯净的浸出液。但是对铜的硫化物，常压氨浸效果较差，常因溶解不完全而留在浸渣中。如果铜的含量较少，则可用高压氧化氨浸法提高铜硫化物的浸出率，其浸出反应为：

斑铜矿

$$2Cu_5FeS_4 + 36NH_3 + 2CO_2 + O_2 + nH_2O \longrightarrow 8[Cu(NH_3)_4]SO_4 + 2[Cu(NH_4)_2]CO_3 + Fe_2O_3 \cdot nH_2O \tag{2-9}$$

黄铜矿

$$2CuFeS_2 + 10NH_3 + O_2 + nH_2O \longrightarrow [2Cu(NH_3)_4]SO_4 + 2(NH_4)_2SO_4 + Fe_2O_3 \cdot nH_2O \tag{2-10}$$

典型的氨浸工艺如图 2-2 所示[43]。

2.3.2.2 加压氢还原法

A 氢还原法制铜镍

在高压釜中氢还原分离制取铜、镍金属粉是比较成熟的技术。20 世纪 50 年代以来，在工业上用氢气还原生产铜、镍和铬等金属，取得了显著的经济效益和社会效益。此法可分离回收电镀污泥氨浸出产物中的铜、镍、锌等有价金属。对氨浸出产物进行焙烧、酸溶处理后，进而氢还原分离出铜粉，然后在酸性溶液中氢还原提取镍粉，最后沉淀回收氢还原尾液中的锌。有价金属的回收率98% ~99%。它可以在液相体系、浆料体系通过各种工艺条件的变化分离和生产各种类型（粗、细、超细）的、各类型体（单一、复合）的金属粉末和金属包覆材料。

张冠东等[40]采用湿法氢还原对电镀污泥氨浸产物中的 Zn、Cu、Ni 等有价金属进行了综合回收处理，成功地分离出金属铜粉和镍粉。它的实验步骤为：

（1）原料的预处理。将实验物料在马弗炉中高温焙烧，将碱式碳酸盐转换为氧化物，并去除电镀污泥中的有机物杂质，焙烧产物用硫酸(1+1)溶解。

(2) 氢还原分离铜和镍。实验在2L不锈钢高压釜内进行，配合磁力搅拌及电加热升温。首先将酸溶后的物料调至适当的pH值，氢还原分离出铜粉，用镍粉置换尾液中的残铜后，用氨水调节溶液的pH值，加入晶种，氢还原提取镍粉。

(3) 提取锌盐。在氢还原尾液中加入硫化铵等进行沉淀过滤处理，提取其中锌盐。提取锌盐的实验主要是在氢还原分离铜、镍的基础上针对其还原尾液进行的。尾液的成分主要是硫酸锌氨和硫酸铵的混合溶液，采用氢还原的方法无法沉积金属锌。由于分离镍后，尾液中的杂质含量并不高，于是采用硫化氢或硫化铵将其中的锌沉淀。

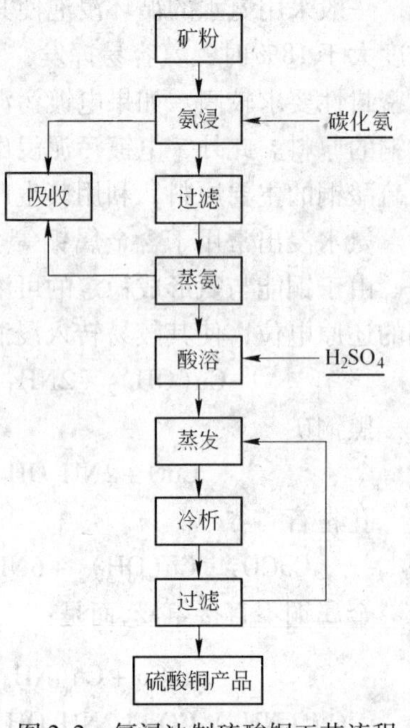

图2-2 氨浸法制硫酸铜工艺流程

实验中选择在水—氨—硫酸盐体系进行氢还原分离铜和镍。氢还原过程的影响因素很多，主要有：反应温度、氢分压、还原物的浓度、硫酸铵浓度、初始自由氨与金属的物质的量的比、搅拌方式和速度、金属相的存在及其表面的性能，以及某些有机添加剂的存在等。

实验结果表明，在弱酸性硫酸铵溶液中，可以获得较好的铜镍分离效果。与其他分离方法相比，湿法氢还原方法流程简单，设备投资少，操作方便，产品质量好，产值较高，可以针对不同需要改变生产条件，获得不同纯度、不同粒度的铜、镍产品。此外，过程不封闭，不存在杂质积累问题，排放的尾液中的主要重金属离子含量均控制在极低的范围内，基本不污染环境，具有良好的环境和经济效益。

B 氢还原法特点

它是湿法回收法中较为理想的回收金属的方法，对设备的要求不高，操作过程简单，成本低，并且回收的产品质量好，通过控制不同的生产工艺条件，可获得不同程度的产品，另外，排放的尾液较安全，有害金属离子都控制在标准范围以内，基本上威胁不到环境及人的健康状况[44]。

2.4 铬渣资源化综合利用

资源化利用是将铬渣用于炼铁、制水泥、玻璃砖、微晶玻璃、钙镁磷肥、玻璃的着色剂、制砖、用铬渣来筑路，将铬渣作为燃煤的固硫剂及沼气的脱硫剂、生产铸石、用作人工骨料等方面。

2.4.1 用铬渣进行炼铁

在炼铁过程中铁矿粉必须与石灰和煤等混合，经高温煅烧成烧结矿后可供高炉使用，同时在冶炼过程中还需加入白云石造渣。因此可用氧化镁、氧化钙总量超过50%的铬渣代替部分消石灰用于烧结铁矿。在高炉冶炼过程中，Cr^{3+}可被进一步还原成金属铬，这样铬渣中的Cr^{6+}基本被还原为Cr_2O_3或金属铬，可达到解毒的目的。同时，铬渣中的一些含铁成分进入生铁中，其他组分进入高炉渣中，可供水泥厂使用，资源化利用程度较高[45]。

2.4.1.1 烧结法

利用烧结过程的高温物理化学变化，实现铬渣的资源化和无害化是一条技术成熟而具有实际利用价值的好方法。烧结是将粉状物料（如粉矿和精矿）进行高温加热，在不完全熔化的条件下烧结成块的方法。所得的产品称为烧结矿（块），外形为不规则多孔状[46]。

高炉炼铁时，为了保证高炉炼铁在炉内的料柱透气性良好，要求炉料粒径大且均匀，粉末少，机械强度高（包括冷强度和热强度），具有良好的软熔性能，为了降低炼铁焦比，要求炉料含铁品位高，有害杂质少，具有自熔性造渣性能和良好的还原性能。

烧结方法在冶金生产中的应用，起初是为了处理矿山、冶金、化工厂的废弃物（如富矿粉、高炉炉尘、轧钢铁皮、炉渣、硫酸渣等），以便回收利用钢铁厂内的各种含铁废料、含铁烟尘、尘泥与渣的综合利用，均可以通过烧结来实现，回收其中的含铁金属和 CaO。钢渣和高碱度高炉渣及含钙高的化工渣的回用也可提高烧结矿强度和还原性能降低物耗。

2.4.1.2 烧结过程的物理化学变化及利用铬渣的适应性分析

烧结料混合后，随烧结过程的进行而逐步发生燃料的燃烧反应、石灰石和白云石的分解和消化、铁氧化物的还原及再氧化、固相反应及液相生成、冷却过程的液相反应等物理化学变化。

在化学反应过程中，混合料加热后它们与相邻的矿物互相产生化学反应，但仍是固相，这些固相反应的产物如$2CaO \cdot SiO_2$、$2MgO \cdot SiO_2$、$CaO \cdot Fe_2O$、$(Mg.Fe)O$、$2FeO \cdot SiO_2$等再与其他矿物生成低熔点化合物，促使烧结过程液相生成。随着烧结温度的变化，生成液相的部分则开始结晶，高熔点部分先结晶，低熔点部分后结晶，这样就形成了以铁矿物（高熔点）为核心、低熔点矿物为基底的烧结矿微观结构。

铬渣的还原主要是利用烧结过程中的 C 及 CO 在高温下的强还原性，将Cr^{6+}还原；烧结矿中的 CaO、MgO、Fe_2O_3等，又与Cr_2O_3发生反应。因此烧结矿中铬主要以铬尖晶石（$MgO \cdot Cr_2O_3$）、铬铁矿（$Fe_2O_3 \cdot Cr_2O_3$）和铬酸钙（$CaCrO_4$）等形态存在。而且在高炉冶炼过程中，Cr^{3+}可被进一步还原成金属铬。

钢铁冶金行业是一个资源消耗大户、能耗大户及固体废物产生大户，但因有了烧结这一先进而合理的工艺，使得固体废物的自循环和再利用得以充分实现。同时，利用烧结过程的氧化还原处理铬渣也强化了综合利用“三废”资源的途径。烧结过程的高温物理变化过程，决定了其在固体废物资源化和无害化过程中担负着重要角色。充分发挥和利用好烧结工艺，能充分实现废物的资源化，同时也降低了烧结过程本身的能耗、物耗。利用烧结过程的高温物理化学变化处理铬渣，无疑具有广阔的前景。

2.4.1.3 铬渣作炼铁烧结熔剂

铬渣中含有大量的CaO、MgO、Fe_2O_3（三者之和大于60%），与炼铁烧结熔剂料的化学成分类似，具有自熔性和半自熔性。铬渣又是经焙烧后的熟料，其物理特性（粒度、黏度）也适合于作烧结矿熔剂[21]。根据烧结和高炉炼铁的工艺原理及特点的分析，铬渣在烧结和高炉生产过程中，Cr^{6+}被还原成稳定低毒的Cr^{3+}，部分被还原为金属铬[47]。

A　Cr^{6+}在烧结过程中的还原机理

烧结要掺入大量的焦炭末，炭的燃烧反应的第一生成物中既有CO_2也有CO。增加燃烧的用量，减少燃料粒度可以增加燃烧生产的CO，从而增加还原气氛[48]。铬渣中的铬酸钠、铬酸钙等中的Cr^{6+}，在高温的气氛下，可以被还原成Cr^{3+}。

在烧结过程中经过固液相反应形成一系列的易熔化合物，并在炭燃烧的高温下，形成新的熔融相，如$FeO—Cr_2O_3—SiO_2$、$CaO—Cr_2O_3—SiO_2$、$MgO—Al_2O_3—SiO_2$等体系。随着温度的降低，这些熔融相体系黏结着周围的矿物颗粒而凝固，各种低熔点化合物经过的烧结、冷却、结晶、固结过程实际上是一个再结晶过程，各种已被还原为Cr^{3+}的化合物在此过程中被进一步封闭起来，使之更加稳定。

B　铬的氧化物在高炉冶炼中的还原机理

在高炉冶炼操作状态下，高温强还原气氛不仅将铁的氧化物还原为金属铁，而且一些其他金属氧化物如MnO、CuO等也被不同程度的还原[49]。烧结中残留的氧化铬（Cr^{3+}）在高炉中也被进一步还原为金属铬，即在高炉内的高温及强还原气氛下，铬的氧化物部分被上升煤矸石气中的CO、H_2间接还原，而大部分则在高炉下部被C直接还原。Cr^{6+}和Cr^{3+}在高炉冶炼过程中可以被间接和直接还原成金属铬，随着Fe、Cr的渗碳作用，最终形成含铬生铁。

2.4.2　利用铬渣生产耐火材料

2.4.2.1　耐火材料简介

废弃物是一个相对概念，一定条件下为废物的材料，在另一条件下可能成为宝贵的原料。用铬渣直接生产镁铬尖晶石耐火材料正是出于这方面的考虑。

作为耐火材料，应要求具有较高的耐火度，即具有比常规材料更高的熔融温度，一般是耐火度不低于1580℃的无机非金属材料，同时还必须有足够的资源。耐火材料的发展史证明，寻求新的耐火材料是从根本上改进其质量的重要手段之一，亦即调整其组成，并获得一个较理想的组织结构。而使用复合耐火材料改善和优化耐火材料的高温性能是今后的一个重要研究课题。镁砂在世界上的储量是比较丰富的，而我国辽宁的镁砂储量占世界镁砂储量的1/4，因而利用国内的菱镁矿资源开发出适合中国国情的耐火材料，前景是非常乐观的。

研究表明，镁质耐火材料的高温性能，除了取决于主晶相方镁石以外，还受其间的结合相控制。由镁铬尖晶石结合的镁质耐火制品（如镁铬砖），由于镁铬尖晶石（$MgO\cdot Cr_2O_3$）熔点比其他尖晶石高约2350℃；MgO与$MgO\cdot Cr_2O_3$的共熔点达2300℃以上，故由纯MgO和$MgO\cdot Cr_2O_3$构成的耐火材料在2300℃以下不会出现液相[50]。东北大学冶金资源工程研究室对沈阳新城化工厂排放的铬渣进行了深入研究，开发出利用铬渣生产高级耐火材料的铬渣治理新工艺。

据研究将40%～50%铬渣与60%～50%轻烧氧化镁合理配比成球后经高温烧结就可得到耐火温度大于1670℃的合成耐火材料，可用于碱性平炉底料和电炉转炉喷补料，还可用于平炉炉顶有色金属冶炼水泥窑的高温带或玻璃蓄热室等场合[51]。

2.4.2.2 工艺过程

利用铬渣生产高级耐火材料基本工艺过程是：将含铬固体废渣与轻烧氧化镁合理配比，成球后经高温烧结过程将有毒的 Cr^{6+} 还原成无毒的 Cr^{3+}，并以镁铬尖晶石（$MgO \cdot Cr_2O_3$）的形态稳定存在。合成工艺流程如图 2-3 所示。

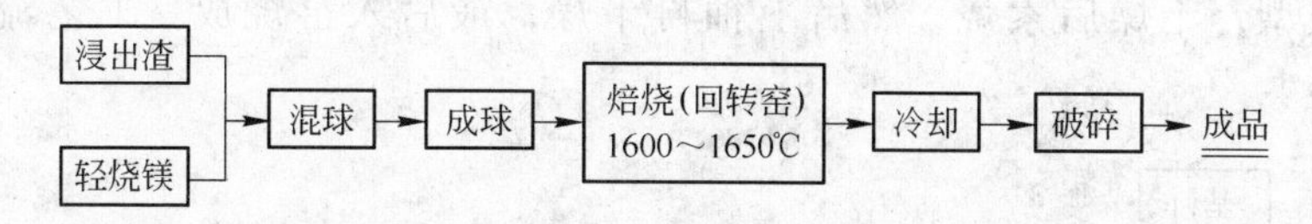

图 2-3 利用铬渣生产高级耐火材料工艺流程

铬铁渣配加一定量的镁砂，采用一定的工艺条件可以生产出高质量、高性能的镁橄榄石—尖晶石质耐火材料。或者，以镁砂为基料，以铬铁渣为高温矿化剂生产镁砖，可以提高镁砖的荷重软化温度，降低烧成温度，节约能源。经初步调查，我国铁合金厂年产铬铁渣 20 万吨以上，仅辽宁、吉林两省年产铬铁渣就可达 14 万 ~15 万吨。这样，如该工艺可工业化生产，年产值可达 3 亿元以上，直接经济效益近亿元。不仅有效地处理了铁合金厂的工业废料，消除了铬铁渣排放所造成的环境污染，同时也为耐火行业开发了新的原料资源。铬铁渣的 MgO/SiO_2 的值小于天然镁硅质原料，而 Al_2O_3 及 Cr_2O_3 含量又远大于天然镁硅质原料。因此要使铬铁渣作为耐火原料，就必须配加一定量的 MgO 以调节其与天然原料成分上的差别。铬铁渣是在大于 1600℃ 高温下，以炭为还原剂还原铬铁矿过程中形成的造岩矿物的集合体。为了对炉渣的物相组成有一个较全面的了解，对铬铁渣进行了显微观测以及 X 射线衍射分析。结果表明，其矿物组成以镁橄榄石相以及镁铝尖晶石相为主，两者总含量约为 70% ~90%。另外有少量的未完全还原的铬铁、$(Mg,Fe)(Cr,Al)_2O_4$、玻璃相以及未分离出来的金属相。典型的铬铁渣在去除金属相后，采用适当的结合剂，在一定的压力下制成样品，然后将样品置于炉中，在一定的升温制度条件下烧制成样砖，然后对烧成的制品理化性能进行测定。

2.4.2.3 样砖性能测试

试样烧成后呈淡褐色，表面无明显裂纹，坚硬致密，切开后有细小细孔，试样没有收缩，膨胀程度不大。

通过对其他性能如体积密度和气孔率的变化、常温耐压强度、高温性能、荷重软化度、耐火度的测试，可知铬渣制得的耐火材料具有较优异的性能。由此可见铬渣中配加镁砂，可生产出性能良好的镁橄榄石—尖晶石复合耐火材料。其中镁砂的加入量应在 30% 以上，烧成温度在 1500 ~1550℃。镁砂细粉加入量为 40% 的试样，物理性能优于高铝砖和镁铬砖。

2.4.3 利用铬渣制玻璃砖

利用铬渣烧制彩釉玻化砖，为铬渣的治理创出了另一条新途径。铬渣烧制而成的彩釉玻化砖，其理化性能符合国家标准 GB 1194—89 的要求。通过铬渣烧制彩釉玻化砖的研究，可以得出铬渣资源化工艺途径如下[52]：

(1) 原料。

1) 铬渣。天津同生化工厂提供，粒度为0.25mm、0.15mm和0.124mm。

2) 陶瓷原料。页岩、叶蜡石、石英、长石、紫木节、章村土、大同土、红黏土和熔剂类料。将上述陶瓷原料按一定比例配制好，用一般陶瓷生产方法制成粉料（基料）。

(2) 工艺流程。将铬渣与基料按一定比例充分混合，喷入雾化水，混匀，陈腐后造粒，用压机成型，干燥后素烧，然后上釉再干燥，最后入窑烧成。工艺流程如图2-4所示。

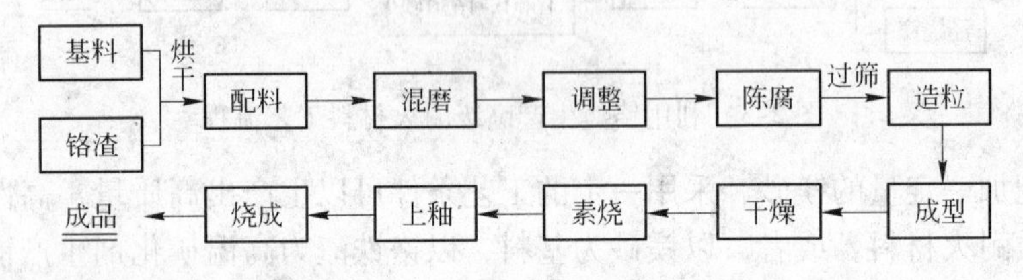

图2-4 制玻璃砖工艺流程

(3) 工艺参数。混磨后粉料粒度：万孔筛余0.5%；造粒后粉料粒度：0.84mm；造粒后粉料含水量：6%～8%；入窑前坯体含水量小于2%；素烧温度750～780℃。

(4) 测试方法。

1) 水溶性Cr^{6+}的测定参照《工业固体废物有害特性试验与监测方法》，将样品研磨至0.15mm（100目），称取适量，加10倍蒸馏水，在室温下振荡1h，放置24h后过滤，用二苯碳酰二肼光度法测定滤液中Cr^{6+}的含量。

2) 理化性能测定。吸水率、抗折强度、热稳定性、岩相组成、晶相及玻璃相含量等理化性能按国家标准测定。

3) 解毒倍数的计算：铬渣的解毒倍数t按式（2-11）计算。

$$t = Q/\Delta \tag{2-11}$$

式中 t——解毒倍数；

Δ——烧成后试块中水溶性Cr^{6+}含量，mg/kg；

Q——烧成前试块中水溶性Cr^{6+}含量，mg/kg。

(5) 实验结果与讨论。

1) 配方的初选。两种基料配入不同比例的铬渣及熔剂，按工艺流程进行烧制，并测试Cr^{6+}的浸出值，计算解毒倍数，A和B两配方见表2-7。

表2-7 铬渣烧制彩釉玻化砖的基料、铬渣和熔剂的质量配比

配方	K_2O	Na_2O	MgO	CaO	Al_2O_3	Cr_2O_3	Fe_2O_3	SiO_2	TiO_2
配方A	0.216	0.057	0.382	0.399	1.307	0.027	0.225	4.834	0.094
配方B	0.137	0.103	0.389	0.371	0.898	0.019	0.190	3.639	0.059

实验结果表明当铬渣含量一定时，解毒倍数随烧成温度增高而增高；当烧成温度一定时，解毒倍数随铬渣含量增加而降低；当铬渣含量和烧成温度一定时，解毒倍数随铬渣的粒度增加而增加；坯料中加熔剂后可降低烧成温度，提高解毒倍数。因为加入熔剂后，一方面在烧成过程中提早出现液相，促使熔化；另一方面在烧成后，生成一定量的玻璃相，

起到固化铬的作用。B 配方 +10% 熔剂比 A 配方 +10% 熔剂的烧成温度高，解毒倍数亦高；但是从解毒效果和节省能源方面考虑，选用 B 配方较适宜。

2）烧成温度和保温时间的选择。实验表明：对 A 和 B 两种配方在 1110 ~ 1150℃ 烧成温度下，保温 15min，烧成的玻化砖 Cr^{6+} 含量大大低于国家标准容许值（5mg/kg）。

3）试块的理化性能测试。对烧制成的试块，按标准的理化性能测试方法进行了测试，结果如下：水溶性 Cr^{6+} 浸出量为 0.7 ~ 2.6mg/kg；吸水率为 0.7% ~ 4.0%；抗折强度为 25.63MPa；烧成线收缩率为 6% ~ 10%；耐急冷热性：将试块加热到 150℃ 后立即放入到 20℃ 水中循环 3 次不出现裂痕。

4）试块时酸碱的稳定性测试。试块在酸和碱溶液浸泡下，Cr^{6+} 变化很小，对酸、碱是稳定的。

5）试块的晶相分析及显微结构。

①样品的显微结构相当严密，晶相与玻璃相占绝大部分；

②铬渣微粒和各晶相被玻璃相紧紧包裹，多相固熔体和莫来石已形成；

③这种微晶结构使样品的抗折、抗压强度增强，吸水率降低，耐酸碱度提高，特别是为残余的 Cr^{6+} 提供了稳定环境。

6）试块制备中 Cr^{6+} 污染的测定。制备试块时，往粉料中仅加入 70% 的水，使粉料成“潮干土”，压制成型过程中无水流失，故无废水。为观察试块在干燥过程中是否因水分蒸发带出 Cr^{6+} 污染大气环境，进行了下述测试：取混合均匀的含铬粉料，加入适量水拌匀，取一部分放入已知质量的蒸馏瓶中称重，另一部分压制成块，放入另一个已知质量的蒸馏瓶中称重，然后置于土壤水分减压蒸馏装置中，在 110℃ 下蒸馏 2h 后，取下蒸馏瓶称重。计算蒸馏样品前后质量，得出失水量。再称蒸出水的质量，算出水的回收率。将蒸馏出来的水全部转入比色管中，按水中 Cr^{6+} 测定方法，测出 Cr^{6+} 含量。结果表明，坯体在干燥过程中其蒸发水分不会带出 Cr^{6+}。粉料干燥时由蒸发水分带出的 Cr^{6+} 量也很少，不会造成大气环境污染。

铬渣制成的玻化砖外形美观，装饰方法多，产品质量好，售价低，竞争力强，销售前景广阔。在生产工艺上采用干粉磨，喷入雾化水，不会产生污水，建厂可根据资金决定建厂规模，最好建在铬盐厂附近，以减少运输铬渣时造成的二次污染。

2.4.4 利用铬渣制水泥

铬渣含有两种胶凝活性化合物——硅酸二钙和铝酸钙，其含量约为 50%，可以用作水泥原料。硅酸二钙和铝酸钙在水泥熟料烧制时可起与氟化钙相同的矿化剂作用[53]，因此铬渣可代替氟化钙作为矿化剂烧制水泥熟料，同时铬渣中的铁铝酸钙由于溶有铬酸钙能够使熔点降低，在水泥熟料的烧制过程时高温还原气氛能将 Cr^{6+} 还原成 Cr^{3+}，以上因素使得铬渣烧制水泥成为可能。在控制铬渣掺入量的前提下，水泥固化后形成的不连续的凝胶孔对 Cr^{6+} 具有固化作用，可进一步降低 Cr^{6+} 的浸出毒性[54]。该方法的特点是可减少原料和矿化剂的用量，降低了水泥生产成本，但此法在烧制过程中，由于温度过高，容易使铬以气体形式逸出，会造成二次污染，需采取适当的措施加以控制。

2.4.4.1 水泥固化原理

水泥是一种无机胶结材料，经过水化反应后可以生成坚硬的水泥固化体。水泥的主要成分是硅酸三钙和硅酸二钙。水泥固化时，将废物与水泥充分混合，并掺入适当的水，水化后，水泥形成与岩石性能相近的、以水化硅酸钙凝胶为主的坚硬石状结构。废物被掺入水泥基质中，在物理与化学作用下，被水化硅酸钙凝胶包裹、吸附。水泥水化的另外一个产物——钙矾石可以和废物中的重金属形成固溶体，也可以减少重金属在废物/水泥基质中的迁移。

水泥固化的优点是水泥价格便宜，人们对水泥水化机理了解得很成熟，并且可由水泥与废物的比例来控制固化体的强度与性能。但缺点也很明显：（1）固化增加土地填埋费用；（2）如果采用纯水泥固化，所得到的固化体内部有许多毛细孔，水溶性的 Cr^{6+} 可能会逸出，固化体浸出毒性可能会高于国家标准（1.5mg/L）。鉴于此，应选用不同的添加剂，或不同的前处理手段（如对铬渣先进行物理包裹、吸附、对铬渣进行还原处理等）的方法，来提高固化体的掺渣量、减少增容比、降低固化体浸出毒性、增加固化体强度等。矿渣是冶炼生铁时的副产物，它的主要矿物组成是假硅灰石（CS），钙长石（CAS2）、透辉石（CMS2）、钙黄长石（C2AS）、二硅酸三钙（C3S2）、硅酸二钙（C2S）、尖晶石（MA）等，上述矿物中 C2S 具有胶凝性[55]。目前，广泛用于水泥行业作混合材料的矿渣是高温熔融体用水急冷所得的粒化高炉矿渣，它主要由玻璃体组成（玻璃体含量一般在85%以上）。矿渣中的玻璃体含量越多，其活性越高。用矿渣作混合材料的水泥其早期强度增长幅度往往低于后期强度，而水泥早期强度太低，会给工程施工带来极大不便，因而矿渣在水泥中的掺量不能太大。当有碱存在时，碱可以激发矿渣的活性，使水泥早期和后期强度同步增长，从而加大矿渣的掺入量。

利用铬渣和矿渣生产复合硅酸盐水泥，一方面可利用铬渣中的碱激发矿渣的活性，提高水泥的强度，增大矿渣的掺入量。另一方面又可使铬渣中的有毒成分 Cr^{6+} 得到有效固化，解除毒性，变废为宝，具有重要的社会效益、环境效益和经济效益。

2.4.4.2 水泥熟料与铬渣的组成

为了了解铬渣在水泥中的恰当添加量，以剑南化工厂[56]产生的铬渣与硅酸盐水泥熟料为例对铬渣与水泥熟料的成分进行比较。剑南化工厂所产生的铬渣与硅酸盐水泥熟料的主要成分比较见表2-8。

表2-8 铬渣与硅酸盐水泥熟料的主要成分比较 （质量分数/%）

成 分	CaO	SiO_2	Al_2O_3	Fe_2O_3	MgO	Cr_2O_3	水溶性 Cr^{6+}
铬 渣	31~35	6~8	7~9	10~13	20~23	3~5	0.24~0.50
熟 料	20~24	4~7	2.5~6.0	0	1.5	62~76	—

由表2-8可见，铬渣中含有水泥熟料中的四种主要成分 CaO、SiO_2、Al_2O_3、Fe_2O_3 等，这四种成分在熟料中以硅酸二钙、硅酸三钙、铝酸三钙和铁铝酸四钙等矿物形式存在，在铬渣中所含的熟料成分主要以硅酸二钙和铁铝酸四钙的形式存在。

2.4.4.3 解毒机理

水泥窑炉内的高温和还原气氛可用来使铬渣解毒，可把铬渣与石灰石、黏土、铁粉、煤混配煅烧成水泥熟料。在煅烧熟料过程中将发生以下反应使铬渣解毒：

$$2C + O_2 = 2CO \tag{2-12}$$

$$2Na_2CrO_4 + 3CO = Cr_2O_3 + 2Na_2O + 3CO_2 \quad (2\text{-}13)$$

$$2CaCrO_4 + 3CO = Cr_2O_3 + 2CaO + 3CO_2 \quad (2\text{-}14)$$

$$2CaO + SiO_2 + Cr_2O_3 = 2CaO \cdot SiO_2 \cdot Cr_2O_3 \quad (2\text{-}15)$$

此外，煅烧过程中形成的硅酸二钙是一种介稳的高温型矿物，其结构不稳定。煅烧过程中，Cr_2O_3能进入硅酸二钙晶格并形成固溶体，使晶格变形，无序度增大，硅酸二钙活性增大，并可阻止O-C2S向Y-C2S的矿物相转变，还使Cr_2O_3固溶于O-C2S晶格中，被晶体封闭。在煅烧熟料冷却的过程中，部分液相形成玻璃相，将低毒的Cr^{3+}及微量的Cr^{6+}封闭起来，使铬的毒性得到较彻底的去除。席耀忠[57]试验结果表明，加铬渣22%的水泥（含Cr_2O_3 1.12%）Cr^{6+}浸出浓度小于1.5mg/L，符合GB 5085—85的要求，但已接近1.5mg/L，因此铬渣水泥中Cr_2O_3含量不宜超过1%。经过水泥煅烧，Cr^{6+}的去除率达90%以上，其中立窑的还原气氛对Cr^{6+}的还原最为有利。铬渣水泥中残留的微量Cr^{6+}在水泥水化后被固封在水泥石中，只有接触水的表面才有可能溶出极微量的Cr^{6+}。当水泥中的Cr_2O_3含量小于1%时，溶出的Cr^{6+}浓度不会超过污水Cr^{6+}限量；当Cr_2O_3含量小于0.4%时，溶出的Cr^{6+}浓度不会超过饮用水限量值。从铬渣水泥石颗粒浸出数据计算，Cr^{6+}的固化率在99.99%以上。铬渣水泥在长期大气日晒条件下，开始Cr^{6+}有微量回升，从长期情况看是稳定的。

2.4.5 利用铬渣制微晶玻璃

2.4.5.1 基本原理

微晶玻璃是一定组成的配合料经熔融成型后，通过特定温度的受控结晶，在均质玻璃体中形成数量大且尺寸细小的晶粒[58]。结晶过程包括成核、生长两个阶段。要形成大量的晶核，需要引入适当的成核剂。以铬渣为主要原料，铬渣中的Cr_2O_3正是系统中的理想成核剂，在还原和高达1500℃的熔融状态下Cr^{6+}可完全还原为Cr^{3+}。在其后的工艺过程中，Cr_2O_3作为成核剂诱导结晶，其他离子围绕晶核聚集长大，所以大部分Cr_2O_3位于晶粒的中心，未参与结晶的少数Cr^{3+}冷却后也牢固地位于玻璃结构网络中，非常稳定。铬渣微晶玻璃具有造价低，铬渣处理量大、解毒彻底、经济效益好等特点[10,59]。

为了得到适宜的配合料组成，掺入硅质、纯碱等校正原料。铬渣资源化利用中的一个重要问题是除毒，本法在配合料中直接掺入还原剂，在工艺过程中的高温熔融状态下造成还原气氛，使Cr^{6+}彻底还原为Cr^{3+}以达到除毒效果。

2.4.5.2 除毒效果

对本法制得的成品，取5g样品（粉状0.074mm），加水100mL，煮沸5min，离心，然后用原子吸收法测定其可溶性铬残留量，结果列于表2-9。

表2-9 铬渣微晶玻璃可溶性铬分析结果

试　样	可溶性铬含量/$mg \cdot kg^{-1}$
成品	0.20
室内潮湿环境中使用4年	0.25
室外使用4年	0.20

从成品的可溶性铬分析可见，与现有的技术比较，该法除毒较彻底，比国家标准规定的铬渣排放允许可溶性铬含量低得多。为了考察其长期稳定性，分别对在室外和室内潮湿环境下使用4年时间的样品进行重复测试，结果表明可溶性铬含量未发生明显变化，这说明本法除毒彻底且稳定。

2.4.5.3 物理化学性能指标

参照装饰石材的技术指标对成品进行测试，并与天然花岗石和大理石作比较，微晶玻璃的优点是具有突出的机械、力学性能，耐磨性和良好的耐腐蚀性。其强度、硬度、耐磨性及耐酸性均优于天然花岗石和天然大理石，完全能满足建筑装饰的性能要求。因其抗风化及耐酸性好，即使在酸雨严重地区使用也不会影响其效果。

2.4.5.4 成本估算

经估算，目前铬渣微晶玻璃建筑装饰板工厂成本为80元/m^2。目前，质地好的天然大理石售价为100～300元/m^2，而花岗石已在250元/m^2左右，该产品即使售150元/m^2，也可获得可观的经济效益。每年还可以为铬盐厂节省大量铬渣治理费用。

2.4.5.5 应用前景

以铬渣为主要原料制造微晶玻璃建筑装饰板，铬渣处理量大，除毒彻底。作为装饰石材，其性能指标优于天然花岗石和天然大理石，外观精美，是一种高档建筑装饰板。而其造价低廉，经济效益好，工业化的开发成功，将为铬渣治理开辟一条有效的新途径。

2.4.6 利用铬渣制玻璃着色剂、颜料

2.4.6.1 铬渣制玻璃着色剂

铬渣代替铬铁矿用于玻璃制品着色剂是我国首先研制成功的。所用铬渣的成分中含有5%左右的总铬，其中约2%为Cr^{3+}，约3%为Cr^{6+}。在玻璃窑炉的高温还原气氛条件下加入铬渣，Cr^{6+}被还原为Cr^{3+}后进入玻璃体，Cr^{3+}是一种着色力较强、着色范围较大的离子，其在650～680nm附近有红外吸收带，在450nm处有蓝吸收带，两者结合后呈绿色。Cr^{3+}在玻璃熔体中融解，经急冷后，生成含Cr^{3+}的玻璃，从而吸收446～461nm、456～658nm、686～688nm波长的光，使玻璃呈翠绿色。另外铬渣中的二氧化硅、三氧化铝、氧化钙、氧化镁等能提高玻璃制品的机械强度、热稳定性和化学稳定性。三氧化二铁和氧化亚铁也是着色剂，也能降低玻璃制品的透光率。使用铬渣时，玻璃原料中的石英砂、长石、方解石、白云石等的用量可相应减少。同时还原后的铬离子被封固于玻璃体中，在自然环境中很稳定，不易释放，被彻底解毒，达到了无害化利用之目的。

铬渣制玻璃着色剂的主要工艺是：铬渣粉碎—烘干—磨粉—包装。该工艺关键是选用铬总量大于4.5%的铬渣和粉碎工艺及设备。还应注意防噪、防尘措施及产品的防泄漏包装问题。

目前，我国的南京铁合金厂、重庆东风化工厂、沈阳玻璃制品厂等多家企业都用铬渣作着色剂生产玻璃制品。每30t玻璃料可消耗1～2t铬渣。该法经济与环境效益显著，但用渣量不大。

2.4.6.2 利用铬渣制作颜料

A 生产陶瓷色料

该方法是利用铬渣中含有的Fe_2O_3和Cr_2O_3，根据Cu-Mn-Cr-Fe和CO-Mn-Cr-Fe系统，

温度在1160～1280℃时，在铬渣中加入一定量的CuO、CoO、Fe_2O_3、MnO_2和Cr_2O_3等氧化物，经处理可制得陶瓷高温色料[47]。在煅烧过程中，使色板发生一系列固相反应，将铬渣中的毒性离子固化在瓷坯中。经检测色板的Cr_2O_3浸出量仅为0.0495mg/kg，远低于国家标准。该方法对铬渣的处理量较大，解毒彻底，制得的产品附加值高。缺点是工艺复杂，生产成本高。此法改变了铬渣传统的处置办法，可为铬渣的处置提供一种新的途径。

B 用于制作铬黄

颜料化工中的铬黄有柠檬铬黄（$PbCrO_4 \cdot PbSO_4$）、浅铬黄（$5PbCrO_4 \cdot PbSO_4$）、中铬黄（$PbCrO_4$）、深铬黄（$PbCrO_4 \cdot PbO + PbCrO_4$）和桔铬黄（$PbCrO_4 \cdot PbO$）等系列品种，它们都以$Na_2Cr_2O_7$为主要原料。

如果能将铬渣中的Cr^{6+}浸出用于制备铬黄，将会为铬渣中Cr^{6+}的资源化利用开辟又一条新的途径。通过研究渣中所含Cr^{6+}的提取回收，研究其直接浸出技术，探讨其浸出液直接用作无机颜料、化工原料的资源化途径，并以此达到铬渣解毒的目的是值得开发的工艺技术[55]。具体的实验步骤为：称取7g铬渣置于150mL水中，加热至95℃，并保持30min，然后用15% NaOH溶液调整溶液的pH值至13，加3mL H_2O_2进行氧化，可观察到溶液逐渐由绿变黄，氧化完毕后进行抽滤，滤饼用水彻底洗净，洗涤液并入滤液，滤饼干燥后为浅绿色颜料；滤液为黄色透明液，将此滤液用15% H_2SO_4溶液调pH值至4～5，加入16mL 20%（质量分数）PbAc溶液生成鲜艳的柠檬黄色沉淀，将此沉淀洗涤干燥即为$PbCrO_4$。

在制备过程中各步的操作如铬渣的浸取、pH值的调整、沉淀反应以及副产物等都会影响其回收率。利用铬渣制备$PbCrO_4$既解决了铬渣的污染问题又充分利用了铬渣中的铬资源，其副产物可以考虑用作低档水泥砖的颜料，故制备过程中不再产生固体废渣[56]。

2.4.7 利用铬渣制钙镁磷肥

2.4.7.1 铬渣在高炉内的解毒机理

钙镁磷肥生产的基本原理是将不易被植物吸收的磷酸三钙与熔剂蛇纹石、白云石、硅石、铬渣及焦炭按一定的配比投入高炉，经高温熔融、水淬骤冷，使晶态磷酸三钙转变为松脆的无定型易被植物吸收的玻璃体物质。铬渣与蛇纹石、白云石的组分相近，故可作熔剂。生产钙镁磷肥的方法很多，有高炉法、电炉法、转炉法、平炉法等，铬渣作钙镁磷肥助熔剂生产的共同点是将铬渣和焦炭粉及其他相关物料按一定比例混合，在高温下，炉内有大量的CO和少量的氢气产生，并有固定炭存在。然后将铬渣中的Cr^{6+}还原为Cr^{3+}氧化物及金属铬，而分别进入磷肥及富集的铬镍铁中。经水淬粒化、分离水烘干、球磨粉碎等制成钙镁磷肥。当炉内温度在800～1200℃时，重铬酸钠分别被一氧化碳或固定炭还原成Cr_2O_3。炉内温度在1200℃时，重铬酸钙发生热分解生成Cr_2O_3。炉内温度高于1241℃时Cr_2O_3可被还原成金属铬[60]。其主要化学反应如下：

$$4Na_2CrO_4 + 3C \xlongequal{} 4Na_2O + 3CO_2 + 2Cr_2O_3 \tag{2-16}$$

$$2Na_2CrO_4 + 3CO \xlongequal{} 2Na_2O + 3CO_2 + Cr_2O_3 \tag{2-17}$$

$$2CaCrO_4 \xlongequal{} 2CaO + Cr_2O_3 + 1.5O_2 \tag{2-18}$$

$$Cr_2O_3 + 3CO \xlongequal{} 2Cr + 3CO_2 \tag{2-19}$$

$$2Cr_2O_3 + 3C \xlongequal{} 4Cr + 3CO_2 \tag{2-20}$$

在高炉的高温区里，Cr_2O_3 和金属铬因密度不同，而分别进入磷肥半成品中和富集在镍铁中。Cr_2O_3 在磷肥中很稳定，不易被植物吸收。这是由于 Cr_2O_3 中铬离子半径为 0.069nm，与 Fe_2O_3 中 Fe^{3+} 离子半径 0.067nm、Al_2O_3 中 Al^{3+} 离子半径 0.057nm 相近，根据玻璃结构理论，在熔融时 Cr_2O_3，会像 Al_2O_3、Fe_2O_3 一样进入玻璃体网状结构被固定下来，存在于磷肥之中。

2.4.7.2 铬渣作熔剂的机理

在钙镁磷肥的生产过程中，蛇纹石和白云石均起助熔作用，炉内随着镁硅比的提高和氧化镁含量的增加，炉料熔点降低，料渣黏度小，流动性好，产品一次转化率高。铬渣同蛇纹石、白云石的组分相近，在高炉中同样可起助熔作用。一些研究还表明，铬渣中 MgO、CaO、SiO_2 均可得到利用外，其他物质也不会对钙镁磷肥生产产生不良的影响。

以铬渣为熔剂生产的钙镁磷肥对农作的负面影响不大。农牧渔业部环保科研监测所等单位制定的“铬渣制钙镁磷肥中铬的控制指标”中指出，铬渣制钙镁磷肥中铬的最高允许含量应符合相关环境保护的规定：“施用符合本标准的铬渣制钙镁磷肥时，平均每年每亩用量为50kg，旱地土壤每亩累计用量不得超过1500kg，连续在同一块地上施用不得超过30年。水田（包括水旱轮作）土壤，每亩累计量不得超过5000kg，连续在同一块地上施用不得超过100年。”

2.4.8 利用铬渣制砖

利用铬渣生产自养煤矸石砖[61]。煤矸石是成煤时与煤层伴生的一种含碳量低、比较坚硬的黑色岩石，在煤矿开采和洗煤过程中成为废渣排放，煤矸石堆积不但占用了大量宝贵土地，矸石的扬尘、自燃还造成了严重的环境污染。由于煤矸石具有一定的热值（2.06~6.28J/kg），可以利用煤矸石自身热量为内燃料，将铬渣中 Cr^{6+} 在高温下还原成 Cr^{3+}。

利用自养煤矸石砖技术对铬渣进行无害化处理的原理是[61]：

（1）煤矸石中的炭和自身热量为铬渣中 Cr^{6+} 在高温下还原成 Cr^{3+} 提供了保证，而且只要混合比率合适，铬渣中 Cr^{6+} 可全部转化 Cr^{3+}。

（2）煤矸石中 SiO_2(50%~60%)、Al_2O_3(15%~30%) 含量较高，在自燃过程中易于活化，并与还原形成的 Cr^{3+} 结合形成稳定的硅铝酸盐基质矿物（在硅铝酸盐矿物中，Cr^{3+} 可以以类质同象的方式在矿物晶格中取代铝，形成一种性质非常稳定的含铬铝硅酸盐），从而防止 Cr^{3+} 在自然环境下再次氧化成 Cr^{6+}，从根本上消除 Cr^{6+} 的危害。

试验研究了在自养煤矸石砖焙烧过程中加入6%铬渣和不同比例辅料炭后（0%，1%，3%，5%，7%，9%，11%）铬的解毒效果，并对加入铬渣和辅料后煤矸石砖的性能进行了测定，以揭示铬渣和辅料对煤矸石砖性能的影响。实验结果表明，当铬渣加入量为6%时，其铬的解毒效率在96%以上，且铬的稳定性良好，同时铬渣的加入能明显提高煤矸石砖的强度。另外，在运用自养煤矸石砖技术治理铬渣时，加入一定比例的辅料 C，可以提高铬的解毒效率和铬在煤矸石砖中的稳定性，但辅料 C 的加入也能降低煤矸石砖的强度；在不影响煤矸石砖强度的前提下，辅料C的最佳加入比例为5%，此时铬渣的解毒效率在99%以上。

该方法的主要优点是烧制过程中所需的热源全部来自煤矸石，不需要消耗额外的煤，而且煤矸石属于废弃物。在自养（免烧）煤矸石砖原料制备过程中，加入一定比率的铬渣及其他辅料，然后运用自养煤矸石砖技术，对铬渣进行资源化处理。它可以解决铬渣治理中的两个关键问题，也就是将铬渣中Cr^{6+}还原成Cr^{3+}，同时对Cr^{3+}进行固化处理，防止在自然条件下重新氧化为Cr^{6+}。由于自养煤矸石砖技术已经成型，运用该技术治理铬渣时，只是在原料处理上有所区别（将一定比例的铬渣和辅料与煤矸石混合），因此工艺相对简单。此外，该技术是以废治废，铬渣与煤矸石最终都将成为建筑材料。以上特点表明，运用自养煤矸石砖技术治理铬渣是一种工艺简单、成本低、解毒彻底、稳定性强的铬渣治理技术，因此具有广泛的应用前景。

但铬渣制砖需要对铬渣进行粉碎，一次性投资高，另外由于砖价低廉，铬渣制砖并不能有效降低砖的生产成本，使得砖的销售受到限制。

据资料显示，在制砖过程中，铬渣掺量较少时，对制作的成品砖抗压、抗折强度等指标几乎无影响，可以广泛地使用。

2.4.9 利用铬渣筑路

利用还原铬渣代替黄沙用于混凝土垫层来铺筑道路、地面，使用效果良好。实践证明，这一做法是可行的。其原理如下：还原铬渣中可溶性Cr^{6+}之外的其他物质，在浇筑的混凝土中可像水泥一样发生水化反应形成相应的与水泥水化物相同或同类的水化物，根据水泥的凝结硬化机理可得出以下结论：还原铬渣中极少量的可溶性Cr^{6+}随着水泥的水化和硬化过程的进行，被封存在水泥石凝胶硬体内，即使初期有微量的水溶性Cr^{6+}溶出，但随着水泥石的硬化和强度的增长，Cr^{6+}的溶出量将随之减少，直至这部分Cr^{6+}完全被封圈在混凝土内而不再溶出。

济南裕兴化工厂在土建施工中，用还原铬渣代替黄沙，铺设混凝土道路约3km，地面300余平方米，还原铬渣主要用于道路、地面的混凝土垫层。其体积比为水泥∶还原铬渣∶石子＝1∶2∶4。Cr^{6+}在2天之内已基本完结溶出（除了少量的Cr^{6+}在较短的时间内仍可溶出），随着水泥强度的增长，这些少量的Cr^{6+}基本上被封固在混凝土硬化体内。况且施工中如果在混凝土垫层上面做一层20~30mm厚的水泥砂浆面，这样就能够达到将还原铬渣中残余部分水溶性Cr^{6+}完全固化的目的。以还原铬渣替代黄沙用于铺筑混凝土道路地面，不仅综合利用了还原渣，变废为宝，节约了黄沙，而且混凝土强度保持不变，具有一定的经济效益和环境效益。

另外，高碳铬渣质地较硬，密度较大，作为铺路铬渣具有坚硬、不易碎的特点，是公路路基的良好材料。铬渣作为铺路材料有成本低、抗压及耐磨、路基不易变形等特点，可以大量推广和使用。

2.4.10 铬渣作为燃煤的固硫剂

在许多工厂生产基地及农村居民居住地，都会大量使用蜂窝煤，而煤经过燃烧会产生大量有害气体，如SO_2、CO等，会造成人煤气中毒，另外也会造成环境污染。此方法主要是将煤与铬渣按照一定比例来一同燃烧，会同时解决以上问题，煤燃烧释放出来的 SO_2 等还原性的气体正好可作为铬渣的还原剂，把 Cr^{6+} 还原为 Cr^{3+}，减少了对环境的危害，同时也使 SO_2 等污染环境的气体得到了二次利用。

石玉敏[62]以及刘亚辉[63]等人在这方面研究较多。刘亚辉主要是根据铬渣中含 Na、Ca、Mg、Cr、Fe、Al 等元素，它们不仅具有氧化性，还具有催化燃烧作用。利用两者的氧化还原特性，在一定的燃烧条件下可将铬渣作为原煤的固硫剂，而原煤则作为铬渣的解毒还原剂。这样就解决了铬渣的污染治理难题和燃煤的固硫成本问题，做到了处理及利用一体化。

由于渣中 Cr^{6+} 主要以四水铬酸钠和铬酸钙形式存在，所以主要反应式如下：

$$2Cr^{6+} + 3S^{2-} + 6OH^- = 3S + 2Cr(OH)_3 \quad (2\text{-}21)$$

$$2C + O_2 = 2CO \quad (2\text{-}22)$$

$$2Na_2CrO_4 \cdot 4H_2O + 3CO = Cr_2O_3 + 2Na_2O + 3CO_2\uparrow + 8H_2O\uparrow \quad (2\text{-}23)$$

$$2CaCrO_4 + 3CO = Cr_2O_3 + 2CaO + 3CO_2\uparrow \quad (2\text{-}24)$$

解毒后的煤铬渣，其 Cr 质量浓度可达 8mg/L 以下，符合铬盐工业污染物标GB 4280—84 中规定的第二级标准，且稳定性较好，长期露天堆存，Cr^{6+} 无明显回升现象。

例如，将原煤与铬渣以 9∶1 的质量比混合，将物料颗粒粉碎至平均直径小于 3mm，加适量水陈化 2 天；然后加入总质量 10% 的黏土和适量水，搅拌均匀，经蜂窝煤机挤压成型。固硫率可达 68%，炉渣经粉碎可作混凝土垫层材料等。

2.4.11 铬渣作为沼气的脱硫剂

沼气含有一定量的硫化氢，有时也含极少量的有机硫。硫化氢是剧毒的有害物质，而且其对输气管、仪器仪表、燃烧设备有很强的腐蚀作用；其燃烧产物二氧化硫也是一种腐蚀性很强的气体，同时进入大气能产生酸雨。

沼气用途广泛，但是经过燃烧，也会产生一些剧毒的气体，如硫化氢气体及其他含硫有害有机物。硫化氢气体同时也是还原性的气体，据此原理，将铬渣与沼气一起燃烧，生成的硫化氢气体直接将 Cr^{6+} 还原成 Cr^{3+}；另外，铬渣中的氧化铁成分可以脱去多余的含硫气体，并且此方法简单、易操作，消耗能量低，可以广泛地推广使用。

为保证人体健康、保护大气环境、延长燃气设备等的使用寿命，必须进行脱硫。硫化氢气体的脱除方法较多，其中氧化铁法是种经典而有效的脱硫方法，优点是工艺简单、操作容易、能耗低，它是利用铬渣中的 Fe_2O_3，又对铬渣进行了解毒，即使有残留 Cr^{6+} 也会被沼气中的 H_2S 再次还原，所以解毒彻底，它的脱硫过程是在碱性液膜中进行的，在还原时会发生以下反应：

$$FeSO_4 \longrightarrow Fe^{2+} + SO_4^{2-} \quad (2\text{-}25)$$

$$Cr_2O_7^{2-} + 6Fe^{2+} + 14H^+ = 2Cr^{3+} + 6Fe^{3+} + 7H_2O \quad (2\text{-}26)$$

$$Fe_2O_3 \cdot H_2O + 3H_2S = Fe_2S_3 \cdot H_2O + 3H_2O \quad (2\text{-}27)$$

$$Fe_2O_3 \cdot H_2O + 3H_2S = 2FeS + S + 4H_2O \quad (2\text{-}28)$$

$$2Cr^{6+} + 3S^{2-} + 6OH^- = 3S + 2Cr(OH)_3 \quad (2\text{-}29)$$

例如，$FeSO_4 \cdot 7H_2O$ 100kg，铬渣 25kg，木屑 10kg，水适量，加入搅拌机，搅拌

6min，加入熟石灰25kg，搅拌均匀，混碾10min，经成型机挤压成条形，烘干活化成黄色条形成品。利用铬渣制备脱硫剂，是良好的以废治害、化害为利的综合利用方法。对沼气有较好的脱硫效果。经其脱硫后，沼气中H_2S的含量从3~5g/m^3降至20mg/m^3以下，符合国家规定的排放标准。

2.4.12 利用铬渣生产铸石

铸石是一种耐酸、耐碱、耐磨的建材，运用十分广泛。生产铸石技术已经成熟，展现了良好的利用前景，对废物利用、保护环境和提高经济效益都将具有积极意义。利用铬渣生产出的铸石铺路具有坚硬、不易碎的特点，是公路路基的良好材料，而铬渣作为铺路材料具有成本低、抗压及耐磨、路基不易变形等特点，用于铸石具有耐酸、耐碱、耐磨的功能。中国科学院地质所和沈阳市新城化工厂协作，模拟辉绿岩铸石组分，用铬渣30%、硅砂（含$SiO_2$95%以上）25%、电厂灰（或液态渣）45%、氧化铁皮3%~5%，粉碎至5mm，在1500℃以上池窑中熔融、铸型，900℃结晶，700℃退火，缓缓降温冷却而得成品。铬渣铸石的矿相主要是辉石、斜长石及少量的橄榄石，无可溶性Cr^{6+}，且生产出的铸石热稳定性较好。铸石质量性能为：抗压强度470.6~539.2MPa，抗折强度58.8MPa，抗拉强度17.6~28.4MPa，抗冲击强度8.7MPa，莫氏硬度近8级，石料法磨损率为0.53g/cm^2，碎屑法耐酸耐碱为100%，热稳定性良好。铬渣铸石是综合利用铬渣的一项优异科研成果，用渣量大，除毒彻底并已实现了工业化。

还可用铬渣代替铬铁矿生产辉绿岩铸石。辉绿岩铸石是优良的耐酸碱、耐磨材料，广泛应用于矿山、冶金、电力、化工等工业部门。生产辉绿岩铸石的配料中要加入2.8%~9%的铬铁矿，作为结晶促进剂。大连铸石厂在铸石炉料中加入铬渣15%~20%代替铬铁矿生产辉绿岩铸石，工业规模试验已成功。节约了铬铁矿、辉绿岩、玄武岩等原料，成品率提高10%~20%。

2.4.13 利用铬渣制作人工骨料

利用铬渣制作人工骨料的原理是：将铬渣与黄河滩土、燃煤炉等粉碎捏合经高温煅烧，其烧成物即为人工骨料，可用于混凝土预制件中。铬渣经破碎、筛分，可作为不同要求的混凝土骨料，在大型回填工程和挡土堡坎方面可大量使用，即解决了铬渣的堆放，又可降低工程造价。在早期，用铬渣来制作混凝土细骨料[64]。其思路是经立式旋风炉高温熔融除毒处理，再经水淬而成的粒状铬渣，用作混凝土的细骨料，论证其可行性与合理性。首先是经过除毒，将铬渣中的Cr^{6+}可转变为稳定的Cr^{3+}的氧化物或金属铬，水淬铬渣中重铬酸钠已不复存在，证明该法除毒是可靠及彻底的；其次是水淬过程，由于铬渣经高温熔融、急冷成粒，因而水淬铬渣的物相组成绝大部分为玻璃体。水淬铬渣的颗粒过粗，超出混凝土用砂的级配区允许范围，且级配不良，因而不符合混凝土用砂的质量要求。将其进行适度的加工处理后，可达到混凝土用砂的级配和细度模数范围的要求，而且可进一步根据需要，调整其所属级配区和细度模数；最后是检验混凝细骨料的各项指标，通过成分测试，证实经立式旋风炉高温熔融除毒处理后的水淬铬渣已无毒性，再经适度加工便可符合混凝土用砂的质量标准，用于配制混凝土。采用压汞法测定加工后的水淬铬渣的孔结构，检验数据证明加工后的水淬铬渣的总孔隙比普通砂小得多，其中主要是0.1μm

以上的孔比普通砂少得多，说明加工后水淬铬渣的结构较普通砂致密，因而其刚度较大；利用 X 射线衍射法、压汞法和显微硬度等试验结果证明水淬铬渣具有活性，用作混凝土细骨料其火山灰效应改善了过渡区结构，有利于提高混凝土的物理力学性能。

2.5 铬渣无害化治理方法

铬渣内含有的 Cr^{6+} 是强致癌物质，是造成环境污染的主要原因，因此在铬渣中加入适量的还原剂，在一定条件下，Cr^{6+} 被还原为 Cr^{3+}（Cr^{3+} 是人体和生物所必需的一种痕量金属元素），称为铬渣的无害化处理[65]。一般来说，铬渣的无害化处理分为湿法解毒、干法解毒、微波辐射解毒、微生物解毒、配合法解毒、物理固化。

2.5.1 湿法解毒技术

铬渣湿法解毒的原理是先将铬渣中 Cr^{6+} 转移至水相，再用还原剂将 Cr^{6+} 还原为无毒的 Cr^{3+}，或者用沉淀剂使 Cr^{6+} 转变为稳定的水不溶铬酸盐，从而达到铬渣解毒作用。具体是用工业废酸、碱及盐溶液等来溶解铬渣并且调节溶液 pH 值，然后将溶液中 Cr^{6+} 释放出来，然后加入还原剂，即可达到解毒的目的，使剩余的 Cr^{6+} 彻底还原为 Cr^{3+}[66]。

湿法解毒特点：工艺原理清晰，流程简单，不受铬渣类型、处理规模和场地的限制，可以在各种条件下实施，解毒较彻底。然而酸式湿法解毒的缺点是需要消耗大量的酸，因此该法适合在附近有废酸产生的地区实施，否则成本太高；碱式湿法解毒的缺点是碳酸钠用量大，处理成本高。湿法解毒法处理后的解毒渣，稳定性不如干法，较易被空气重新氧化成有毒铬渣。

2.5.1.1 酸溶-还原固化技术

鉴于酸溶性 Cr^{6+} 的存在，一些学者提出利用酸调节铬渣的 pH 值至酸性，首先破坏铬渣中的硅酸二钙—铬酸钙固溶体和铁铝酸钙—铬酸钙固溶体晶格，使酸和铬酸钙反应释放出铬酸根，导致酸溶性 Cr^{6+} 被释放溶出，然后对溶出的 Cr^{6+} 进行还原和固定。现在已经研发出几种较为理想的溶出方法，为保证较高的 Cr^{6+} 溶出率，铬渣粒径一般需破碎到 0.074mm（200 目）以上，加酸调节后的 $pH<6$。铬渣中 CaO 和 MgO 的含量高、碱性强，中和至酸性所耗酸量大，导致药剂成本和运行费用高（达 500 元/t 以上），目前国内还没有实际应用工程。用于湿法解毒的还原剂有很多，如亚硫酸钠、硫酸亚铁、硫代硫酸钠、硫化钠、硫氢化钠等。铬渣刚从浸取槽排出时含约 20% 的水分，最简便的解毒方法自然是湿法解毒，但湿法解毒不彻底，解毒后的铬渣稳定性差，容易出现如返黄现象[67]。

下面介绍几种还原剂的湿法解毒过程：

（1）硫化钠湿法解毒是先将铬渣磨成浆，用纯碱溶液处理湿磨后的铬渣，使其中酸溶性铬酸钙与铁铝酸钙转化成为水溶性的铬酸钠而被浸出，回收铬酸钠产品，再加硫化钠溶液加热处理，使 Cr^{6+} 还原成 Cr^{3+}。

（2）硫酸亚铁湿法解毒则是以硫酸亚铁为还原剂，在适量水分存在的情况下将铬渣中有毒的 Cr^{6+} 还原为 Cr^{3+}，而在碱性条件下 Cr^{3+} 以氢氧化铬的形式沉淀，从而实现铬渣的稳定化，在酸性及碱性条件下，亚铁离子均可将 Cr^{6+} 离子定量还原。

（3）无钙铬渣解毒是经热水溶解，提取铝镁较高部分液体至浸出回用，再用热水稀释，然后加入硫酸调 pH 值为 6，用硫酸亚铁还原解毒，氢氧化钙中和沉淀生成稳定无毒的 Cr_2O_3，可彻底解毒铬渣，且长期堆存和再利用 Cr^{6+} 不回升。

2.5.1.2 盐溶解还原固化解毒技术

盐溶解还原固化解毒技术主要基于离子交换原理，主要研究不同盐溶液的作用效果和机理。根据实验室研究结果，硫酸盐和碳酸盐对酸溶性 Cr^{6+} 的浸出有显著的促进作用，但解毒效果仍不太理想，其解毒铬渣的浸出毒性结果分别为 81mg/L、24mg/L，远远超出《铬渣污染治理环境保护技术规范》（HJ/T 301—2007）的要求（0.5mg/L），也超出了《国家危险废物鉴别标准》（GB 5085.3—1996）的要求（1.5mg/L）。因此还需要对该浸出方法进行改进，或者与其他解毒方法相结合，以提高 Cr^{6+} 的溶出率。铬渣盐浸出解毒的最大优势是浸出前、后盐溶液浓度变化不大，可以回收利用，且对 pH 值要求不高，可以有效降低成本，是一种值得继续深入研究的铬渣解毒方法。

上述处理方法主要从化学还原及综合处理角度出发，将 Cr^{6+} 转变为 Cr^{3+}，达到解毒目的。但化学处理方法因氧化还原反应不彻底，或投加的还原试剂量（硫酸亚铁、亚硫酸盐、碱金属硫化物或硫氢化合物等）不够，后续综合处理的产物必然含有少量的 Cr^{6+}，对人体和环境仍会产生危害；而且化学处理方法因投加还原试剂量大，使得铬渣的处理总费用上升，在化学解毒过程中易产生新的二次污染，在实际工业生产中应用受到限制。

2.5.2 干法解毒技术

干法解毒的特点是：能够利用铬盐厂原有设备回转窑，一次性投资少，处理成本低，也可以将干法解毒当作是铬渣综合利用的预处理，解毒渣可填埋，也可用作建材、用于水泥生产及玻璃着色剂等。干法解毒适合新渣、老渣以及被铬污染的土壤等。解毒渣若长期放置，其中的 Cr^{3+} 可被空气中的氧气重新氧化成 Cr^{6+}。利用该方法会产生大量的烟气，对环境造成污染，需增加除烟除尘设备[68]，投资成本高，能耗大，因此使得成本上升，并且解毒后易出现返黄问题。

铬渣干法解毒就是将铬渣与煤混合后进行还原煅烧，利用高温下 C 与 CO 等强还原性将铬渣中的 Cr^{6+} 还原为 Cr^{3+}。颗粒内 ${CrO_4}^{2-}$ 和 CO 间的相对扩散控制着 Cr^{6+} 的还原，因此铬渣粒度是影响解毒效果的决定因素，另外几个重要因素分别是铬渣在窑内的停留时间、窑内温度、铬渣和煤的混合比。例如将铬渣与煤粒在回转窑内混合煅烧，比例为 100:15，温度控制在 880～950℃，可使 Cr^{6+} 还原成不溶性的 Cr^{3+}。为防止窑内的 Cr^{3+} 与空气接触被氧化成 Cr^{6+}，在密封情况下使高温炉渣水淬骤冷，并加入适量的硫酸亚铁及硫酸，以巩固还原效果。处理后 Cr^{6+} 含量为 0.2～2.7mg/kg，放置 10 个月后水溶性 Cr^{6+} 增量为 0.1～0.6mg/kg[47]。

利用硫酸亚铁为还原剂，将铬渣与适量的煤炭、炉渣、锯末、稻壳等含碳物质混合，在一定的温度下密闭焙烧，产生的 CO 和 H_2 为还原剂，刚出窑的渣尽量隔绝空气，在密闭的条件下进行水淬，投加过量的硫酸亚铁巩固还原效果防止 Cr^{3+} 被氧化，解毒后的铬渣可填埋。

2.5.3 微波辐射解毒技术

利用微波对铬渣进行解毒是近年来迅速发展的一个新领域。微波处理技术是利用微波辐射处理热效应和非热效应的快速均匀等优点来提高处理效率，同时降低能耗的一种节能增效技术，微波辐照铬渣解毒技术是采用微波辐照加热的方法，加热还原铬渣，将毒性较大的Cr^{6+}还原为Cr^{3+}，实现铬废渣无害化。

微波辐射解毒原理是：铬渣与煤反应产生气体，反应属于有净气体产生的固-固反应，铬渣中的成分（如SiO_2、Al_2O_3、CaO、MgO、Fe_2O_3等）不是吸收微波的良好物质，因此在初始阶段，还原剂煤首先吸收微波能，温度开始上升，系统中存有的氧与还原剂中的碳发生不完全反应。此外，微波的非热效应能使原子、分子、离子等微观粒子活化，使晶格扩散和晶界扩散加速，扩散活化能大大降低，反应物间的物质迁移加速，反应活化能也因此降低，从而反应速度加快。综合来看，铬渣的高温还原包括了气-固和固-固多种反应形态，形成多相反应过程，反应是微波热效应和非热效应共同作用的结果，在还原剂炭、一氧化碳等存在的条件下，铬渣中Cr^{6+}易还原为Cr^{3+}。

梁波[69]等人研究了将微波辐照技术应用于铬渣解毒的反应体系中，对传统的干法解毒时的加热方式加以改进，以煤为还原剂，使煤渣还原铬渣更迅速。在微波辐照下解毒含铬废渣，研究了反应物在微波环境下的升温行为及操作条件对Cr^{6+}转化率的影响。操作步骤是先用X射线衍射仪测定铬渣及解毒铬渣物相组成，在模拟环境条件下进行解毒铬渣浸出毒性试验；另外选取微波功率、辐照时间、配比［m（煤）:m（铬渣）］、煤渣质量（指按一定配比混合均匀后的煤渣混合物总质量）等因素，探讨分析其对铬渣中Cr^{6+}转化率的影响，并且将这4个因素为因子进行正交分析，分析结果表明：

（1）在微波功率、辐照时间、配比［m（煤）:m（铬渣）］和煤渣质量等4个因素中对转化率影响大小依次为微波功率（高度显著）、配比（高度显著）、辐照时间（高度显著）、煤渣质量（不显著）。

（2）各种因素对转化率影响的规律分别是：微波功率增大有利于转化率的提高；辐照时间的增加有利于转化率的提高；m（煤）:m（铬渣）的提高有利于转化率的提高；煤渣质量的增加对转化率影响不显著，但适当的煤渣质量有利于转化率的提高。

（3）如仅以转化率为衡量指标，经过正交试验得出的所选因素最佳工况条件为：微波功率700W，辐照时间20min，m（煤）:m（铬渣）为20:100，煤渣质量25g。

微波辐照解毒后的铬渣结果表明，铬主要以三价形态存在于解毒铬渣中，未见高价铬存在。在模拟环境条件下，解毒铬渣中Cr^{6+}的浸出液浓度均小于0.2mg/L，低于国家标准1.5mg/L。

李晓红[45]等研究了铬渣及还原剂（如焦炭）在微波场中的升温行为，证明了解毒后的还原铬渣在环境中的稳定性。由于微波加热速度快、加热均匀，且微波辐射具有激活极性分子、提高化学产率的特性，已被应用于陶瓷材料的烧结，含铬土壤的治理等。微波解毒法是干法解毒的进一步转变，该方法无需利用回转窑，能有效地将有毒粉尘的二次污染降至最低。但该方法需引进能产生强大微波的设备，并且耗电量大。

2.5.4 微生物解毒技术

微生物解毒法是利用细菌冶金原理，采用能有效还原Cr^{6+}的菌株对铬渣进行微生物治理。

生物解毒技术是一种新型的处理铬渣的方法。Cr^{6+}污染的微生物治理是利用原土壤中的土著微生物或加入经驯化的高效微生物，通过生物还原反应，将 Cr^{6+} 还原为 Cr^{3+}，达到修复铬污染。龙腾发[70]等从长沙铬盐厂的铬渣堆埋场附近筛选出一种名为 CH－1 的高效还原 Cr^{6+} 的菌株，该细菌能对铬渣进行直接解毒，铬渣中的有毒 Cr^{6+} 被还原成 Cr^{3+}，既达到了解毒的目的，又可以氢氧化铬沉淀的形式回收利用 Cr^{6+}。

常文越[71]等研究了利用微生物治理 Cr^{6+} 污染。利用原土壤中的土著微生物或加入经驯化的高效微生物，通过生物还原反应，将 Cr^{6+} 还原为 Cr^{3+}，达到修复铬污染的目的，应用土著微生物进行有毒废物解毒与污染土壤修复在环境安全性、环境适应性与种群协调性，以及应用成本方面具有其他异地菌种不可比拟的优越性。因此，在 Cr^{6+} 污染土壤中筛选和驯化高效的土著还原菌是含 Cr^{6+} 废物生物解毒的关键。实验时，首先对土壤样品中耐受菌种的初步筛选和还原作用初步实施，在含有 Cr^{6+} 的土壤中筛选出十余只耐铬菌，分别复壮驯化后，将这些耐铬菌接种在含有 130mg/L Cr^{6+} 的液体培养基中，恒温振荡培养 12 天后，各处理组菌体均有不同程度的增殖，经过实验验证，有两组细菌对 Cr^{6+} 的降解效果较好，两组菌种对溶液中 Cr^{6+} 的还原效率分别达到 97.8% 和 46.2%，而仅加入培养基的对照组还原效率为 23%。实验结果初步表明了该地区污染土壤中的土著菌能够有效地还原 Cr^{6+}。将实验应用于处理铬渣中，发现其中的土著真菌具有较强的还原能力，仅用 23 天就使铬渣浸出液的 Cr^{6+} 浓度从 1151.2mg/L 下降到 10.9mg/L，具有良好的生物解毒作用，为含 Cr^{6+} 废物的处置及污染土壤的修复开辟了一条新途径。

从污染土壤中筛选出的土著真菌对 Cr^{6+} 具有较强的生物还原作用，通过选择合适的载体制成菌剂，不仅可用于低浓度的 Cr^{6+} 污染土壤修复，还可用于高浓度含 Cr^{6+} 废物的生物解毒。应用土著微生物进行有毒废物解毒与污染土壤修复在环境安全性、环境适应性与种群协调性，以及应用成本方面具有其他异地菌种不可比拟的优越性。因此，在 Cr^{6+} 污染土壤中筛选和驯化高效的土著还原菌是 Cr^{6+} 生物解毒的关键。

微生物解毒 Cr^{6+} 的机理主要有直接作用、间接作用和生物吸附。

（1）直接作用是指通过驯化、筛选、诱变、基因重组等技术得到可以直接还原 Cr^{6+} 的微生物，向处理系统中投加一定量的菌种和营养源即可达到解毒 Cr^{6+} 的方法。直接作用机理普遍接受的是酶催化作用。

（2）间接作用原理是基于细菌生命活动中生成的代谢产物与处理对象发生作用而达到目的。在实践中，通常是利用微生物对 Cr^{6+} 的静电吸附作用、酶的催化转化作用、络合作用、絮凝及共沉淀等方面的协同作用达到解毒目的。

（3）生物吸附法则是利用微生物的化学结构及成分的特殊性，通过吸附或离子交换净化废水中的 Cr^{6+}、Cr^{3+}。

微生物解毒铬渣的技术，由于其投资少，设备场地要求简单，是一种经济、高效的铬渣解毒方法，能适应低温和较宽的 pH 值范围，特别对低浓度的 Cr^{3+} 处理效果好，处理过程不需要大量化学试剂，而且污泥量少，无二次污染，并且可以回收各种金属，在铬渣治理、资源化回用方面都将发挥重要的作用。但是这个方法的缺点是细菌成活率低，且功能菌繁殖速度较慢，功能菌在实际应用中易受废水中共存的阴、阳离子影响，从而降低其还原铬的能力，用此法处理后的水难以回用，因此微生物解毒铬渣的关键在于能分离培养出适应极端酸碱条件和较高金属浓度环境的高效冶金细菌，以及在堆浸过程中对工艺条件的控制。同时在优化细菌培养基，降低成本，提高其生长繁殖速度的基础上，若结合后续综合利用技术，微生物解毒可大大提高铬的回收率，并且铬渣处理费用将大大降低。因此微生物解毒铬渣有着广阔的发展前景。

2.5.5 配合法解毒技术

配合法是将铬渣与特定的化学原料，如聚合氨基酸、氨基苯氧基、氨基萘氧基等的有机物进行配合反应，将 Cr^{6+} 转变成为 Cr^{3+} 后，形成稳定的配合物。如谢文平、刘占洪等人[72] 用造纸废液及化学工业副产品硫酸亚铁与铬盐生产中排放出的含有 Cr^{6+} 的废渣，经配合反应，生成改性铁铬盐，使铬渣达到无毒化。处理后的铬渣已研制成混凝土早强型减水剂。该体系中含有大量碱木素，一旦有 Cr^{6+} 产生，马上与碱木素配合，实现了体系无毒化。铬渣用此法处理后，按水质分析法测定，Cr^{6+} 未检出。该法解毒需要有充足的有机配合物，不适用于大规模运用。

2.5.6 物理固化技术

利用物理方法将铬渣中有毒的 Cr^{6+} 进行固化，使其无法溶解、扩散及渗透，达到解毒的目的，依据所用固化剂不同分为水泥固化、石灰固化、塑性材料固化、玻璃熔融固化和化学药剂固化等。一般采用水泥固化法，此法处理铬渣量大，工艺简单，固化体也具有较高的强度。但由于，铬渣中含有较多的氧化镁，新铬渣中含有的硅酸钙和铝酸钙，这些物质在二次利用时会引起体积膨胀，对固化体的体积稳定性有不良影响。

物理固化法包括以下几种：

(1) 水泥固化法[51,58,73 ~76]。水泥固化法的最早利用是在核工业系统处理离子交换再生液、报废的离子交换树脂，以及废液在蒸发浓缩时产生的污泥等方面，而后发展到工业有害废物包括各种含重金属污泥的处理上。

水泥固化法对含高毒重金属废物的处理特别有效，固化工艺和设备比较简单，设备和运行费用低，水泥原料和添加剂便宜易得，对含水量较高的废物可以直接固化，固化产品经过沥青涂覆能有效的降低污染的浸出，固化体的强度、耐热性、耐久性均好，产品适于投海处置，有的产品可作路基或建筑物基础材料。

(2) 石灰固化法。石灰与凝胶性物料结合会产生能在化学及物理上将废料包裹起来的黏结性物质。常用的石灰固化技术是加入氢氧化钙使污泥得到稳定。石灰中的钙与废物中的硅铝酸钙会产生硅酸钙、铝酸钙的水化物，或者硅铝酸钙。与其他固化过程一样，与石灰同时向废物中加入少量添加剂，可以获得更好的固化效果。使用石灰作固化剂也能和使用烟道灰一样具有提高 pH 值的作用。此种方法也基本上应用于处理重金属污泥等无机污染物。

(3) 玻璃固化法。玻璃固化法是将废物与二氧化硅混合并加热到极高温度，然后冷却成一种玻璃状固体。这种技术的一种改造方法是将石墨电极埋到废物之中，并在现场进行玻璃化。玻璃固化法能耗大，成本高，因此一般只有处理高剂量放射性废物或剧毒废物时，才考虑使用。

(4) 热塑性微包胶技术。热塑性材料是指在加热和冷却时能反复软化和硬化的有机塑料，常用的有沥青、聚乙烯等。采用热塑性包胶技术时，需要对废物进行干燥或脱水等预处理，以提高废物的固化含量。然后与聚合物在较高温度下混合。热塑微包胶技术可以用来处理电镀污泥及其他重金属废物、油漆、炼油厂污泥、焚烧灰、纤维滤渣和放射性废物等。

（5）热固性微包胶技术。热固性材料是指加热后变成固体并且硬化的材料，而且在加热和冷却仍保持其固体状态。目前，用于废物处理的热固性材料主要包括脲甲醛树脂、三聚氰胺树脂及聚丁二烯等，酚醛树脂及环氧树脂也在小范围内有使用实例。这种技术主要用来处理放射性废物，其范围受到一定的限制，主要可以处理含有有机酚、有机酸、油漆、氰化物和砷的废物，另外也有关于用脲甲醛处理电镀污泥、电池废物等的报道。

（6）大型包胶技术。大型包胶技术是用一种不透水的惰性保护层将经过处理或基本未经处理的废物包封起来，曾有工艺采用3% ~4%的聚丁烯固化亚砷酸盐和三硫化砷，然后用6.35mm（0.25in）厚的聚乙烯外衣包封废物；另一种处理方法是将废物置于由热塑性材料制成的容器内，加热软化热塑性材料把废物包裹起来；第三种方法是将未硬化的废物连续挤出至由聚乙烯或其他柔软、低渗的膜材料所制的包装套内，使包封和废物的固化同时进行，该方法主要应用于含挥发性物质的废物。从安全性的角度考虑，该技术是一种极具有吸引力的固化/稳定化技术，由于成本较高，该技术的应用范围目前还不能够广泛。

（7）其他固化法。

1）石膏固化法。曾有关于掺入聚合物的石膏作为固化/稳定化胶结材料的专利报道，Rosentiel 等详细报道了石膏处理核废料的使用情况。

2）炉渣固化法。炉渣是水泥和火山灰材料固化废物时常用的添加剂，但有研究表明其本身也可作为洗涤污泥和烟道气脱硫污泥固化/稳定化的胶结材料。

3）乳化沥青固化法。乳化沥青室温即可固化，克服了沥青加热固化时排出废气所引起的污染问题，该方法已经成功应用于石油污染土壤的处理，对其他废物的处理也有报道。

2.6 铬渣场地综合处置方案

铬盐生产中固体危险废物污染问题主要涉及两个方面：一是多年积存的老渣，二是不断产生的新渣。总体治理污染的方案是：在不积存新渣的同时削减老渣。而治理分为三个层次：

（1）无害化控制处理是指对铬渣利用物理、化学等方法，进行对环境无害或低害的安全处理、处置，达到解毒或稳定化的目的。国内外现有的治理技术主要是固化法、还原法、络合法、堆法、微波法、电化学法等。

（2）资源化综合利用。铬渣虽然对环境和动植物及人类有较大毒性，但由于还含有钙、镁、铁、硅、铝等元素，以及一定量反应不完全的 Cr_2O_3，因此完全可以作为资源进行再利用，使之变害为利，变废为宝。

（3）污染零排放的绿色工艺。要从根本上解决铬盐行业的污染问题，长远之计是通过开发新工艺对生产结构的调整，摒弃落后的生产技术，选择成熟可靠的先进清洁生产工艺，主要有液相氧化工艺、无钙焙烧工艺等。

参考文献

[1] 佘健．改性钢渣去除水中磷酸盐的试验研究［D］．武汉：武汉理工大学，2007.

[2] Agyei N M, Strydom C A, Potgieter J H. The removal of phosphate ions from aqueous solution by fly ash, Slag, ordinary portland cement and related blend [J]. Cement Concrete Research, 2002, 32: 1889~1897.

[3] Johansson L, Gustafsson J P. Phosphate removal using blast furnace slags and opoka - mechanisms [J]. Water Research, 2000, 34: 259~265.

[4] Zeng L, Li X M, Liu J D. Adsorptive removal of phosphate from aqueous solutions using iron oxide tailings [J]. Water Research, 2004, 38: 1318~1326.

[5] 工业固体废物有害特性实验与监测分析方法组. 工业固体废物有害特性实验与监测分析方法（试行）[M]. 北京：中国环境科学出版社，1986.

[6] 成思危. 铬盐生产工艺 [M]. 北京：化学工业出版社，1988.

[7] 王明杰，王素芳. 固体废物的样品采集和制备方法研究 [J] 中国环境监测，1993，9（1）：1~8.

[8] 纪柱. 铬渣的物相组成及其对铬渣解毒和综合利用的影响 [J]. 化工环保，1984，4（1）：37~41.

[9] 匡少平. 铬渣的无害化处理与资源化利用 [M]. 北京：化学工业出版社，2007：13.

[10] 石磊，赵由才，牛冬杰. 铬渣的无害化处理及综合应用 [J]. 再生资源研究，2004（6）：34~38.

[11] 景学森，蔡木林，杨亚提. 铬渣处理处置技术研究进展 [J]. 环境技术，2006（3）：33~42.

[12] 李家柱，林安，甘复兴. 取代重污染六价铬电镀的技术及应用 [J]. 电镀与涂饰，2004，23（5）：30~33.

[13] 梁奇峰. 铬与人体健康 [J]. 广东微量元素科学，2006，13（2）：67~69.

[14] 张盛，赵晓燕. 含铬工业废水的绿色回收技术 [J]. 广州化工，2011，39（6）：131~133.

[15] 王石喜. 铬渣污染及治理新途径的探讨 [J]. 重庆环境科学，1983，5（1）：26~28.

[16] 江澜，王小兰. 铬的生物作用及污染治理 [J]. 重庆工商大学学报（自然科学版）2004，21（4）：326~329.

[17] 丁翼. 铬化合物生产与应用 [M]. 北京：化学工业出版社，2003：272~306.

[18] Hillier S, Roe M J, Geelhoed J S, et al. Role of quantitative mineralogical analysis in the investigation of sites contaminated by chromite ore processing residue [J]. The science of the total Environment, 2003, 308 (1-3): 195~210.

[19] 陈振林，黄志强. 二氧化碳常温浸提法回收铬渣中铬的研究 [J]. 无机盐工业，2006，38（8）：42~44.

[20] 彭金辉，杨显万. 微波技术新应用 [M]. 昆明：云南科技出版社，1997.

[21] 金钦汉. 微波化学 [M]. 北京：科学出版社，1999.

[22] 纪柱，王承武，赵巧珍. 铬渣的物相组成及鉴定 [J]. 无机盐工业，1981，13（6）：51~56.

[23] 潘金芳. 化工铬渣中铬的存在形态研究 [J]. 上海环境科学，1996，15（3）：15~17.

[24] Marques M J, Salvador A, Morales - Rubio A E, et al. Chromium speciation in liquid matrices: a survey of the literature [J]. Fresenius J. Anal. Chem., 2000, 367: 601~613.

[25] 贺峥. 铬的分析方法研究进展 [J]. 明胶科学与技术，2008，28（2）：61~64.

[26] 徐慧，邱玲玲. 重金属铬（Ⅵ）测定方法的国内研究进展 [J]. 化学工程师，2009，23（9）：40~42，48.

[27] 李惠英，曾江海. 土壤铬污染及其改良措施 [J]. 环境导报，1990，2：5~7.

[28] 黄昌勇. 土壤学 [M]. 北京：中国农业出版社，2004：272.

[29] 陈英旭. 铬的土壤化学 [J]. 土壤学进展，1992，20（5）：8~13.

[30] 中国大百科全书·环境科学卷 [M]. 北京：中国大百科全书出版社，1998.

[31] 曹仁林. 铬渣的治理与利用 [J]. 农业环境保护，1988，7（3）：10~14.

[32] 李晶晶，彭恩泽. 综述铬在土壤和植物中的赋存形式及迁移规律 [J]. 工业安全与环保，2005，

31 (3): 31 ~ 33.

[33] 李桂菊. 铬在植物及土壤中的迁移与转化 [J]. 中国皮革, 2004, 33 (5): 30 ~ 34.

[34] Meegoda J N, et al. Remediation of Chromium-Containated Soils: bench scale investigation [J]. Practice periodical of Hazardous, Toxic, and Radioactive Waste Management, 1999, 3 (3): 124 ~ 131.

[35] Li ZM., Yu J W, Neretnieks I, Removal of Pb (Ⅱ), Cd (Ⅱ) and Cr (Ⅲ) from sand by electromigration [J]. Journal of Hazardous Materials, 1997, 55 (1-3): 295 ~ 304.

[36] Haran B S, Popov B N. Mathematical modeling of hexavalent chromium decontamination from low surface charged soils [J]. Hazardous Materials, 1997, 8 (55): 93 ~ 107.

[37] Bartlett R J, Kimble J M. Behavior of chromium in soils [J]. Hexavalent forms journal of Environmental Quality, 1976, 5: 383 ~ 386.

[38] 纪柱. 铬污染土壤的修复 [J]. 无机盐工业, 2005, 40 (2): 49 ~ 50.

[39] Pichtel J, Pichtel T M. Comparision of solvents for ex situ removal of chromium and lead from contaminated soil [J]. Environmental Engineering Science, 1997, 14 (2): 97 ~ 104.

[40] 张冠东, 张登君, 李报厚. 从氨浸电镀污泥产物中氢还原分离铜、镍、锌的研究 [J]. 化工冶金, 1996, 17 (3): 214 ~ 219.

[41] 祝万鹏, 叶波清, 杨志华, 等. 溶剂萃取法提取电镀污泥酸浸出液中的铜 [J]. 环境污染与防治, 1996, 18 (4): 12 ~ 15.

[42] 李红艺, 刘伟京, 陈勇. 电镀污泥中铜和镍的回收和资源化技术 [J]. 中国资源综合利用, 2005 (12): 7 ~ 8.

[43] 吕瑶姣, 张季爽, 等. 从含铜废渣中回收铜的研究 [J]. 湖南大学学报, 1996, 23 (2): 59 ~ 64.

[44] Zhang Yi, Wang Zhi Kuan, Xia, et al. Recovery of heavy metals from electroplating sludge and stainless pickle waste liquid by ammonia learning method [J]. Journal of Environmental sciences. 1999, 11 (3): 381 ~ 384.

[45] 李晓红, 刘作华, 刘仁龙, 等. 微波技术在含铬废渣解毒中的应用 [J]. 压电与声光, 2004, 26 (4): 334 ~ 336.

[46] 谷孝保, 等. 铬渣应用于烧结炼铁工艺的研究及实践 [J]. 环境工程, 2004, 22 (4): 71 ~ 73.

[47] 马前, 宋卫锋, 吴斌. 含 Cr(Ⅵ) 废水生物处理技术及影响因素 [J]. 四川环境, 2001, 20 (4): 19 ~ 22.

[48] 王竞, 周集体, 宫小燕, 等. 细菌胞外高聚物对水溶性染料和 Cr(Ⅵ) 生物吸附研究 [J]. 大连理工大学学报, 2000, 40 (6): 688, 691.

[49] 孙春宝. 含铬废渣的综合利用途径研究 [J]. 环境工程, 1997, 15 (1): 42 ~ 44.

[50] 郭军, 黄戊生. 铬渣的无害化处理与资源化利用 [J]. 太原科技, 2008, (10): 85 ~ 87.

[51] 王永增, 杨国威, 赵敏等. 利用铬渣烧制彩釉玻化砖试验研究 [J]. 环境科学, 1995, (5): 29 ~ 32.

[52] 国家环境保护总局《水和废水监测分析方法》编委会. 水和废水监测分析方法 [M]. 北京: 中国环境科学出版社, 2002: 157 ~ 162.

[53] 石成利, 梁忠友, 侯和峰. 铬渣在水泥生产中的研究及应用 [J]. 无机盐工业, 2005, 37 (7): 48 ~ 50.

[54] 霍冀川, 等. 铬渣、矿渣复合硅酸盐水泥研究 [J]. 矿产综合利用, 2001 (1): 41 ~ 45.

[55] 刘大银, 等. 铬渣中 Cr^{6+} 制取铬黄颜料的资源化技术研究 [J]. 安全与环境学报, 2002, 2 (5): 19 ~ 22.

[56] 张忠诚, 等. 利用铬渣制备铬酸铅的研究 [J]. 山东工业大学学报, 2001, 31 (6): 554 ~ 557.

[57] 席耀忠. 用铬浸渣烧硅酸盐水泥解毒的可行性探讨 [J]. 环境科学, 1991, 11 (5): 27 ~ 31.

[58] 李有光, 等. 利用铬渣制造微晶玻璃建筑装饰板 [J]. 环境科学, 1994, 15 (6): 41 ~ 43.

[59] 刘玉强，李丽，王琪，等．典型铬渣污染场地的污染状况与综合整治对策［J］．环境科学研究，2009，22（2）：249～254.
[60] 曾亚斌．用铬渣作溶剂的高炉法生产钙镁磷肥［J］．化工环保，1990，10（3）：169～173.
[61] 杨光，等．红砖综合利用铬渣除毒效果研究［J］．粉煤灰综合利用，1997，4：22～25.
[62] 石玉敏，王彤．铬渣解毒处理处置技术综述［J］．化工环保，2008，28（6）：471～477.
[63] 刘亚辉，马书文，等．铬渣的处理及利用［J］无机盐工业，2008，40（8）：53～55.
[64] 刘蕙兰．水淬铬渣作混凝土细骨料的研究［J］建筑节能，1993，6：13～17.
[65] 蒋展鹏．环境工程学［M］．北京：高等教育出版社，1992：453～454.
[66] 原金海，倪艳兵，李娟娟．铬渣解毒及其综合利用技术研究进展［J］．重庆科技学院学报（自然科学版），2008，10（6）：59～63.
[67] 谷军，宋开伟，钱觉时．铬渣特性及解毒利用技术［J］．粉煤灰，2007（2）：32～34.
[68] 潘新颖，周立岱．铬渣处理技术与可行性研究探讨［J］．工艺与设备，2007（1）：21～22.
[69] 梁波，宁平．微波辐照解毒铬渣影响因素的研究［J］．环境科学研究，2005（2）：116～119.
[70] 龙腾发，柴立元，傅海洋．碱性介质中还原高浓度Cr(Ⅵ) 细菌的分离及其特性［J］．应用与环境生物学报，2006，12（1）：80～83.
[71] 常文越，陈晓东，冯晓斌，等．含铬（Ⅵ）废物堆放场所土壤/地下水的污染特点及土著微生物的初步生物解毒实验研究［J］．环境保护科学，2002，28（12）：31～33.
[72] 谢文平，刘占洪，等．络合法铬渣无毒化处理试验研究［J］．哈尔滨化工，1984（2）：10～17.
[73] 孙春宝，孙加林．含铬废渣的综合利用途径研究［J］．环境工程，1995（5）：41～44.
[74] 庄伟强．固体废物处理与利用北京［M］．北京：化学工业出版社，2001，119～120.
[75] Kim Chulsung，Zhou Qunhui，Deng Baolin，et al. Chromium（Ⅵ）Reduction by Hydrogen Sulfide in Aqueous Media：Stoichicmetry and Kinetics［J］．Environ. Sci. Technical，2001，35：2219～2225.
[76] Fendorf S E，Li G. Kinetics of chromate reduction by ferrous iron［J］．Environ. Sci. Technical，1996，30：1614～1617.

3 含铬废水的再利用技术

3.1 含铬废水的来源

含铬废水主要来源于工业污染，特别是电镀行业，如在电镀生产过程中的镀件情况、镀液过滤、废液排放等，废水中主要含 Cr^{3+}、Cr^{6+} 以及各种金属离子、酸、碱和各种助剂。电镀是利用电化学的方法对金属和非金属表面进行装饰、防护及获取某些新性能的一种工艺过程。在电镀过程中，为了保证电镀产品的质量，使金属镀层具有平整光滑的良好外观并与镀件牢固结合，必须在镀前把镀件表面上的污物（油、锈、氧化皮等）彻底清理干净，并在镀后把镀件表面的附着液清洗干净。含铬废水被公认为是危害环境最严重的公害之一。因此，对含铬废水的分离处理进行研究尤为重要。

按电镀废水的来源不同，电镀废水可分为以下几大类：电镀漂洗废水、钝化废水、镀件酸洗废水、刷洗地坪和极板的废水，以及由于操作或管理不善引起的“跑、冒、滴、漏”产生的废水、废水处理过程中自用水的排放以及化验室的排水等。

（1）镀件漂洗废水。镀件漂洗废水是电镀废水的最主要来源，占电镀废水总量的80%以上，废水中的绝大多数污染物是由镀件表面的附着液在清洗时候带入的，其成分与镀液相同，主要是重金属离子、氰化物。因此，减少镀件表面附着液的带出和消除生产过程中的“跑、冒、滴、漏”是降低电镀废水和减少污染的重要环节。

（2）镀液过滤和废镀液。镀液使用一定时间后其性质会发生不利于电镀变化的现象，此时应该对镀液进行部分或者全部更换，更换时应尽量对镀液进行回收利用，但有的浓溶液难以回收处理，就会排入废水当中。虽然这种情况不会经常发生，但会造成电镀废水污染物浓度的急剧增加，同时，它是电镀废水的重要来源之一，主要来自三个方面：

1）镀液过滤后，常在镀槽底部剩有浓的、杂质多的液体，如氰化镀锌、碱性无氰镀锌的槽底泥渣液、化学或电化学除油的槽底泥渣液，这些泥渣有时难以单独处理，即冲稀排入废水中。

2）过滤前后，特别是过滤后，在对滤纸、滤布、滤芯、滤机和滤槽等进行清洗时，漂洗水连同滤渣一起注入废水中。

3）过滤过程中滤机（尤其是泵体）的渗漏。需要减少该部分的废水量，应有良好的过滤机械，细心的过滤操作及对过滤残液、残渣的专门收集与处理。

（3）电镀车间的“跑、冒、滴、漏”。电镀车间的“跑、冒、滴、漏”大部分起因于管理不善，如镀槽、管路和地沟的渗漏、风道积水、打破酸坛事故、车间运输时化学试剂或溶液的洒落以及由不按规程操作引起的意外泄漏等。这部分废水一般与冲刷设备、地坪等冲洗废水一并考虑处理，其量的大小与各单位管理水平和车间的装备有关。

（4）废水处理过程中自用水的排放。这部分废水根据所用的废水处理方法而异，例如采用离子交换法时就会有废再生液、冲洗树脂等用水的排放；采用蒸发浓缩时就会有冷却水和冷凝水的排放；当选用过滤装置时就有冲洗水的排放；污泥脱水过程中会产生污泥脱出水和冲洗滤布、设备等废水的排放，以及在逆流漂洗系统和循环水系统中更新水的排放等。这部分废水一般都应经过无害化处理达到排放标准后才能排放。

（5）化验用水。化验用水主要包括电镀工艺分析和废水、废气检测等化验分析用水，其水量较大，但成分较杂，一般排入电镀混合废水系统中统一处理后排放。

（6）其他废水。其他废水主要包括电镀车间的地面冲洗水、极板的刷洗水等。

3.2 含铬废水的性质及分类

根据电镀产品不同的功能要求，其工艺槽液的组分各不相同。一般除了量最大的装饰保护电镀外，还有为提高硬度和耐磨性能的电镀，为提高镀件导电性能、导磁性能和反射性能的电镀，以及防止局部渗碳、渗氮的电镀和修复零件尺寸用的修复性电镀等。由于镀件功能的要求各异，镀种、镀液组分、操作方式、工艺条件等也种类繁多，相应地带入电镀废水中污染物质也就变得较为复杂。但废水中主要的污染物质均为各种金属离子，常见的有铬、铜、镍、铅、铝、金、银、镉、铁等；其次是酸类和碱类物质，如硫酸、盐酸、硝酸、磷酸和氢氧化钠、碳酸钠等；有些电镀液还使用了颜料、光亮剂、洗涤剂、表面活性剂等其他物质，这些物质大部分是有机物。另外，在镀件基材的预处理过程中漂洗下来的油脂、油污、氧化铁皮、尘土等杂质也都被带入了电镀废水中，使电镀废水的成分复杂。其所造成的污染大致为：化学毒物的污染，有机需氧物质的污染，无机固体悬浮物的污染，酸、碱、热等污染，以及有色、泡沫、油类等污染，但主要的污染是重金属离子、酸、碱和部分有机物的污染。

3.2.1 含氰废水

含氰废水一般都采用单独收集、单独处理，因为含氰废水第一步都需要氧化破氰处理，如果与其他废水混合，则会有以下弊病：

（1）冲淡氧化剂，增加氧化剂的用量。

（2）如果同酸性物质混合排放，会产生氰化氢气体。氰化氢是剧毒物质，如任其散入空气中，就会有致命的危险。

（3）如果同其他重金属废水一起排放，会形成配合物使废水处理复杂化。

3.2.2 综合废水

除含氰废水含油废水外，其他废水都排入综合废水池，因此综合废水成分复杂。它包括 Cr^{6+}、镍、铜、锌、各种添加剂、酸、碱等。

近年来由于电镀工艺的不断改进和各企业都有自己习惯的镀液配方，因此应按企业实际情况及电镀工艺所提出的技术条件和参数进行电镀废水成分分析和计算。

3.2.2.1 含 Cr^{6+} 废水

将含铬废水和酸洗、活化漂洗水一起混合较好，因为含铬废水处理的第一步是在较低pH值的情况下进行的，和酸洗水一起排放可以节约调节pH值所需的硫酸的费用。

如果电镀车间有条件，对含 Cr^{6+} 废水单独收集处理也是可以的，因为含铬废水第一步要经过还原处理，单独处理可以不浪费处理剂；还原处理后的沉淀的pH值容易控制。

3.2.2.2 含镍废水

在生产过程中，产生的含镍废水主要来源于车身车间和车架车间的磷化液槽的清洗液以及水洗液，产生的主要污染物为镍。镍离子是国家废水排放标准中第一类禁止随意排放的污染物，因此含有此类物质的废水，不分行业和排放方式，也不分受纳水体的功能和类别，Ni^{2+}最高允许排放质量浓度为1.0mg/L。若废水中所含的重金属离子浓度较低时，采用投资低、技术成熟的中和沉淀法；如果重金属离子浓度较高时，则在处理方法上选择电解、离子交换等。

对于水量较少、条件较差的工厂，含镍废水多采取混合排放，这样做往往使排放废水质量不稳定，产生的混合废渣还必须支付处置费用给综合利用工厂，既浪费了资源，又增加了经济支出。

3.2.3 含油废水

矿物油浮于液面会降低各种药剂的药效，影响废水的处理质量，并且污染处理厂的各种设置，所以要单独分离处理。

3.3 含铬废水的危害

铬对人类健康的急、慢性影响效应中，Cr^{6+}化合物对人的危害最大。相对来说，Cr^{3+}化合物的毒性较小，但对于鱼类它的毒性更大。Cr^{6+}对人体健康的危害表现在以下几个方面：

(1) 对皮肤有刺激和过敏作用。手、腕、前臂、颈部接触铬酸雾、铬酸盐会出现皮炎，Cr^{6+}经过伤口和擦伤处进入皮肤，会引起铬溃疡，愈合后留下界线分别的圆形萎缩性疤痕。

(2) 对呼吸系统的损害主要表现是可引起咽喉炎、肺炎和鼻中隔膜穿孔，长期吸入铬雾，首先会引起鼻中隔出血，导致鼻中隔黏膜糜烂，鼻中隔变薄，最后出现穿孔；其次会造成咽喉充血，引起萎缩性咽喉炎。

(3) 损坏内脏。可引起肠胃功能降低，甚至肠胃溃疡，对肝脏也可造成不良的影响；还具有致癌作用。因此铬对人类健康的危害，尤其是铬的远期致癌作用已引起世人的极大关注，也是当前国际上热点研究课题之一。

电镀及电镀废水处理中，要防止铬雾的形成，如无法避免，则要采取与人体隔离的措施。

水中含铬在1mg/L时，可刺激作物生长；1~10mg/L时，作物生长缓慢；100mg/L时作物几乎停止生长。废水中含有铬化合物时，会降低废水生物处理的效率。微溶于水的六价铬盐，也具有致癌作用。

国际致癌研究机构（IARC）于1982年宣布铬及其某些化合物为一级致癌物质，1987年我国也把肺癌列入铬酸盐生产工人职业病名单。美、日、德、意和前苏联的流行病学者已证实，铬酸盐生产工人肺病发病率比一般人群高，其肺癌死亡数约占总死亡数的20%~45%（一般人群仅为1%~2%），肺癌死亡数约占全部癌症死亡数的50%~80%（一般人群仅为8%~12%）。从事铬酸盐制造工人肺癌的标化死亡比可知其相对危险度比一般人群高3~30倍，铬酸盐引起肺癌的接触时间为6~20年，铬可经呼吸道进入人体肺内沉积，故医学人员认为测定肺内铬含量可反映环境对人类的污染程度。

3.4 含铬废水处理的历史

我国电镀废水的治理大致可分为以下五个阶段：

（1）20世纪50年代末。我国电镀废水的治理刚刚起步，主要着眼于废水的化学法处理技术，处理的主要对象为氰化物和Cr^{6+}。

（2）20世纪60年代至70年代中期。电镀三废污染的问题开始引起重视，人们开始注意酸碱废水和其他重金属离子废水的治理，并研究了各种处理方法，但仍处于单纯的防害排放阶段。

（3）20世纪70年代中期至80年代初。大多数镀种的废水都已有了比较有效的处理方法，离子交换法、薄膜蒸发浓缩法等在全国范围内大量推广使用，反渗透法、电渗析法等也已进入工业化使用，废水中有用物质的回收和水的重复利用技术也有了长足的进展。

（4）20世纪80年代至90年代。开始研究从根本上控制污染的技术，以防为主，源头治理，各种多元组合技术已逐步取代单元处理技术，电镀废水的综合防治技术的研究亦取得了可喜的成果。

（5）20世纪90年代至今。随着电镀工业迅速发展和环保要求的不断提高，电镀废水治理由工艺改革、回收利用和闭路循环进一步向综合防治方向发展，已经进入了综合防治与总量控制阶段，多元化组合处理和自动控制相结合的资源回用技术成为电镀废水治理的发展主流。

3.5 化学沉淀法处理含铬废水

向废水中投加某些化学沉淀剂，使之与废水中欲除去的污染物发生直接的化学反应，形成难溶的固体物而分离除去的方法，称为化学沉淀法。置换沉淀既可属于氧化还原，又可属于化学沉淀，但因最终生成固体物，人们仍把它归属于化学沉淀法。化学沉淀法产生的条件与溶度积、同离子效应、盐效应、离子积等有关。对同类型物质，溶解度越小，相应离子越易生成沉淀。同离子效应对化学沉淀有利，盐效应又不利于化学沉淀。一般说来生成沉淀的必要条件是离子积大于溶度积。

能产生沉淀的化学反应类型很多，例如氧化还原、离子互换、配合等。化学沉淀的处理对象主要是重金属离子（铜、镍、铬、汞、锌、铁、铅、锡等）以及两性元素（砷、硼等），还可以处理碱土金属（钙、镁）及某些非金属元素（硫、氟等）。

化学沉淀法工艺主要包括三部分：

（1）投加化学沉淀剂，发生化学反应，生成难溶的化学物质，使污染物呈沉淀析出；

（2）通过凝聚、沉降、浮选、过滤、离心、吸附等方法，将沉淀从溶液中分离出来；

（3）污泥的处理和回收利用。

用于电镀废水处理的沉淀法主要有硫化物沉淀法、中和沉淀法、钡盐法、碳酸盐法、卤化物法、置换沉淀法及铁氧体沉淀法等。

在电镀废水中往往含有多种重金属离子，若投加石灰进行中和沉淀，可使各种重金属离子都以氢氧化物形式沉淀下来。然而各种金属氢氧化物的沉淀次序却不同，溶度积最小的氮氧化物将首先沉淀。换言之，不同氢氧化物在不同的pH值条件下沉淀。这种沉淀物按某种次序析出的现象，称为分步沉淀。

化学沉淀法具有工艺简单，操作管理方便，一次性投资省，一般经处理后水质即达到排放标准的要求的特点。但其缺点是目前有很多单位大多数资源不回收，处理后的水很少循环利用，对产生的重金属污泥出路尚无很好的方案。由于化学沉淀法的污泥出路是一较大问题，具体处理方法详见第2章。因此，国内外都在寻求改善它的新方法，其中效果较好的有不溶性淀粉黄原酸酯法和铁氧体法等。

为使废水中的污染物沉淀析出而投加的药剂称为沉淀剂。沉淀剂按形态可分为气体沉淀剂、溶液沉淀剂和固体沉淀剂。

(1) 气体沉淀剂。可以用作沉淀剂的气体主要有 NH_3、CO_2、SO_2、H_2S，一般不专门制备，而是用烟道气中的这些成分来沉淀重金属离子，达到以废治废的目的，也有采用钢瓶装 SO_2 的。金属硫化物的溶度积各不相同，但一般都较小。调整 pH 值，能使金属离子分步沉淀为金属硫化物。

(2) 溶液沉淀剂。氰化镀铜、镀银等废水，可以加酸破坏配合离子，使铜、银等呈金属状而沉淀析出。反应在密闭容器中进行，生成的氢氰酸成气体逸出，可用苛性钠加以回收。除去钡、铅等金属离子，可用电镀车间排出的含铬废水进行处理，使之生成铬酸盐沉淀。

(3) 固体沉淀剂。严格地讲，固体沉淀剂是指在溶液中呈固体存在的沉淀剂，例如悬浊的氢氧化钙、固体的碳酸钡等。广义地讲，离子交换树脂、活性炭等也属于固体沉淀剂。把加入溶液前呈固态的沉淀剂都归纳于固体沉淀剂；把置换法归于化学沉淀，铁屑、铝屑、铁粉等属于固体沉淀剂。

3.5.1 处理含铬废水的基本原理

电镀中的含铬废水一般是指含 Cr^{6+} 废水，主要产生于镀铬、镀锌和镀镉的铬酸盐钝化、塑料电镀的粗化工艺、镀银和铝氧化的前处理及后处理、铝件等的电化学抛光、铜件酸洗后的钝化以及某些退镀工艺等。污染较大的为镀铬和镀锌钝化废水，废水中 Cr^{6+} 的浓度随采用的工艺不同而异。废水中的 Cr^{6+} 主要以 $CrO_4{}^{2-}$ 和 $Cr_2O_7{}^{2-}$ 两种形式存在，两者之间存在着平衡：

$$2CrO_4^{2-} + 2H^+ \Longrightarrow Cr_2O_7^{2-} + H_2O \tag{3-1}$$

$$Cr_2O_7^{2-} + 2OH^- \Longrightarrow 2CrO_4^{2-} + H_2O \tag{3-2}$$

由此可见，在酸性条件下，Cr^{6+} 主要以 $Cr_2O_7^{2-}$ 形式存在；在碱性条件下，则主要以 CrO_4^{2-} 形式存在。

在处理 Cr^{6+} 的常用方法中，除钡盐法利用了铬酸钡溶度积很小而加以沉淀除去外，其余都是氧化还原反应。一般均分两步：

(1) 在酸性条件下利用 SO_2、$NaHSO_3$、$FeSO_4$ 等还原剂，将 Cr^{6+} 还原为 Cr^{3+}；

(2) 改变还原产物 Cr^{3+} 的存在形式，即提高 pH 值使之成为 $Cr(OH)_3$ 沉淀，然后除去。

还原反应要求在 pH<4 的酸性条件下进行，而沉淀的最佳条件 pH 值为 8~10。还原剂的用量与废水的 pH 值有关；在还原的最佳 pH 值时，还原剂用量小；pH 值升高，反应

不易进行，还原剂用量多。不同的还原剂其还原能力不同，污染性质也不同，在选用还原方法时，不仅要考虑采用效率高、来源广、成本低的还原剂，而且要考虑污泥的回收和利用方法及其要求。

3.5.2 亚硫酸氢钠法

3.5.2.1 简单原理

利用低价态的硫的含氧酸盐，能将 Cr^{6+} 还原为 Cr^{3+}，而硫的化合价则升高。

$$Cr^{6+} + 3e = Cr^{3+} \tag{3-3}$$

$$S^{m+} + ne = S^{(m-n)+} \tag{3-4}$$

常用的硫化物有焦亚硫酸钠（$Na_2S_2O_5$）、亚硫酸钠（Na_2SO_3）、亚硫酸氢钠（$NaHSO_3$）、连二亚硫酸钠（$Na_2S_2O_4$）、硫代硫酸钠（$Na_2S_2O_3$）等。

焦亚硫酸钠溶于水时，水解产物为亚硫酸钠；

$$Na_2S_2O_5 + H_2O = 2NaHSO_3 \tag{3-5}$$

连二亚硫酸钠溶于水后逐渐水解为亚硫酸氢钠和硫代硫酸钠。

$$2Na_2S_2O_4 + H_2O = 2NaHSO_3 + Na_2S_2O_3 \tag{3-6}$$

因此，实际上可将上述还原剂归结为亚硫酸氢钠和硫代硫酸钠。根据本地原材料供应情况，可选用上述各种还原剂，只是投料比不同。还原剂与 Cr^{6+} 的反应为：

$$2H_2Cr_2O_7 + 6NaHSO_3 + 3H_2SO_4 = 2Cr_2(SO_4)_3 + 3Na_2SO_4 + 8H_2O \tag{3-7}$$

$$H_2Cr_2O_7 + 3Na_2SO_3 + 3H_2SO_4 = Cr_2(SO_4)_3 + 3Na_2SO_4 + 4H_2O \tag{3-8}$$

$$4H_2Cr_2O_7 + 3Na_2S_2O_3 + 9H_2SO_4 = 4Cr_2(SO_4)_3 + 3Na_2SO_4 + 13H_2O \tag{3-9}$$

由反应式（3-7）~反应式（3-9）可知，反应要在酸性条件下进行，且随反应的进行，要消耗酸，pH 值会不断升高。

为了除去反应生成的 Cr^{3+}，在采用中和沉淀法，加碱提高废水 pH 值至 6.7 ~7（必须大于 5.6），Cr^{3+} 即生成 $Cr(OH)_3$ 沉淀，然后过滤回收污泥。

3.5.2.2 工艺参数的控制

用亚硫酸氢钠处理含铬废水，需控制以下几个主要参数为：

（1）废水中 Cr^{6+} 含量。某厂曾测定了废水中 Cr^{6+} 含量与最后转化为氢氧化铬沉降速率的关系。测试条件：pH 值控制在 2.5，焦亚硫酸钠: Cr^{6+} =3∶1（物质的量的比），然后用 20% NaOH 调 pH 值至 6.7 ~7。测试结果见表 3-1。

表 3-1 Cr^{6+} 质量浓度与氢氧化铬沉淀时间的关系

Cr^{6+}/g·L^{-1}	3	2.5	2	1	0.7	0.5	0.35	0.25	0.1
沉淀时间/min	36	9	6	5	5	4	4	4	4

由表 3-1 中数据可知，Cr^{6+} 含量在 0.1 ~1g/L 范围内，转换成氢氧化铬的沉降率最高。浓度最低，沉降速率已不能再加快。

（2）投料比。某厂测定的投料比情况如下：对含 Cr^{6+} 100mg/L 的溶液将 pH 值调至 2.5 在不断搅拌下投入亚硫酸盐，使 Cr^{6+} 还原为 Cr^{3+}，溶液颜色由棕黄色转变为蓝色，然后以 20% NaOH 调 pH 值至 6.7 ~7，使氢氧化铬沉淀，然后测定上层清液以不含 Cr^{6+} 为准。测定结果为亚硫酸氢钠: Cr^{6+} =4∶1；焦亚硫酸钠: Cr^{6+} =3∶1；亚硫酸钠: Cr^{6+} =4∶1。投料比过大浪费材料；投料比小了还原不充分，出水中 Cr^{6+} 含量达不到国家排放标准。投料比大于8还易形成 $[Cr_2(OH)_2SO_3]^{2-}$ 配离子，加碱亦难使之沉淀。

(3) 还原时的pH值。亚硫酸盐还原 Cr^{6+}，必须在酸性条件下进行。还原反应的速度与pH值有关，当酸浓度增加时反应有利于朝生成 Cr^{3+} 方向进行。实测反应速度，当pH值为2.0或更低时，反应可在5min左右进行完毕。pH值在2.5~3.0时，反应约需30min。pH值高于3.0，反应很慢。因此，pH值应低于3。为节约用酸，一般可将pH值调至2.5~3。pH值过低，会产生较多的二氧化硫气体。随着还原反应的进行，所加入的酸逐渐消耗，应及时补充，以保证反应所需酸度值。

(4) 沉淀pH值。因氢氧化铬呈两性，pH值过高时，生成的氢氧化铬会再度溶解，而pH值过低时，又不能生成沉淀。氢氧化铬沉淀的最低pH值为5.6，pH值大于9沉淀会溶解，形成亚铬酸盐（如 $NaCrO_2$）。因而实用的pH值为6.7~7，最多不宜超过8。

(5) 沉淀剂的选择。用氢氧化钙、碳酸钠、氢氧化钠等均可使 Cr^{3+} 成为 $Cr(OH)_3$ 沉淀。采用石灰，价格便宜，但反应慢，且生成泥渣多，泥渣难以回收。采用碳酸钠，投料容易，但反应时会产生二氧化碳。氢氧化钠成本较高，但用量较小，泥渣纯度较高，容易回收。因此一般采用氢氧化钠作沉淀剂，浓度取20%。

(6) 还原反应终点的判断。用目测比色可以简单判定还原反应的终点，其方法为:

1) 量取还原处理液100mL，滴加四滴硫酸（1+1）；

2) 加入二苯基碳酰二肼溶液5mL；

3) 加入亚铬酸钾标准液15mL，若溶液颜色变红，说明已近终点，可以进行中和沉淀；若不变红，则说明亚硫酸氢钠过量，可继续加入含 Cr^{6+} 的废水或用兰西法时溶液继续使用。

3.5.2.3 亚硫酸氢钠法的槽外集中处理

槽外集中处理是指将含铬废水集中到生产线外的废水储水池，废水量达到一定程度时，间歇地将废水用泵注入反应池或就在储池中投料进行化学处理。这种方法具有下述特点:

(1) 能处理多种含铬废水，可将镀铬、镀锌钝化、酸洗等含铬废水集中一起进行处理；

(2) 能处理生产中滴落地面的铬酸以及漏槽、过池、倒槽等废水；

(3) 采用间歇式处理，易于调节pH值、控制投药量及反应条件；

(4) 要求采用逆流漂洗工艺以最大限度减少废水量，提高废水中铬酸浓度，以减小储池等设施；

(5) 本法与兰西法相比，要多增加废水储池。若生产量比较大应设两个以上储池交替使用。

图3-1所示为国内某厂采用的槽外集中间歇亚硫酸氢钠还原处理含铬废水的流程。此流程将废水储池与反应池合为一处，适于生产量小、水量小的单位采用。

其工艺流程如下:

(1) 当储水池水满后，按每吨水加硫酸100~150mL，调整pH值至小于3（并开动压缩空气搅拌）；

(2) 取样分析废水中 Cr^{6+} 浓度；

(3) 按 $Na_2S_2O_5$: Cr^{6+} = 3.5∶1（物质的量的比）的比例投加工业级焦亚硫酸钠（干投），开动压缩空气搅拌 15min；

(4) 静置反应数小时后取样分析上层清水中 Cr^{6+} 浓度；

(5) Cr^{6+} 含量合格后用泵将废水抽至沉淀罐中加 20% 氢氧化钠溶液，搅拌，调 pH 值至 6.7～8，继续搅拌 15min；

(6) 静置数小时后将上层清水排放或用作镀铬后漂洗水；

(7) 从沉淀罐底部放出沉渣、过滤收集。

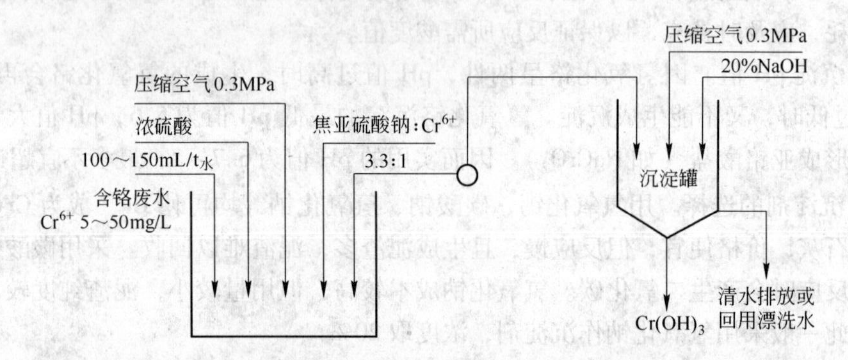

图 3-1 国内某厂采用的槽外集中间歇亚硫酸氢钠还原处理含铬废水的流程

当废水量较大时，可采用两个以上储池，按图 3-1 方法进行，或将储池与反应池合并为反应沉淀池多设几个，交替使用。

3.5.3 亚硫酸氢钠兰西法

3.5.3.1 兰西法简介

兰西（Lancy）法是英国 Lancy 废水处理公司发明的废水处理方法，问世于 1945 年。这是一种废水全面循环的处理法。其处理流程经不断改进日趋完善，以具有经济、使用、可靠等优点而著称，在国际上有竞争力。

兰西法的基本原理是在电镀生产线上设置化学处理溶液槽，循环处理零件从镀槽中带出的镀液，这样可以除去都镀件表面附着的镀液的 99%。再进入水循环漂洗槽清洗，清洗中有害物的浓度低于排放标准。

兰西法有以下主要特点：

(1) 表面处理清洗工艺和废水处理工艺融为一体，避免两者脱节甚至发生矛盾的现象；

(2) 投药少，污泥少，处理费用低；

(3) 适应性强，管理简单方便；

(4) 可节约 80%～90% 的水耗量；

(5) 对各种废水、废液可组成完善的处理体系，与分别独立处理体系相比占地面积小，投资少。

3.5.3.2 兰西法处理镀铬废水

某厂从 1976 年开始用兰西法处理含铬废水，积累了一定的经验，效果良好，排放水

中 Cr^{6+} 含量在 0.1mg/L 以下。兰西法处理镀铬废水的流程如图 3-2 所示。

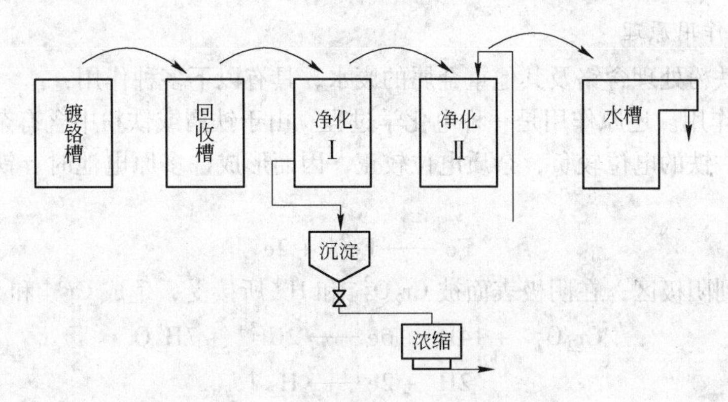

图 3-2 兰西法处理镀铬废水的流程

在镀铬槽后设置一个回收槽，经一次回收后工件进入两只配制好的亚硫酸盐溶液的清洗槽中清洗两次，此时附着在镀件表面的镀铬液进入清洗槽，并在其中把 Cr^{6+} 还原成为 Cr^{3+}。然后一次用水洗干净。回收槽中的溶液可回加到镀槽，补充蒸发的损失。含有亚硫酸盐的清洗槽溶液到了一定时间就后移至沉淀槽，加氢氧化钠调 pH 值，生成 $Cr(OH)_3$ 回收。最后一个水洗槽排水可作为强腐蚀后的清洗水或排放，不能回用到镀槽，因为其中含有的亚硫酸根将对镀液质量带来不良影响（增高 Cr^{3+} 含量）。

化学洗净槽铬液的浓度，据实测槽中 Cr^{6+} 的积累量为 0.1 ~ 1g/L，为达到最快的氢氧化铬自然沉降率，选择亚硫酸氢钠浓度为 2 ~ 3g/L。采用亚硫酸钠与焦亚硫酸钠时，配方相同。用 20% 硫酸调 pH 值至 2.5 ~ 3。

当化学净化槽Ⅱ使用至蓝色较深时（接近还原反应终点，可用前述目测比色法判定终点，或者直接看溶液的颜色：Cr^{6+} 稍过量，溶液即带棕黄色），将溶液移至沉淀槽进行处理。若溶液已带棕黄色，移至沉淀槽后应保持 pH 值 2.5 ~ 3，补加少量亚硫酸氢钠，使溶液转为蓝色后再作沉淀处理，然后将净化槽Ⅱ溶液移至化学净化槽Ⅰ。

移入沉淀槽溶液用 20% 苛性钠调 pH 值至 6.7 ~ 7，使 Cr^{3+} 呈 $Cr(OH)_3$ 沉淀。若上层清液尚有亚硫酸氢钠未消耗完，可将其移至化学净化槽Ⅱ，补加 2 ~ 3g/L 的亚硫酸氢钠，pH 值调至 2.5 ~ 3，继续使用。若上层清液亚硫酸氢钠已消耗完，则化学净化槽Ⅱ可重新配制。用倾泻法去除上层清液后，氢氧化铬用水清洗 2 ~ 3 次，洗去硫酸根，再放入浓缩槽脱水后回收。

当亚硫酸氢钠对镀层或钝化层会其不良作用时，则不能用兰西法进行处理。例如镀锌层彩虹色钝化后，若进入亚硫酸氢钠溶液，会将钝化层中部分 Cr^{6+} 还原为 Cr^{3+}，使色泽不良或抗蚀力下降。此时，可采用三级以上逆流漂洗，将第一漂洗槽废水部分或全部移入沉淀反应槽，作槽外集中间歇式处理。

尽量减少污泥中的钙镁杂质。沉淀 Cr^{3+} 不宜采用石灰，最好用苛性钠。

3.5.4 铁屑、铁粉处理法

铁屑、铁粉不但能处理含铬废水，对锌、铜、银等重金属也有去除作用。由于原材料易于获得，价格便宜效果较好，在国内外均有所应用。但是该法要消耗较多的酸（一般可用电镀车间产生的废酸），同时，其污泥量也较大。

3.5.4.1 作用原理

采用铁屑铁粉处理含铬及其他重金属的废水，具有以下多种作用：

（1）还原作用。还原作用是一种电化学过程。由于铁屑或铁粉中含有杂质等，它们与铁的电位不同，铁的电位较负，杂质电位较正，因而形成许多原电池时，铁作为阳极而溶解，给出电子：

$$Fe \longrightarrow Fe^{2+} + 2e \tag{3-10}$$

电子转移到阴极区，在阴极表面被 $Cr_2O_7^{2-}$ 和 H^+ 所接受，生成 Cr^{3+} 和 H_2：

$$Cr_2O_7^{2-} + 14H^+ + 6e \longrightarrow 2Cr^{3+} + 7H_2O \tag{3-11}$$

$$2H^+ + 2e \longrightarrow H_2\uparrow \tag{3-12}$$

阳极反应生成的 Fe^{2+} 又具有化学还原作用：

$$Cr_2O_7^{2-} + 14H^+ + 6Fe^{2+} \longrightarrow 2Cr^{3+} + 6Fe^{3+} + 7H_2O \tag{3-13}$$

也就是说，既有电化学还原离开铁屑槽后又有化学还原作用。

（2）置换作用。废水中的电位比铁离子高的重金属离子会与金属铁粉发生置换作用。其本质仍为原电池作用，在阴极区，重金属离子获得电子成原子析出。例如：

$$Pb^{2+} + 2e \longrightarrow Pb \tag{3-14}$$

$$(Fe + Pb^{2+} \longrightarrow Pb + Fe^{2+}) \tag{3-15}$$

$$Cu^{2+} + 2e \longrightarrow Cu \tag{3-16}$$

$$Ag^+ + e \longrightarrow Ag \tag{3-17}$$

$$(Fe + 2Ag^+ \longrightarrow 2Ag + Fe^{2+}) \tag{3-18}$$

（3）中和作用。由于反应中要消耗大量的酸，因而随着反应的进行，pH 值不断升高，使 Fe^{3+} 呈氢氧化铁析出。

（4）凝聚作用。反应生成的氢氧化铁本身就是一种凝聚剂，有利于最后氢氧化铬等的沉降。

（5）吸附作用。据报道，利用 X 射线荧光仪器进行微量分析，在铁粉表面可见到吸附的金属，因而认为铁粉具有吸附作用。

生成的氢氧化铁在其絮凝的同时，也具有吸附作用。例如用简单的方法沉淀铬时，必须使废水的 pH 值提高到 10 以上。而此时废水中的锌、铜等离子又会形成配合物，其氢氧化物又会溶解。但采用铁粉时只要 pH 值在 8 时，就可使铬去除到 0.05mg/L，而不会使锌、铜等离子再度溶解。

为了增大电化学作用，有采用焦炭—铁屑法的，使焦炭成为阴极，即形成铁—炭原电池，加速还原反应的进行。

3.5.4.2 影响处理效果的因素

影响处理效果的因素包括进水酸度、铁屑铁粉性状、表面状态的影响、腐蚀产物的影响。

A 进水酸度的影响

进水酸度是影响 Cr^{6+} 还原过程及速度的重要因素，因此要严格控制。酸度增大，$Cr_2O_7^{2-}$ 的氧化能力增强，被还原的速度加快。但 pH 值过低，会使析氢反应加剧，浪费酸与铁，并容易使出水中铁含量增高，再则给下一步的中和沉淀调整 pH 值带来困难。

一般含铬废水 pH 值在 4 ~6 范围，为此必须先进行酸化处理。酸化时最好采用钢铁强腐蚀用过的废酸。因这种酸中含有大量的亚铁离子，可对 Cr^{6+} 起化学还原作用，大约可除去 20 ~30mg/L 的 Cr^{6+}，也就等于部分地采用了硫酸亚铁法。同时，也可以达到以废治废的目的。

B 铁屑铁粉性状的影响

铁屑只能用普通碳素钢铁屑，而不能用不锈钢的铁屑。为增大表面积，铁屑宜细不宜粗，加入量应尽量多些。一般加入量为每立方米废水中加铁屑 100kg。铁屑表面的油污及氧化膜有碍还原作用，应先除去，可用火烧后酸洗。

用铁粉处理时，要求铁粉比表面积大，最好为多孔的还原铁粉（如粉末冶金用的铁粉），制铁时产生的副产品磁性铁粉也可用，要求不高时，用电解铁粉或铸铁粉也可。

C 表面状态的影响

在含有铬酸的废水中，铁的表面容易钝化。一旦产生钝化膜，会减缓铁的溶解，严重时停止反应。为此，希望废水中存在活化剂，效果好而又容易获得 Cl^-，所以在酸化时最好采用盐酸而不采用硫酸。强腐蚀用的废盐酸最好。

D 腐蚀产物的影响

在还原反应时，不断生成 Cr^{3+} 和 Fe^{3+}，当 $pH > 2.2$ 时，Fe^{3+} 就会生成不溶性的 $Fe(OH)_3$。当它吸附在铁的表面而未及时清除时，会影响还原反应的继续进行。为解决这一问题，可从两方面着手：一是提高酸度，防止生成氢氧化物沉淀；二是加强搅拌，及时用机械力从铁表面除去产物。

3.5.4.3 铁屑处理

北京某厂采用铁屑处理的工艺流程如图 3-3 所示，铁屑处理槽如图 3-4 所示。

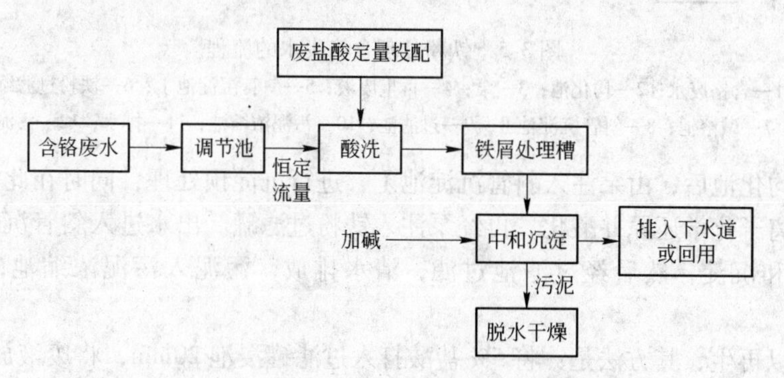

图 3-3 北京某厂采用铁屑处理的工艺流程

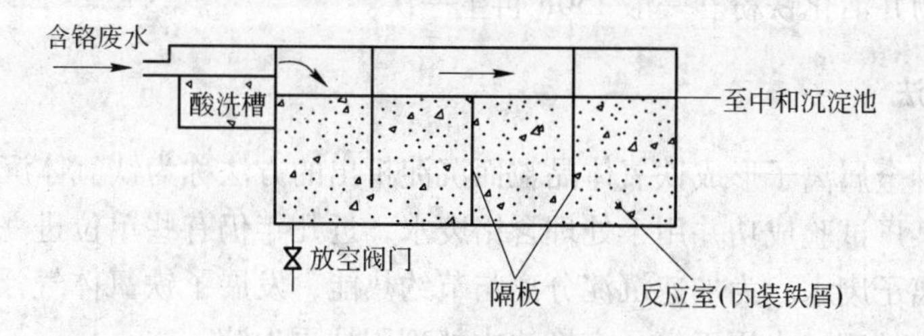

图 3-4 铁屑处理槽

含铬废水先进入调节池以均化浓度和流量，保证处理效果。从调节池出来的废水经酸化槽用废酸将 pH 值调至 2 ~2.1，再入铁屑处理槽处理。处理槽为该处理工艺主要设备由聚氯乙烯硬塑料板焊成。进口处设一酸化槽，在此加酸并调酸度。槽体分隔为四个反应室，废水翻腾流经处理槽，防止短流，起搅拌作用。外形尺寸 1.8m×0.6m×0.6m、有效容积 $0.5m^3$。四个室内装满铁屑，当废水流量为 $1m^3/h$ 时，废水在处理槽中停留 30min。

处理槽出水进入中和沉淀池，加碱将 pH 值调至 7 ~9，使 Cr^{3+}、Fe^{3+} 生成氢氧化物沉淀。对电石渣、废碱和苛性钠做了实验，发现了用电石渣中和剂时，沉渣含水率较小(1.3%)，过滤性能也较好，此时 pH 值至 8 ~8.2。但一般宜先用废碱，以废治废不足时再用电石渣补充。中和后沉淀 1h 左右，上层清液排放或回用作清洗水，污泥干燥后待集中处理。

由于铁屑法所需要的废酸量大，宜于废水量较小、废酸量能满足需要的单位采用。

3.5.4.4 铁粉处理

某厂采用铁粉处理含铬废水，经生产运行证明，排水能达到国家排放标准。铁粉处理含铬废水的流程如图 3-5 所示。

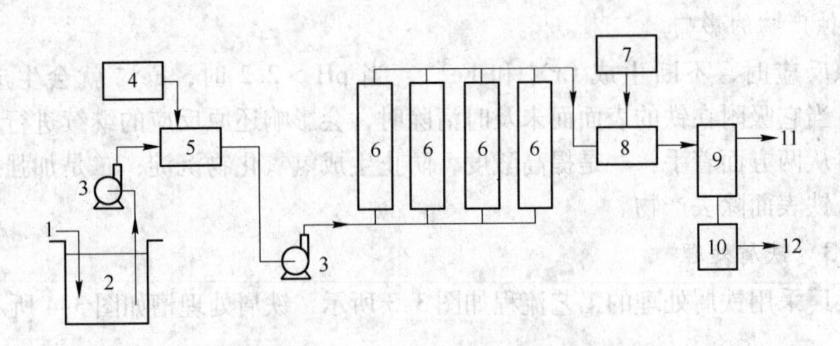

图 3-5 铁粉处理含铬废水的流程

1—含铬废水；2—均化池；3—泵；4—再生废液；5—斜管沉淀池Ⅰ；6—铁粉过滤罐；7—碱溶池；8—斜管沉淀池Ⅱ；9—过滤池；10—污泥浓缩池；11—排水；12—污泥

废水经均化池后，由泵注入斜管沉淀池Ⅰ，进行沉淀预处理，同时在此注入废再生酸液，用亚铁离子化学还原并酸化，再经泵注入铁粉过滤罐。出水进入斜管沉淀池Ⅱ，在此加碱进行中和沉淀，然后经过滤池过滤，清水排放，污泥入污泥浓缩池，浓缩后集中处理。

铁粉可以再生，其方法是：将 5% 盐酸打入过滤罐浸泡 20min，将废液放出作酸化用。反复进行两次，再用自来水反冲 15min 左右即可重复使用。再生的目的主要是溶解铁粉表面的反应生成物并活化铁粉。一般 150h 再生一次。

3.5.5 铁氧体法

废水中各种金属离子形成铁氧体晶粒而沉淀析出的方法称为铁氧体沉淀法。国内 1974 年首先由大连某厂试验成功并用于处理含铬废水，近几年仍有些单位进一步研究用于处理含多种重金属离子废水。为加速沉淀分离与节约热能，发展了铁氧体气浮法。铁氧体法不单用于含铬废水处理，也用于离子交换法中处理阳柱再生液。

3.5.5.1 铁氧体简介

铁氧体是复合金属氧化物中的一类。其通式为 A_2B_4 或 BOA_2O_3。其中 B 代表半径约 0.6 ~ 1μm 的二价金属，如 Fe、Mg、Zn、Mn、Ni、Co、Ca、Cu、Hg 和 Sn 等。A—O、B—O之间均为离子键合。有些铁氧体中的 A 和 B 可能更复杂些，由一种以上金属组成，其通式为 $(B'_xB''_{1-x})\cdot O\cdot(A'_yA''_{1-y})_2O_3$。铁氧体有数百种，最简单最常见的铁氧体为磁铁 $FeO\cdot Fe_2O_3$ 或 Fe_3O_4。

铁氧体的正式名称为铁淦氧磁体，都具有磁性，由于构成这类物质的主体的为铁和氧，因此简称为铁氧体。铁氧体有天然矿物质和人造产品两大类。人造产品的制造过程和机械性能类似瓷，因而也称为磁性瓷或磁质瓷。

复氧化物 BOA_2O_3 的晶体结构与尖晶石（$MgO\cdot Fe_2O_3$）相同，称为尖晶石结构（图 3-6）。在尖晶石结构中，氧原子按立方密排堆积布阵，每层氧原子互相交错排列，形成正八面体，A 和 B 交错排列在正中心。

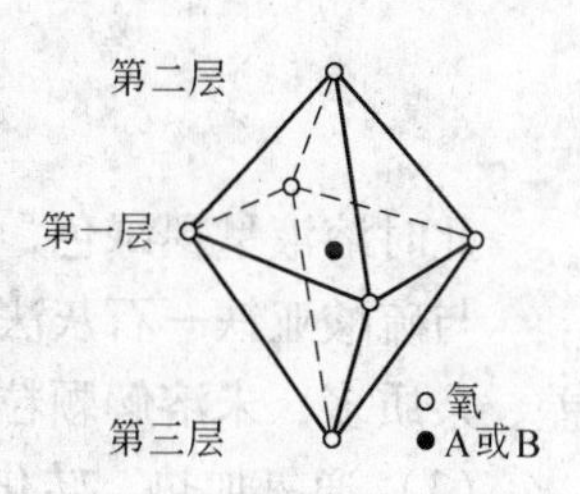

图 3-6 尖晶石结构

不同金属离子形成铁氧体晶格时，占据 A 位置或 B 位置的优先趋势各不相同，可由以下顺序表示：

$$\xleftarrow{\qquad\qquad}$$

$$Zn^{2+}、Cd^{2+}、Mn^{2+}、Fe^{3+}、Mn^{3+}、Fe^{2+}、Cu^{2+}、Co^{2+}、Ni^{2+}、Cr^{3+}$$

$$\xrightarrow{\qquad\qquad}$$

优先占据 B 位置

当反应条件不同时，以上顺序可能颠倒。

铁氧体的磁性强弱与含铁量有关，但 A 和 B 都是铁，不一定磁性最强。铁氧体各种特性由配入的少量其他金属决定，它不溶于水、酸、碱和盐溶液。

铁氧体的电阻很大，比铜大 10^{13} ~ 10^{14} 倍，磁导率高，是一种重要的磁性材料，广泛用于通信、电声元件、磁水器、医疗器械、检铁器等设备中。

由形成铁氧体的顺序可知，Cr^{3+} 在形成铁氧体时，优先占据 B 位置，形成的铁氧体可表示为 $FeO\cdot Fe_{2-x}Cr_xO_3$。处理含铬废水时形成的这种铁氧体称为铬铁氧体。

处理含铬废水时不仅化学法能生成铁氧体，电解还原的泥渣也能制成铁氧体。用这些废渣已制成过 M_x-400 和 M_x-2000 天线磁棒。但是，由于处理废水而产生的铁氧体成分难以固定，在每次制造磁棒时配料比都要调整，比较繁琐，产品质量也难以稳定。铬铁氧体也可制造成合成氨工业所需的中温触媒剂、耐蚀瓷器。

3.5.5.2 工艺过程

要将沉渣制造成铁氧体，必须符合其工艺要求。一般可将工艺分为投加亚铁离子、调整 pH 值、充氧加热、固液分离、沉渣处理五个部分。

（1）投加铁盐。要形成铁氧体，必须有足够的 Fe^{2+} 和 Fe^{3+}。尽管在电镀废水中或多或少含有铁离子，但是满足不了生产铁氧体的要求。额外补充铁离子，可投加 $FeSO_4$ 或 $FeCl_2$。

为了保证铁氧体的形成与质量，对处理前的废水应分析 Cr^{6+} 含量，然后按 $FeSO_4$ ·

$7H_2O$: CrO_3 = 16:1 的比例投料。以离子计，铁氧体中 Fe^{2+} 与 Fe^{3+} 比例应为 1:2；还原铬时 Fe^{2+} 耗量为 Cr^{6+} : Fe^{2+} = 1:3.2。

(2) 投加碱液。对投加 Fe^{2+} 后的废水，一般投加氢氧化钠，调 pH 值至 8~9。在缺氧及常温条件下，金属离子呈胶状氢氧化物沉淀：

$$Cr^{3+} + 3OH^- = Cr(OH)_3\downarrow \quad (3\text{-}19)$$

$$Fe^{3+} + 3OH^- = Fe(OH)_3\downarrow \quad (3\text{-}20)$$

$$Fe^{2+} + 2OH^- = Fe(OH)_2\downarrow \quad (3\text{-}21)$$

$$Zn^{2+} + 2OH^- = Zn(OH)_2\downarrow \quad (3\text{-}22)$$

此时溶液呈墨绿色，废水中金属离子已基本析出。沉淀后的上层清液排放。

与硫酸亚铁—石灰法不同提高 pH 值时切不可加石灰，原因是石灰的溶解度小、质量差、杂质多，未溶解颗粒及杂质混入沉淀中，会影响铁氧体的质量。

(3) 通氧加热，转化沉淀。还含有一定量的 Fe^{2+} 及铁的一部分中间沉淀物的悬浮物。为了加速 Fe^{2+} 的氧化速度、破坏胶状氢氧化物，将排放清水后的剩余部分加热到 60~70℃并通入空气鼓泡以搅拌及加氧，进一步转化沉淀。一种方法是对全部废水加热通气，操作虽然简单，但耗热量大；另一种方法是排出清水后再加热通气，耗热量小但操作复杂一些。通气加热时发生的反应大致如下：

$$2Fe(OH)_2 + 1/2O_2 \longrightarrow 2FeOOH + H_2O \quad (3\text{-}23)$$

$$Fe(OH)_3 \longrightarrow FeOOH + H_2O \quad (3\text{-}24)$$

$$FeOOH + Fe(OH)_2 \longrightarrow FeOOH \cdot Fe(OH)_2 \quad (3\text{-}25)$$

$$FeOOH \cdot Fe(OH)_2 + FeOOH \longrightarrow FeO \cdot Fe_2O_3 + 2H_2O \quad (3\text{-}26)$$

废水中的其他重金属离子反应与此大致相同。结果，二价金属离子占据部分 Fe^{2+} 位置，三价金属离子占据部分 Fe^{3+} 位置，即其他金属离子混杂在铁氧体晶格中，形成特性有所差异的铁氧体。例如 Cr^{3+} 存在时，形成铬铁氧体：

$$Fe^{2+} + Fe^{3+}_{1-x} + Cr^{3+}_{1+x} + 8OH^- \longrightarrow FeO \cdot (Fe_{1-x}Cr_{1+x})O_3 + 4H_2O \quad (3\text{-}27)$$

或表示为：

$$(2-x)Fe^{3+} + xCr^{3+} + Fe^{2+} + 8OH^- \longrightarrow FeOFe_{2-x} \cdot Cr_xO_3 + 4H_2O \quad (3\text{-}28)$$

必须注意，反应温度不能过高，否则反应速度过快，会使 Fe^{3+} 过剩而 Fe^{2+} 不足，对生成铁氧体反而不利。

(4) 固液分离。一般分离铁氧体的方法有三种：沉淀过滤、离心分离、磁力分离。

(5) 沉渣处理。

1) 供作铁淦氧磁体的原料。要求生成沉渣化学成分稳定，且要将 Na_2SO_4，洗净再干燥后送有关部门加工。

2) 供制耐蚀瓷器。不符合制造铁淦氧的沉渣可以烧制成各种耐蚀瓷器。

3) 供制铸石。

4) 供制合成氨中温触媒。

5) 国外资料报道，可用作河水净化剂，用于吸附有机物。

3.5.5.3 处理含铬废水工艺流程

用铁氧体法可以处理含铬废水、镀锌钝化废水等含铬废水。铁氧体法处理含铬废水的流程如图3-7所示含铬废水经废水储池均化后注入处理槽。处理槽用钢板制成，内涂耐热防腐蚀材料，根据水量确定，一般应考虑1~1.5h的流量。根据分析得出的废水中铬酐含量，按 $FeSO_4 7H_2O$: Cr_2 : O_3 =（16~20）：1，投加硫酸亚铁。再加入氢氧化钠调pH值为7~8，此时溶液呈墨绿色。通蒸气加热到60~70℃（也可在沉淀后加温），以0.02MPa压力通压缩空气20min左右，当沉淀物呈黑褐色时（磁性最强）停止通气。静置沉淀后上层清液排放或回用，沉淀物经离心机分离后洗掉钠离子，再烘干。

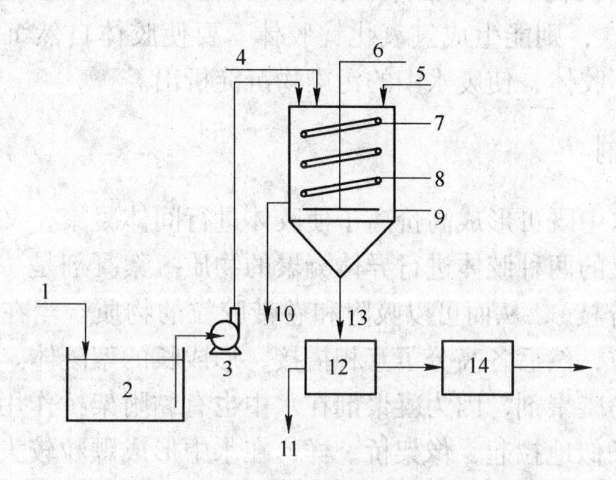

图3-7 铁氧体法处理含铬废水的流程

1—含铬废水；2—均化池；3—泵；4—硫酸亚铁；5—氢氧化钠；6—压缩空气；7—蒸汽；8—蒸汽盘管；9—处理槽；10—上层清液排放；11—过滤水排放；12—离心机；13—渣；14—烘干器

处理后，废水中铬基本除净。当进水含铬酐2800mg/kg时，出水中 Cr^{6+} 浓度小于0.1mg/L。处理含铬酐50~100mg/L废水1t，大约生成铁氧体0.3~0.6kg，即为废水中含铬酐总量的6倍。沉渣经0.1mol/L硫酸、盐酸、氢氧化钠、海水、水浸泡8天，仅酸液中有微量 Cr^{3+}，说明沉渣是相当稳定的，不会造成二次污染。

3.5.5.4 优缺点

铁氧体法具有如下优点：

（1）能一次脱除多种金属离子。只要废水中不含氰、EDTA等螯合剂，就可用于处理混合电镀废水。

（2）设备简单，操作方便，易于掌握。

（3）硫酸亚铁来源广，投加范围大，对水质适应性强。

（4）由于铁氧体密度大，沉淀易分离，易处理保管，不会造成二次污染。

（5）出水中有害物含量低，能达到排放标准。据国外报道，此法对于处理悬浮物、油类等同样有效。

铁氧体法的缺点主要有：

（1）不能单独回收有用金属（这也是一般化学法的共同缺点）。

（2）要消耗较多的硫酸亚铁。当无废品的硫酸亚铁供应时，成本较高。

（3）当污泥要用作制造铁淦氧材料时，控制较难。

（4）需加热，耗能较多。

（5）出水中含硫酸根高，一般仅能回用作酸洗用清洗水。

3.6 化学絮凝法处理含铬废水

化学絮凝法[1]是向废水中投加某种化学药剂（称为絮凝剂），使水中难以沉淀的胶体状悬浮颗粒或乳状污染物失去稳定后，由于互相碰撞以及附聚或聚合，搭接而形成较大的颗粒或絮状物，从而更易于自然下沉或上浮而除去。

化学沉淀法产生的沉淀，其粒径并不相等。当粒径小到一定程度时，则呈胶体状存在。例如中和沉淀 Zn^{2+}，则能生成氢氧化锌胶体。要使胶体自然沉降是很困难的，因此也必须加入絮凝剂破坏胶体，使废水中的污染物沉淀析出。

3.6.1 凝聚剂和絮凝剂

凝聚剂是一类在水中既可形成高价离子使胶体进行间体凝聚，又可形成带异号电荷的另一种胶体使电性相反的两种胶体进行异体凝聚的物质。絮凝剂是一种溶于水后能形成长链状分子（有时出现分枝），从而可以吸附和卷带胶粒的物质。当在长链某处有离解的基团时，还可以凝聚胶粒，然后各高分子互相搭接，形成长的絮凝体。

有人把絮凝剂归为凝聚剂，因为凝聚剂在水中也有黏附架桥作用。它所形成的胶体呈长条形结构，能像链条似地拉起，像架桥一样，在水中形成颗粒较大的松散网状结构。这种结构的表面积很大，吸附能力很强，能吸附异性胶体、黏土、有机物、细菌甚至溶解物质。这就是通常看到的矾花。又可把它们称为混凝剂。

常用的混凝剂分为无机混凝剂和有机混凝剂两类。

无机混凝剂，应用最广的是铝盐，如硫酸铝、明矾及铝酸钠等；其次是铁盐，如硫酸亚铁、硫酸铁、三氯化铁等。这些药剂均可取得良好的混凝效果，可根据水质情况选用；只是在混凝过程中，大多数会产生较多的污泥。此外，还有一种无机高分子混凝剂，如聚合氯化铝、聚合氯化铁，目前应用最广泛，效果也比较好。

有机混凝剂主要是合成的高分子凝聚剂。高分子凝聚剂是一种人工合成的聚合物或链中有多种氨基、亚氨基、磺酸基等的水溶性高分子化合物。高分子凝聚剂分为非离子型、阳离子型和阴离子型。离解基因带正电荷者称为阳离子型，带负电荷者称为阴离子型。常用的聚丙烯酰胺类属于非离子型。一般与无机混凝剂合用效果较好。天然有机物海藻酸钠、淀粉、水溶性脲醛树脂等，也可作为凝聚剂。

高分子凝聚剂的用量少，效果好，不受废水 pH 值的影响。其用量，在凝聚沉降时用 1～5mg/kg，脱水处理时用 100～300mg/kg。

适用电镀废水处理的主要为阴离子型和非离子型，阳离子形多用于有机污泥的脱水。

3.6.2 助凝剂

为了加强混凝效果，节约混凝剂用量，常在加入混凝剂时再投加助凝剂。常用助凝剂有以下三类：

（1）酸碱类。用以调整水的 pH 值，以满足混凝过程的需要。因多数凝聚剂在水解过程中要释放出 H^+，而起作用的为氢氧化物胶体，故要调整到凝聚剂最适宜的 pH 值范围。常用的酸碱类为石灰、碳酸钠、硫酸等。在电镀废水处理中，若废水不回用，可考虑采用酸洗、除油后的废酸废碱液。

（2）矾花核心类。为增加矾花的重量和强度，改善其结构，加速凝聚及沉淀过程，可投加二氧化硅、活性炭、膨胀土、高岭土、氧化镁、活化硅酸、沉淀污泥等。

（3）氧化剂类。为破坏对凝聚作用有干扰的有机物，将亚铁氧化成三价铁，以促进凝聚作用。当除去高色度水和破坏水中胶体或除去臭味时，可在投加凝聚剂前加氯，以减少凝聚剂的用量。

3.6.3 絮凝过程

凝聚和絮凝的操作包括药剂制备、投配、混合和反应几个步骤。投药方法有干投和湿投两种。

混合的目的是将药剂迅速而均匀地分散到废水中去。投药后要在不超过 2min 的时间内进行激烈的搅拌，或者采用新型的管状混合器进行混合。

絮粒的形成和长大，取决于颗粒之间的碰撞机会及碰撞效率。为了增加反应效果，可采取以下措施：

（1）增加颗粒浓度。浓度太小时，可加入矾花核心助凝剂或回流部分污泥。

（2）增加颗粒体积。投加高分子助凝剂，强化搭桥作用，使絮凝体体积增大。

（3）增加颗粒密度。投加水玻璃（$Na_2O \cdot nSiO_2$）及其他助凝剂，或采用铁盐凝聚剂。

（4）增加碰撞次数。控制水流的速度梯度，既要增加碰撞次数，又要防止剪切力过大，使已形成的絮粒遭到破坏，为此要采用恰当的反应池。

絮凝过程的机理主要包括 DLVO 理论和双电层压缩理论、吸附电中和作用、沉淀网捕作用、吸附架桥作用。

（1）DLVO 理论和双电层压缩理论。絮凝分离的对象主要是水中的胶体和悬浮颗粒，絮凝过程的机理就必然要涉及关于胶体稳定性的 DLVO 理论（由 Derjaguin、Landan、Verwey、Overbeek 等人提出）。DLVO 理论是用胶体颗粒间的吸引能和排斥能的相互作用来解释胶体的稳定性和产生絮凝沉淀的原因。絮凝剂投加到水中后，其有效成分所带的电荷就会中和掉一部分胶体颗粒表面所带的异号电荷，胶体的双电层就会受到压缩，因此扩散层的厚度就会减小，胶体颗粒就得以絮凝沉降下来，这就是絮凝过程的双电层压缩机理。

（2）吸附电中和作用。吸附电中和作用是指胶粒表面对异号离子、异号胶粒或链状高分子带异号电荷的部分有强烈的吸附作用，由于这种吸附作用中和了胶粒表面的电荷，减少了静电斥力，颗粒间的相互作用能达到第一最小能量值，相互吸引形成稳定的絮体沉降下来。在电中和的过程中，胶粒表面电荷不但可以降到零，而且还可以带上相反的电荷，如果絮凝剂的投加量过高，胶粒就可能发生再稳现象。电中和作用与双电层压缩是不同的，电中和作用是第一最小能量值的作用力的结果，这个作用力很强，形成的絮体坚实、体积小。双电层压缩是第二最小能量值的作用力的结果，这个作用力较弱，形成的絮体疏松、体积大。实际过程中，随着絮凝剂投加量的增加，胶粒的双电层首先受到压缩，扩散层厚度减小，颗粒间的相互作用能先达到第二最小能量值，产生微弱的絮凝作用，进而胶粒表面的电荷被大量中和，扩散层厚度变得更小或接近于零，颗粒间的相互作用能达到第一最小能量值，胶粒相互吸引形成絮体沉淀下来，胶体溶液也因此脱稳。如果进一步增加絮凝剂的投加量，则胶粒表面电荷则会由完全中和而变为反号，这时胶粒间又出现了排斥能，颗粒间的相互作用能可能又会逐渐以排斥为主，故而胶体溶液可能出现再稳现象。

(3) 沉淀网捕作用。当铝盐或铁盐作为絮凝剂投加到水溶液中时，带负电荷的胶粒暴露在了铝盐或铁盐水解形成水合金属氢氧化物的附近，由于这些水合金属氢氧化物是带有较高正电荷的阳离子高分子，故而会对带负电荷的胶粒产生吸附作用。当这些阳离子高分子继续水解形成氢氧化物沉淀时，它们就像多孔的网子一样将水中的胶粒和悬浮颗粒连带一起捕集清扫下来，形成絮状沉淀沉积在水底。这就是沉淀网捕作用机理。

(4) 吸附架桥作用。吸附架桥作用是指溶液中胶体和悬浮物颗粒通过有机或无机高分子絮凝剂的活性部位的吸附作用形成胶粒—絮凝剂—胶粒结构的絮体，从溶液中沉淀下来。在这一过程中，胶粒与胶粒之间并不直接接触，而是通过高分子聚合物连接在一起，高分子聚合物在胶粒表面的特殊吸附来源于各种物理化学作用，如范德华引力、静电引力、氢键、配位键等。聚合物与胶粒的作用有以下几种情况：聚合物的一端与胶粒吸附，其余部分伸展到溶液中与另一个表面有空位的胶粒吸附，这时聚合物就起了架桥作用。如果聚合物相对于胶粒来说相对过剩，聚合物在与胶粒吸附后其伸展部分粘连不到第二个胶粒，则这个伸展部分迟早还会被原来的胶粒吸附在其他部位上，这时聚合物就没有架桥作用了，而是把胶粒包裹了起来，使胶粒重又处于稳定的状态。对于已经架桥絮凝的胶粒，在外力的作用下比如长时间剧烈搅拌，架桥聚合物可能从另一胶粒表面脱开，重新吸附在原胶粒的表面，从而也造成了胶粒重新回到稳定状态。

以上这几种絮凝过程机理在实际的水处理过程中并不是单独孤立的，它们往往可能是同时并存且相互影响的，只是在一定情况下以某一种作用为主而已，它们都可以用来对絮凝分离过程进行解释。

3.6.4 影响絮凝作用的主要因素

絮凝分离过程是一个复杂的物理和化学过程，其影响因素也是复杂的、多方面的。除了絮凝剂的种类、性质、结构和投加量对絮凝作用有很大的影响外，还有以下几个主要影响因素：

(1) 温度的影响。水溶液的温度是絮凝反应、絮体成长、沉降分离等的重要控制因素。水温低时，水解反应速度慢，絮体的生成速度就会降低。同时，水温低时水的黏度变大，因而胶粒运动的阻力也就增大，颗粒也不易下沉。此外，水温低时布朗运动也会减弱，胶粒间的碰撞机会减小，不利于脱稳胶粒的相互黏结，影响絮体的形成和成长。因此，基于上述几点，水温低的时候，絮凝效果会明显变差。一般而言，水温的升高会提高絮凝效果。但是水温过高时，无机絮凝剂的水解速度过快，所形成的絮体大而轻，沉降速度慢，絮凝效果也会明显下降。所以水温的过高和过低，对絮凝作用皆不利，应用中应根据所使用的絮凝剂和处理废水的情况选择合适的温度。

(2) pH 值的影响。pH 值会影响胶体颗粒表面所带电荷的性质和大小，因而会对絮凝作用有所影响。同时，pH 值对絮凝剂的性质也有很大影响，对无机絮凝剂而言，pH 值会影响水解反应的进行，对有机高分子絮凝剂而言，pH 值会影响聚合物在水溶液中的伸展性以及聚合物分子与胶体颗粒间的吸附作用。一般而言，有机高分子絮凝剂与无机高分子絮凝剂相比受 pH 值的影响要小些。研究表明，一般情况下，铝盐、铁盐等无机絮凝剂适合于碱性和中性的环境下使用，阳离子型的有机高分子絮凝剂适合于酸性和中性的环境，阴离子型的有机高分子絮凝剂适合于中性和碱性的环境，而非离子型的有机高分子絮凝剂适合于从酸性到碱性的环境下使用。

(3) 搅拌强度和时间的影响。投加絮凝剂之后，为了增加颗粒碰撞频率，增加颗粒与絮凝剂接触的机会，往往要进行搅拌，搅拌的速度和时间选择得当，可以加速絮凝作用，提高絮凝效果。一般而言，在絮凝剂溶解阶段，为了加速溶解速度，促进其在水中均匀分散，增加与粒子间的接触，以强烈搅拌为好；在絮体成长阶段，要求缓速搅拌。搅拌时间过短会导致絮凝剂溶解不充分，絮凝剂与固体颗粒不能充分接触；搅拌时间过长会将大的颗粒的絮体搅碎，使能够沉淀的颗粒变成不能沉淀的颗粒。

(4) 水中杂质的成分及共存盐类的影响。水中杂质的成分、性质和浓度对絮凝效果有明显影响。例如，水中存在的二价以上的正离子，对天然水压缩双电层有利。水中的 SO_4^{2-} 对扩大硫酸铝絮凝的 pH 值范围有作用，Cl^- 对絮体的形成有阻碍作用，偏磷酸钠的含量在5%以上时，增加或减少硫酸铝投加量，都完全不产生絮凝体。天然水中若以含黏土类杂质为主时，需要投加的絮凝剂的量较少，而废水中含有大量有机物时，则对胶体有保护作用，需要投加较多的絮凝剂才有效果。杂质颗粒级配比越单一均匀，越细小越不利于沉降；大小不一的颗粒聚集成的矾花越密实，沉降性能越好。目前，对于水中杂质的不同性质对絮凝效果的影响还缺乏系统和深入的研究，理论上只限于做些定性推断和估计，在生产实践中主要依靠絮凝实验来确定合适的絮凝剂品种和最佳投量。

3.6.5 复合絮凝剂处理含铬废水

用复合絮凝剂可选择性的吸附电镀废铬液中的杂质离子 Ca^{2+}、Zn^{2+}、Al^{3+}、Mg^{2+}、Fe^{3+}、Cu^{2+}、Mn^{2+}，吸附后转化为污泥而沉积，剩余小部分则以胶粒形式悬浮于上清液中，由于高分子絮凝剂可在胶粒与胶粒之间起联结桥联或卷扫作用，有效破坏其双电层结构，显著降低电位从而使胶粒凝聚后沉淀，使杂质转化为污泥而除去，Cr^{6+} 最终以 $K_2Cr_2O_7$ 形式存在于上清液中，从而得以回收。

刘存海等[2]通过化学絮凝技术对废铬液进行净化处理、纯化等，可得纯度较高的 Cr^{6+} 液，然后对 Cr^{6+} 液在低温下结晶，回收为重要的化工原料 $K_2Cr_2O_7$，防治了铬对生态环境的污染，实现了电镀污水的零排放。具体的方法是：用 $KAl(SO_4)_2 \cdot 12H_2O$ 和聚硅酸铝钠以3:1（质量比）配制无机絮凝剂，用 Polyscrylamide（PAM）作为高分子絮凝剂，以 K_2CO_3—$KHCO_3$ 作为缓冲液，用 KOH 调节 pH = 12 ~ 14，将无机絮凝剂和高分子絮凝剂以1000:1（质量比）加入 pH = 12 ~ 14 的缓冲液中，配制成复合絮凝剂，其絮凝剂总含量为137.66g/L。电镀废铬液经前处理后导入反应池，加入复合絮凝剂 20 ~ 30min 内完成絮凝过程，然后将其转入沉淀池陈化 5 ~ 7 天，絮凝后的污泥沉降在底部，用虹吸法使污泥和上清液分离，所得含水污泥用高速离心机分离后转化为脱水污泥，干燥后可得干污泥，合并2次上清液得到 Cr^{6+} 回收液，浓缩后用真空泵抽滤，所得滤液在冰浴中结晶为 $K_2Cr_2O_7$ 橙红色晶体。

王碧等[3]用多胺类物质制备了高分子絮凝剂 PXM，用于对含 Cr^{3+} 废水的处理。PXM 是一种高分子絮凝剂，用多胺类物质在碱性条件下与二硫化物反应一定时间制得，过滤，减压烘干，得橙红色固体。将其配制成2.63g/L的溶液，用以处理含铬废水。先取含 Cr^{3+} 质量浓度为50mg/L的模拟废水溶液，用 NaOH 或 HCl 调节 pH 值，加入不同量的 PXM 溶液，磁力搅拌，先快速搅拌（250r/min）3min，再慢速搅拌（100r/min）数分钟（两者之和为反应时间）静置澄清后，取滤液用分光光度计按照《水质-总铬的测定（二苯碳酰二肼法）》（GB 7466—87）测 Cr^{3+} 的残余浓度。实验结果表明，在 pH = 6.5、PXM 加量 31.5mg/L、处理时间为 9min 的条件下，Cr^{3+} 的去除率最高，可达到 99.49%，Cr^{3+} 的残余浓度低于国家排放标准。

3.7 膜分离方法处理含铬废水

如果在一个流体相内或两个流体相之间有一薄层凝聚相物质把流体相分隔开来成为两部分，那么这一薄层物质就是膜。这里所谓的凝聚相物质可以是固态的，也可以是液态的和气态的，被膜所隔开的流体相物质则可以是液态的也可以是气态的。膜本身可以是物理性质和化学性质均匀的一相，也可以是有两相以上的凝聚态物质所构成的复合体。但无论如何，它与一般的相与相之间的界面或相表面是不同的，因为膜不管薄到什么程度，它们必定至少具有两个界面。膜正是通过这两个界面分别与被膜分开于两侧的流体物质互相接触。膜可以是完全透过性的，也可以是半透过性的，但不应是完全不透过性的，因为如果这一薄层物质是完全不透过性的，则称为隔片、间壁等。膜可以有很大的面积，也可以仅有微小的面积；可以独立地存在于流体相间，也可以附着在支持体或载体的微孔隙中。

近二三十年来，各种膜分离技术已在各个科学技术领域发挥着越来越大的作用。膜分离技术是一项简单、快速、高效、选择性好、经济节能的新技术，目前已广泛地用于水处理、湿法冶金、生物化工、医药工业、食品工业一级环境保护等许多方面，引起许多国家的有关专家、学者的高度重视和深入的研究。膜分离技术作为一门新兴的化工分离单元操作发展迅速。

膜分离方法主要是利用膜两侧在某种程度上的压力差、电位差及深度差等，使所需要的组分选择性的透过膜，从而达到回收和处理的目的。目前，应用较多的有离子交换膜法（主要是液膜法）、电渗析、反渗透等方法来对铬废液来进行回收。

3.7.1 膜分离技术发展的历史

膜分离技术的发展经历了一段曲折的过程。1748 年 Abble Nelkt 发现水能自然地扩散到装有酒精溶液的猪膀胱内，首次揭示了膜分离现象。人们发现动植物体的细胞膜是一种理想的半透膜，即对不同质点的通过具有选择透过性的膜，生物体正是通过它进行新陈代谢的生命过程。直到 1950 年 W. Juda 首次发表了关于合成高分子离子交换膜的文章，膜现象的研究才由生物膜转入到工业应用领域，合成了各种类型的高分子离子交换膜。固态膜经历了 20 世纪 50 年代的阴阳离子交换膜，60 年代初的一、二价阴、阳离子交换膜，以及 60 年代末的中空醋酸纤维膜等三个发展阶段，形成了一门蓬蓬勃勃的膜科学。利用这些固态合成高分子膜建立了电渗析、扩散渗析、超过滤、微孔过滤和反渗透等分离技术。近年来，这些分离技术发展较快，广泛地应用于浓缩脱盐、海水纯化、电解还原、物质提纯、废水处理等方面。

但由于高分子膜受其固有本性，即膜体缺乏流动性和机械强度等的限制，以致在选择性和通量这两个决定膜分离效果的因素方面，满足不了生产上分离物理性质和化学性质很相似的物质的要求。为了克服这些缺点，人们模拟类脂—球蛋白细胞膜，设法改变高分子膜的物态，使膜具有表面类似晶体，中央近视流体的流动镶嵌结构和选择性输送分子、离子的功能，以期增大溶质穿过膜的扩散系数，减小膜的厚度，从而使透过速度跃增，人为地再现生物膜的高度选择性迁移的目的。这样，在70年代初，兴起了一门崭新的膜分离技术——液膜分离。液态膜的出现标志着膜技术进入了第四个发展阶段。

具有分离选择性的人造液膜是Martin在60年代初研究反渗透脱盐时发现的。他把百万分之几的聚乙烯甲醚加入盐水进料中，结果在醋酸纤维膜和盐溶液之间的表面上形成了一张液膜。并且发现，由于这张液膜的存在，盐的渗透量稍微降低了一点，但选择透过性却显著增大。这张液膜在通量和选择性方面的效果相当于连续两张固膜。由于这张液膜是覆盖在固膜之上的，所以成为支撑性液膜。60年代中期，美籍华人黎念之博士在用DuNuoy环法测定表面张力时观察到用皂草甙表面活性剂的水溶液和油做实验能形成一张很强的能够挂住的界面膜，从而发现了不带固膜支撑的新型液膜。他经过不断研究，终于在1968年获得了纯粹液膜的第一项专利。而且这种新型液膜可以制成乳状液，膜很薄而且表面积极大，因此处理能力比固膜和支撑性液膜大得多。不难看出，这是一次重大的级数突破，为液膜分离技术的工业化树立了一个里程碑。70年代初，E. L. Cussler又研制成功了含流动载体的液膜，使液膜具有更高的选择性。

近年来问世的第三种膜分离技术——气态膜，用于水处理和卤素提取方面获得了成功。气态膜是由充斥于疏水性的多孔聚合物膜孔隙中的气体构成的。当用这种载有气体的膜将两种水溶液隔开时，如果其中之一含有挥发性溶质如H_2S、SO_2或NH_3等，挥发性溶质可以迅速扩散通过摸；如果膜的另一侧盛有易与这些挥发性气体进行反应的物质，就可以形成不可逆扩散。又由于气体的扩散速度远远大于液体和固体，气态膜对挥发性溶质的迁移阻力与固膜和液膜相比几乎可以忽略不计，因而气态膜对这些挥发性溶质具有很高的透过速度。此外，还有主要应用于医疗和农业等方面的控制释放膜等。同时某些新的膜过程，如膜萃取、膜分相、渗透汽化、膜蒸馏等的研究也在广泛开展，发展很快。

3.7.2 膜分离过程的特点

归纳起来，膜分离过程的主要特点是以具有选择透过性的膜作为组分分离的手段。选用对所处理的均一物系中的组分具有选择透过性的膜，就可以实现混合物的组分分离。膜分离过程的推动力，不仅是浓度差，也可以是压力差、分压差和电位差。膜分离的过程可以分为以下三种形式：

（1）渗透式膜分离。渗透式膜分离的特点是被处理的溶液置于固体膜的一侧，置于膜的另一侧的接受液是接纳渗析组分的溶剂或溶液。料液中的溶质或离子在浓度差、电位差的推动下，透过膜进入接受液中从而被分离出去。属于渗析式膜分离的操作有渗析和电渗析等。

（2）过滤式膜分离。过滤式膜分离的特点是溶液或混合气体置于固体膜的一侧，在压力差的作用下，部分物质透过膜而成为渗滤液或渗透气，留下的部分则为渗余液或渗余气。由于组分的分子的大小和性质有别，它们透过膜的速率有差异，因而透过部分与留下部分的组成不同，即实现了组分的分离。属于过滤式膜分离的操作有超滤、微滤、反渗透和气体渗透等。

（3）液膜分离。液膜分离的特点是该过程涉及三个液相：料液是第一液相，接受液是第二液相，处于两者之间的液膜是第三液相。液膜必须与料液和接受液互不混溶。液-液两相间的传质分离操作类似于萃取和反萃取、溶质从料液进入液膜相当于萃取，溶质再从液膜进入接受液相当于反萃取。液膜分离可以看作是萃取与反萃取两者的混合。

此外，膜分离过程除膜相以外的两液相可以具有同样的相态和组分，仅在组成浓度上存在差别。被膜分隔的两相之间不存在平衡关系，依靠不同组分透过膜的速率差别来实现组分的分离，所以常称为速率分离过程。

膜分离过程的优点是能耗低，化学品消耗少，操作方便，不产生二次污染。膜分离与具有相同分离作用的传统分离操作（如蒸发、萃取或离子交换等）相比较，不仅可以避免组分受热变质或混入杂质，通常还有显著的经济效益。

3.7.3 分离用膜的分类

为适应各种不同的分离对象，采用的分离方法也是不同的，因此分离用的膜也是多种多样的，可依据下述几个方面加以分类：

（1）根据膜的材质，从相态上分为固体膜和液体膜。

（2）从来源上，可分为天然膜和合成膜，合成膜又分为无机材料膜和有机高分子膜。目前，用于工业分离的膜主要是合成高分子材料制成的膜。

（3）根据膜体结构，固体膜可分为致密膜和多孔膜。多孔膜又可分为微孔膜和大孔膜。液体膜的结构与固体膜完全不同。

（4）按膜断面的物理形态，固体膜又可分为对称膜、不对称膜和复合膜。对称膜又称为均质膜。不对称膜具有极薄的表面活性层和其下部的多空支撑层。复合膜通常是用两种不同的膜材料分别制成表面活性层和多孔支撑层。

（5）根据膜的功能，分为离子交换膜、渗析膜、超过滤膜、反渗析膜、渗透汽化膜和气体渗透膜等。根据膜对水的亲和性又有亲水膜、疏水膜之称。其中只有离子交换膜是荷电膜，其余的都是非荷电膜。

（6）根据固体膜的形状，可分为平板膜、管式膜、中空纤维膜，以及核孔膜（具有垂直于膜面的圆柱形孔（孔径均匀并且标准）的核径迹蚀刻膜）。

3.7.4 离子交换膜法

离子交换膜是一种含离子基团、对溶液里的离子具有选择透过能力的高分子膜。因为一般在应用时主要是利用它的离子选择透过性，所以也称为离子选择透过性膜。1950 年 W. 朱达首先合成了离子交换膜。1956 年首次成功地用于电渗析脱盐工艺上。离子交换膜技术是当代高新技术之一，由于离子交换膜具有离子很强的选择透过性、分离效率高、能耗低、污染少，因此在许多方面有着重要的应用价值。

3.7.4.1 离子交换膜的类型

离子交换膜按功能及结构的不同，可分为阳离子交换膜、阴离子交换膜、两性交换膜、镶嵌离子交换膜、聚电解质复合物膜五种类型。离子交换膜的构造和离子交换树脂相同，但是膜的形式不同。

离子交换膜的种类繁多，可以按结构、活性基团和材料性质分类。

（1）按膜的结构分类。

1）异相膜。它是离子交换剂的细粉末和黏合剂混合后，经加工制成的薄膜，其中含有离子交换活性基团部分和成膜状结构的配合剂部分，形成的膜化学结构是不连续的，故称异相膜或非均相膜。这类膜制造容易，价格便宜，但一般选择性较差，膜电阻也大。

2）均相膜。它是由具有离子交换基团的高分子材料直接制成的膜，或者在高分子膜基上直接接上活性基团而制成的膜。这类膜中离子交换活性基团与成膜高分子材料发生化学结合，组成完全均匀，故称均相膜。这类膜具有优良的电化学性能和物理性能，是近年来离子交换膜的主要发展方向。

3）半均相膜。这种膜的成膜高分子材料与离子交换活性基团组合得十分均匀，但它们之间并没有形成化学结合。例如将离子交换树脂和成膜的高分子黏合剂溶于同一溶剂中，然后用流延法制成的膜，就是半均相膜。其外观、结构和性能都介子异相膜和均相膜之间。

（2）按活性基团分类。

1）阳离子交换膜。阳离子交换膜简称阳膜，膜体中含有带负电荷的酸性活性基团，它能选择性透过阳离子而不让阴离子透过。这些活性基团主要有磺酸基（$—SO_3H$），磷酸基（$—PO_3H_2$）、膦酸基（$—OPO_3H$）、羧酸基（—COOH）、酚基（$—C_6H_4OH$）等。

2）阴离子交换膜。阴离子交换膜简称阴膜，膜体中含有带正电荷的碱性活性基团，它能选择性透过阴离子而不让阳离子透过。这些活性基团主要有季胺基[$—N(CH_3)_3OH$]、伯胺基（$—NH_2$）、仲胺基（—NHR）、叔胺基（$—NR_2$）等。

3）特种膜。特种膜是由阳阴离子活性基团在一张膜内均匀分布的两性离子交换膜，带正电荷的膜与带负电荷的膜两张贴在一起的复合离子交换膜（二极膜），还有部分正电荷与部分负电荷并列存在于膜的厚度方向的镶嵌离子交换膜，以及在阳膜或阴膜表面上涂一层阴离子或阳离子交换树脂的表面涂层膜，作为电解隔膜的多孔膜，整合离子交换膜等。这类膜目前大都处于研究开发阶段。

（3）按材料性质分类。

1）有机离子交换膜。各种高分子材料合成的膜，如聚乙烯、聚丙烯、聚氧乙烯、聚砜、聚醚以及含氟高聚物离子交换膜等均属此类。目前使用最多的磺酸型阳离子交换膜和季胺型阴离子交换膜都属于这类膜。

2）无机离子交换膜。无机离子交换膜是用无机材料制成的，具有热稳定性、抗氧化、耐辐照及成本低等特点，如磷酸锆和矾酸铝等。它是在特殊场合使用的新型膜。

3.7.4.2 制备方法

离子交换膜分均相膜和非均相膜两类，它们可以采用高分子的加工成型方法制造。

（1）均相膜。先用高分子材料如丁苯橡胶、纤维素衍生物、聚四氟乙烯、聚三氟氯乙烯、聚偏二氟乙烯、聚丙烯腈等制成膜，然后引入单体如苯乙烯、甲基丙烯酸甲酯等，在膜内聚合成高分子，再通过化学反应，引入所需的功能基团。均相膜也可以通过单体如甲醛、苯酚、苯酚磺酸等直接聚合得到。

（2）非均相膜。用粒度为0.038~0.074mm的离子交换树脂和成膜性高分子材料（如聚乙烯、聚氯乙烯、聚乙烯醇、氟橡胶等）充分混合后加工成膜。

无论是均相膜还是非均相膜，在空气中都会失水干燥而变脆或破裂，故必须保存在水中。

3.7.4.3 离子交换膜法的性质

均相膜的电化学性能较为优良，但力学性能较差，常需其他纤维来增强。非均相膜的电化学性能比均相膜差，而力学性能较优，由于疏水性的高分子成膜材料和亲水性的离子交换树脂之间黏结力弱，常存在缝隙而影响离子选择透过性。离子交换膜的膜电阻和选择透过性是膜的电化学性能的重要指标。

阳离子在阳膜中透过性次序为：$Li^+ > Na^+ > NH^{4+} > K^+ > Rb^+ > Cs^+ > Ag^+ > Tl^+ > Mg^{2+} > Zn^{2+} > Co^{2+} > Cd^{2+} > Ni^{2+} > Ca^{2+} > Sr^{2+} > Pb^{2+} > Ba^{2+}$。

阴离子在阴膜中透过性次序为：$F^- > CH_3COO^- > HCOO^- > Cl^- > SCN^- > Br^-$。

3.7.4.4 性能指标

离子交换膜的性能是多方面的，必须根据膜的电化学性能、化学性能和物理力学性能对膜进行综合评价分析。一般商品膜常提供以下性能指标：

(1) 交换容量。交换容量是离子交换膜的关键参数，一般膜的交换容量约为2～3mmol/g。一般交换容量高的膜，选择透过性好，导电能力也强。但是由于活性基团一般具有亲水性，因此当活性基团含量高时，膜内水分与溶胀度会随之增大，从而影响膜的强度。有时也会因膜体结构过于疏松，而使膜的选择性下降。

(2) 含水量。含水量是指膜内与活性基团结合的内在水，经每克干膜所含水的克数表示（%）。含水量与其交换容量和交联度有关，随着交换容量提高，含水量增加。交联度大的膜含水量也会相应降低。提高膜的含水量，可使膜的导电能力增加，但由于膜的溶胀会使它本身的选择性下降，一般膜的含水量约为20%～40%。

(3) 导电性（膜电阻）。导电性一般用电导率（Ω·cm）或电阻率（Ω·cm）表示，也常用膜面电阻即单位膜面积的电阻率（Ω·cm）表示。对电阻的要求因膜的用途而异。在不影响其他性能的情况下电阻越小越好，以降低电能消耗。膜电阻与膜结构和膜厚度有关，此外还与外界溶液及温度有关。通常规定25℃，在0.1mol/L KCl溶液或0.1mol/L NaCl溶液中测定的膜电导率作为比较标准。

(4) 选择透过性反映膜。选择透过性反映膜对不同离子的选择透过能力，用离子迁移数（t）和膜的透过度（p）来表示。膜内离子迁移数即某一种离子在膜内的迁移量与全部离子在膜内的迁移量的比值，或者也可用离子迁移所带电量之比来表示。对于理想的离子交换膜，反离子的迁移数为1，同名离子的迁移数为0。实际上由于各种因素的影响，反离子在膜内的实际迁移数可能达不到1。有两种方法可以得到膜的离子迁移数：一是膜电位法，将膜在两种不同浓度的同类电解质中测定其膜电位，再由膜电位计算迁移数；二是在外加直流电场下，在电渗析槽中直接测定膜的迁移数。一般要求，实用的离子交换膜透过度大于85%，反离子迁移数大于0.9，并希望在高浓度电解质中仍有良好的选择透过性。

(5) 机械强度。膜的机械强度包括膜的爆破强度、抗拉强度以及抗弯强度和柔韧性能。爆破强度是指膜受到垂直方向的压力时，所能承受的最高压力，采用水压爆破法测定，以单位面积上所受压力表示（MPa），它是表明膜的机械强度的重要指标。抗拉强度是指膜受到平等方向的拉力时，所能承受的最高拉力，以单位面积上所受接力表示

(MPa)。膜的机械强度主要决定于它的化学结构、增强材料等。增强的交联度可提高膜的机械强度，而增加交换容量和含水量会使强度下降。一般使用膜的机械强度大于0.3MPa。

(6) 膨胀性能（尺寸稳定性）。膜有膨胀和收缩应尽量小而且均匀。否则既会带来组装时的麻烦，而且还将造成压头损失增大、漏水、漏电和电流率下降等不良现象。

(7) 化学性能。化学性能指膜的耐酸碱、耐溶剂、耐氧化、耐辐照、耐温、耐有机污染等性能。

3.7.4.5 离子交换膜的应用

离子交换膜可装配成电渗析器而用于苦咸水的淡化和盐溶液的浓缩。电渗析装置的淡化程度可达一次蒸馏水纯度，也可应用于甘油、聚乙二醇的除盐，分离各种离子与放射性元素、同位素，分级分离氨基酸等。此外，在有机和无机化合物的纯化、原子能工业中放射性废液的处理与核燃料的制备，以及燃料电池隔膜与离子选择性电极中，也都采用离子交换膜。离子交换膜在膜技术领域中占有重要的地位，它对仿生膜研究也将起重要作用。由于目前离子交换膜应用主要是在电渗析法当中，因此其在含铬废水中的应用将在电渗析法详细介绍。

3.7.5 液膜分析法

离子交换膜法一般常采用液膜来分析。液膜以液体为材料的膜。液膜分为乳状液膜和支撑液膜两种。在实际中，有多种不同的液膜：

(1) 沿固体壁面流动着的液膜。这种液膜与互相接触的气体或另一种与其不相溶的液体构成膜式两相流，出现在一些化工设备中，如垂直膜式冷凝器、膜式蒸发器、填充塔和膜式气液反应器等。

(2) 固体从能使其润湿的液体中取出时，表面上附着的液膜，称为滞留液膜。

(3) 在液膜分离操作中，用以分隔两个液相的液膜，此液膜是对溶质具有选择性透过能力的液体薄层。

(4) 气液两相相际传质系统中，假设存在于液相中界面附近的具有传递阻力的液膜。根据其反应机理，所选取的金属离子在液膜中扩散，从而使所要回收的金属离子集中在膜内，反复此过程，可以使原溶液中的有害物质加以净化。此方法回收转化率较高，工艺流程比较容易操控，分离的效果好，但是其成本费用高，膜的寿命有限，后续管理工作较为麻烦。

液膜其实就是一层很薄的液体，通常由膜溶剂、表面活性剂、流动载体或添加剂以及内相试剂组成。溶剂是构成膜的基体，表面活性剂含有亲水基和疏水基，可定向排列以固定油水分界面而稳定膜形。通常膜内相试剂与液膜互不相溶，而膜内相与膜外相互溶，将乳液分散在第三相，就形成了液膜。液膜分离[4]，即通过两液相间形成的界面——液相膜将两种组成不同但互相混溶的溶液隔开，经选择性渗透，使物质分离。

3.7.5.1 液膜分类

(1) 按形状分类。液膜按形状可分为液滴型、乳化型和隔膜型。液滴型液膜寿命短、不稳定易破裂，主要用于研究；乳化型液膜是液滴直径小到呈乳化状的液膜，这种液膜液滴直径范围为50～200μm，乳化试剂液滴直径范围为0.1～10μm，膜的有效厚度为1～

10μm；隔膜型液膜有支撑型和含浸型两种。

（2）按组成分类。液膜按组成可分为油包水型（W/O）和水包油型（O/W）两种。所谓油包水型，就是内外相是水溶液，而膜是油质的；所谓水包油型，就是内外相是油质的，而膜是水质的。

（3）按传质机理分类。液膜按传质机理分为无载体输送液膜和有载体输送液膜两种。无载体输送液膜是把表面活性剂加到有机溶剂或水中所形成的膜。这种液膜利用溶质或溶剂的渗透速度差进行物质分离，渗透速度差越大，则分离效果越好。它可以用来分离物理和化学性质相似的碳氢化合物，从水溶液中分离无机盐以及从废水中去除有机物等。有载体输送液膜由表面活性剂、溶剂和载体组成，其选择性分离效果主要取决于加入的载体，载体在液膜的两个界面之间来回穿梭传递迁移物质，通过载体和被迁移物质之间选择性反应，极大地提高了被迁移物质在液膜中的有效溶解度，特别是通过不断地给载体输送能量，可实现从低浓度区向高浓度区连续地迁移物质。

3.7.5.2 液膜分离机理

液膜分离的推动力是基于溶质在液膜两侧界面化学位之差，其分离机理比较复杂，大致可分为无载体传输和有载体传输两种[5~7]。

（1）无载体液膜分离机理。

1）传输物质迁移至外相与液膜的界面，进入膜相。

2）由于该物质在膜相中的浓度差异而发生扩散，由外相与液膜的界面迁移至液膜与内相的界面。

3）内相试剂与待分离物质发生反应，使之进入内相溶液中，从而达到浓缩的目的。

（2）有载体液膜分离机理。

1）液膜中的载体与被分离物质在液膜界面上发生选择性可逆反应，生成易溶于膜溶剂的载体配合物。

2）载体配合物从膜相外侧界面向膜相中扩散迁移，到达液膜与内相的界面。

3）在液膜与内相的界面上，载体配合物与内相中的试剂发生反应，使载体配合物解配，生成更加稳定的非渗透性形式。

4）液膜与内相界面上的自由载体从内相界面扩散返回到外相界面。重复上述过程，使待分离物质不断地从外相迁移至内相中，从而达到浓缩、分离的目的。

3.7.5.3 液膜技术的优缺点

液膜技术之所以被广泛应用是与其具有的特征分不开的。液膜法中的提取和解析是合并在一起同时完成的，这就克服了溶剂萃取中所固有的萃取平衡的限制，大大提高了分离效率，特别适合于低浓度物质的分离、提取。它具有溶剂萃取和膜渗透两项技术的特点，从工艺上看它类似于溶剂萃取法，但两者有明显的区别。液膜技术除了兼有溶剂萃取的某些特征外，它具有如下的优点：

（1）液膜法中起分离作用的流动载体用量比溶剂萃取法中的用量少得多，在分离过程中有机相的使用和损失量也很小，对乳状液膜破乳后的有机相可重复使用，因此大大降低了试剂的消耗和成本。

（2）乳化液膜具有很大的表面积，$1m^3$ 乳状液膜被分散成液滴后一般可得 $200000m^2$

的表面积，因此具有很高的渗透性。

（3）操作浓度的范围大，料液中被分离的浓度变化通常可从 1mg/kg 到 1000～2000mg/kg 范围内，一般用一次液膜分离就能达到有效分离与提取。

当然乳状液膜分离技术也有其不足之处，如因表面活性剂的引入使得整个分离过程复杂化，夹带和渗透压差引起的液膜溶胀，导致液膜稳定性下降等。

3.7.5.4 液膜分离的应用

由于液膜分离具有选择性好、能耗低、分离速度快、用途广且灵活性强等优点，因而该项技术具有较为广泛应用领域（表 3-2）。

表 3-2 液膜分离研究的应用概况

类型	应用范围	发展水平
工业及生活用水	海水及苦咸水淡化	美、德取得专利
工业及生活污水处理	含酚、废水处理	已开始应用
	含氨废水处理	试验中
	含铬、汞、镍等重金属废水处理	试验中
	含铜废水处理	试验中
	含锌废水处理	工业应用
	含阴离子废水处理	试验中
湿法冶金	从铜矿酸浸液中回收铜	美国取得专利
	从铀矿酸浸液中回收铀	美国取得专利
	对稀土、金、铂、铼、银提取	试验中
化学与石油化工	化学与石油化工各类烃类混合物、氨基酸分离	试验中
	利用液膜反应器制备有机化合物	试验中
	利用液膜包酸扩展石油井底裂缝	工业应用
	利用液膜包结膨胀剂防止石油喷井	工业应用
医药、仿生学和农业	药物解毒、血液输氧	试验中
	酶的固定、人工肺和人工肾	试验中
	利用液膜包结化肥和农药施肥	试验中
气体分离	用液膜去除宇宙飞船座舱中的 CO_2	已应用
	CO 与 CO_2 的分离	试验中
	苯-甲烷及丁烷，异丁烷分离	试验中

姚淑华等[8]采用乳化液膜分离技术对含 Cr^{6+} 废水的处理进行了较为详尽地研究，采用 Span-80-煤油-NaOH 液膜体系对含 Cr^{6+} 废水的处理进行了研究，讨论了不同操作条件对 Cr^{6+} 去除率的影响，得出了提取 Cr^{6+} 的最佳实验条件。实验的流程大概分为以下几个步骤：

（1）制乳。制乳是较为关键的步骤，它是将一定浓度的载体-表面活性剂-煤油溶液和内水相按一定比例加入到制乳器中，在 2500r/min 的转速下搅拌 20～25min，制得稳定的乳化液。

（2）提取。将一定体积的含 Cr^{6+} 废水加入到一定体积的乳化液中，在 250r/min 的转速下搅拌，每隔一定时间对外水相取样测定。

（3）测定。取出的水样中 Cr^{6+} 含量采用二苯碳酰二肼比色法进行定量分析。然后设定一些影响因素，如膜溶剂、内外水相 pH 值、载体用量、表面活性剂、搅拌速度、制乳时间、提取时间、乳水比、油内比等，改变其变化量，观察它们对 Cr^{6+} 去除率的影响，从而找出最佳条件。在最佳工艺流程条件下进行实验，结果表明，含 Cr^{6+} 废水经液膜处理后，Cr^{6+} 的去除率可达 98%。

3.7.6　反渗透法

反渗透法是一种膜分离技术，它可以把溶解在水中的物质与水分离开来。从膜分离的角度来看，溶解在水中的物质一般可分为两大类，即离子型材料（通常是无机物）和非离子型材料（通常是有机物）。

反渗透法作为一项新的膜分离技术，最早问世于 1953 年，是美国政府援助开发的净水系统。1910 年研制出了第一张较理想的半透膜，1969 年开始在工业上用它来进行水处理，1981 年美国曾将反渗透制造的纯水作为航天员的循环饮用水，因此用反渗透处理的纯水又称太空水。采用反渗透法制造纯净水的优点是脱盐率高，产水量大，化学试剂消耗少，劳动强度低，水质稳定，离子交换树脂寿命长，终端过滤器寿命长。

反渗透技术从早期应用在为海水淡化，后来发展到硬水软化，高纯水制备，细菌、病毒的分离，维生素、咖啡、糖汁等的浓缩。反渗透技术在近几十年内是最有效、最关键的水处理方式。

反渗透法在水处理方面有着广泛的用途，如电镀废水、造纸废水、照相工业废水、制药废水、放射性废水的处理等。除此之外，在化学工业、食品工业、医药工业以及气体分离等许多学科和领域都有着极其广泛的应用。随着膜技术的发展，反渗透科学将会在今后的科学技术发展中发挥更大的作用。

3.7.6.1　基本概念

反渗透（Reverse Osmosis 简称 RO）所描绘的是一个自然界中水分自然渗透过程的反向过程。该法通常又称超过滤法，是利用只允许溶剂透过、不允许溶质透过的半透膜，将海水与淡水分隔开的。早在 1950 年美国科学家 D r. S. Sourirajan 有一回无意中发现海鸥在海上飞行时从海面啜起一大口海水，隔了几秒后吐出一小口的海水。他由此而产生疑问：陆地上由肺呼吸的动物是绝对无法饮用高盐分的海水，那为什么海鸥就可以饮用海水呢？这位科学家把海鸥带回了实验室，经过解剖发现在海鸥嗉囔位置有一层薄膜，该薄膜构造非常精密。海鸥正是利用了这薄膜把海水过滤为可饮用的淡水，而含有杂质及高浓缩盐分的海水则吐出嘴外。这就是以后逆渗透法的基本理论架构。在通常情况下，淡水通过半透膜扩散到海水一侧，从而使海水一侧的液面逐渐升高，直至一定的高度才停止，这个过程为渗透。此时，海水一侧高出的水柱静压称为渗透压。如果对海水一侧施加一大于海水渗透压的外压，那么海水中的纯水将反渗透到淡水中。反渗透法的最大优点是节能。它的能耗仅为电渗析法的 1/2，蒸馏法的 1/40。因此，从 1974 年起美日等国家先后把发展重心转向反渗透法。

反渗透与电镀铬液的过滤相似，但实质不同。首先，常规过滤只能去除溶液中的细颗粒到粗颗粒范围的固体杂质（即粒径0.001~10μm），即使是微孔过滤也只能去除溶液中的大分子和微粒杂质（0.1~10μm）。而反渗透可以分离出溶液中的离子（约10^{-4}~10^{-2}μm）。其次，过滤是通过水压将固体杂质阻挡在滤芯上，并积聚在滤芯表面，逐渐形成一层厚的滤饼层，其结果大大增加了水流的总阻抗，使过滤无法再进行下去。而反渗透却不同，其溶液流动平行于半透膜，溶剂（也就是水）能渗透过去得到去离子纯水，而滞留在膜表面的杂质很快被溶液冲刷流走，不会积聚在表面，故能使膜保持良好的渗透性，不需像过滤那样频繁地更换膜。

反渗透海水淡化技术发展很快，工程造价和运行成本持续降低，主要发展趋势为降低反渗透膜的操作压力，提高反渗透系统回收率，廉价高效预处理技术，增强系统抗污染能力等。

3.7.6.2 基本原理

渗透现象早在1748年已被阿贝·诺伦特首次得到证明，直到20世纪50年代，科学家们才开始利用反渗透或超滤作为溶液中溶质和溶剂的有效分离方法，并使其成为一种实验室技术。等温条件下的渗透和反渗透过程在两种不同浓度溶液中优先转移的一种物质，是通过一种半透膜逐渐向化学势低的方向转移，这是种热力学的需要，假如没有一种对溶液中溶剂或溶质具有选择性迁移的半透膜，这种渗透和反渗透过程是无法实现的。因此渗透和反渗透过程总是伴随着半透膜而存在的。

图3-8所示为渗透池。渗透池中间用一张半透膜隔开，该半透膜只能通过溶剂水而不能通过溶质。在隔开的两室中分别放入淡水和盐水（或两种不同浓度的溶液），这时淡水会自然地透过半透膜，稀释另一边的盐溶液（或从低浓度溶液渗透至高浓度溶液），这种现象称作渗透。同时，使盐水（或浓溶液）的液面上升，当达到某一高度时，抑制了淡水进一步向盐水一侧渗透，渗透的自然趋势被该压力所抵消而达到平衡，这一平衡压力称作渗透压。渗透的定义是：一种溶剂（即水）通过一种半透膜进入一种溶液或者是从一种稀溶液向一种比较浓的溶液的自然渗透。

图3-9所示为反渗透池。反渗透是渗透的逆过程。在图3-9中升高的盐水液面上，如果加上一个大于渗透压的外加压力时，水流便反向，其结果增加了淡水的体积（溶解在盐水的盐不通过膜），所以盐水将变得更浓，这一现象称作反渗透。反渗透的定义是：在浓液一边加上比自然渗透压更高的压力，扭转自然渗透方向，把浓溶液中的溶剂（水）压到半透膜的另一边稀溶液中，这是和自然界正常渗透过程相反的，因此称为反渗透。反渗透过程必须具备两个条件：一是必须有一种高选择性和高渗透性（一般指透水性）的选择性半透膜；二是操作压力必须高于溶液的渗透压。

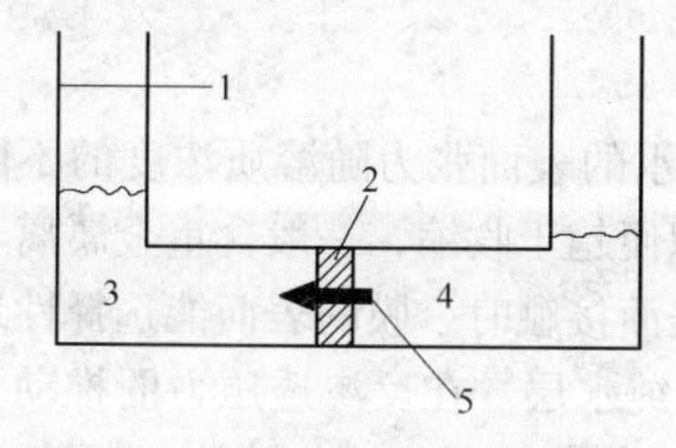

图3-8 渗透池示意图

1—溶液升高到该高度相当于渗透；2—半渗透膜；3—高浓度溶液；4—低浓度溶液；5—水流

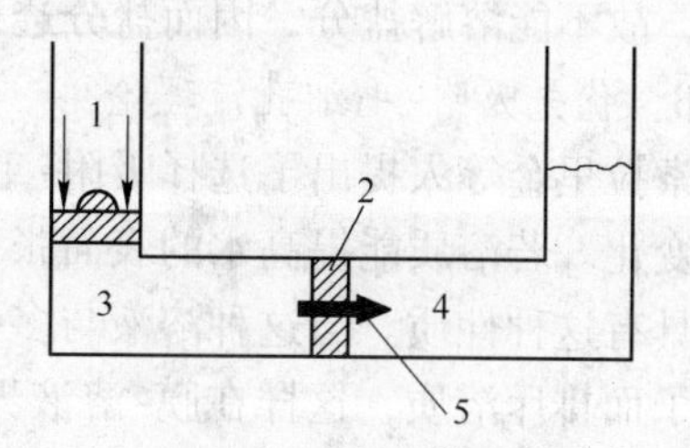

图3-9 反渗透池示意图

1—压力；2—半渗透膜；3—高浓度溶液；4—低浓度溶液；5—水流

渗透压的大小取决于溶液的种类、浓度和温度。电镀废水处理中，一般的反渗透压力为2.75~4.12MPa，个别特殊的也有用4.12~5.49MPa的。根据不同的渗透压，便可决定反渗透的外加压力。利用反渗透现象进行分离、浓缩等称为反渗透法或反渗透工艺。图3-10所示为半渗透膜作用的微观示意图。当溶解有杂质（图3-10中用非圆点表示）的溶液从顶部输入底部时，纯水（渗透剂，图3-10中用圆点表示）透过膜，而杂质（即溶质）却无法透过膜而被浓缩，从底部流走，这样，通过半透膜达到了分离目的。

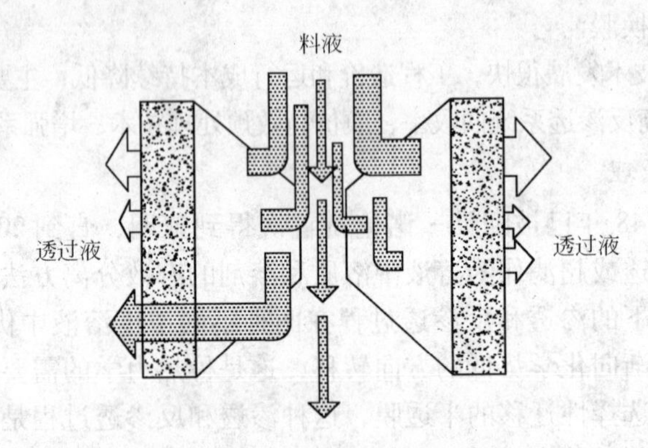

图3-10 半渗透膜作用的微观示意图

3.7.6.3 反渗透膜脱盐机理

对反渗透膜脱盐机理解释很多，到目前为止，较公认的机理主要有氢键理论、优先吸附-毛细孔流理论、溶解扩散理论。

A 氢键理论

氢键理论最早是由雷德（Reid）等提出的，也称为孔穴式与有序式扩散理论，是针对乙酸纤维膜提出的模型。反渗透膜的表皮层（即面层）是一层薄的致密微孔层（其孔径的数量级一般在0.5nm），该层从化学结构上说是一种矩阵组织的聚合物。例如醋酸纤维素是一种具有高度有序矩阵结构的聚合物。此模型认为当水进入乙酸纤维膜的非结晶部分后，和羧基的氧原子发生氢键作用又断开氢键，在反渗透压力的推动作用下，水能经氢键传递，通过表面层进入膜的底层（亦称多孔支撑层，其孔径较大，约有几百纳米），由于底层呈多孔状并含有大量的毛细管水，水分子便能畅行无阻地通过，源源不断地流出淡水。整个膜是被水分充分溶胀了的（不用或运输过程中均要保持在水中），但在面层中水分较少，而且它所含的水是一级结合水（依靠氢键保持很紧的水），这种结合水无溶剂化作用，故不能溶解盐分，因而盐分透不过膜。

B 优先吸附-毛细孔流理论

索拉里金等人提出了选择吸附-毛细孔流理论。水的表面张力随溶质浓度的不同会显著地变化。若溶质能提高水的表面张力，溶液的体积便趋于收缩，一般含重金属离子的废水均具有这种性质。当这种溶液与多孔的反渗透膜表面接触时、膜的表面能选择性地吸附水分子而排斥溶质，这样在膜-溶液界面便形成一个纯水层。在反渗透压力的推动下，通过膜的毛细作用，纯水流出，此后又形成纯水层。这样不断形成、流走，便实现了反渗透。

根据这一理论，反渗透分离受两个不同因素的控制：其一为平衡作用，它涉及溶质和溶剂透过膜孔的流动；其二为动力学作用，它涉及溶质与溶剂透过膜孔的流动。前者受临近膜表面的排斥势和吸附势的梯度所控制，而后者则受平衡作用的势梯度、分子结构大小以及膜的表面孔的结构大小的位阻效应所控制。

据计算，膜表面选择吸附的一层水，约有两个水分子的厚度。水分子的有效直径约0.5nm，故这层厚度约为1nm。当膜的孔隙为纯水层厚度一倍时，则纯水通过膜的迁移就占优势，因而达到脱去溶质的目的，这种膜的孔径即称为膜的临界孔径。当孔隙大于临界孔径时，就可能有一部分溶质也泄漏过膜。泄漏程度与离子价态有关：一价盐（例如Na^+和Cl^-等）要比二价盐（如Ca^{2+}、Ni^{2+}和SO_4^{2-}等）泄漏得多，三价盐则泄漏很少。

C 溶解扩散理论

朗斯代尔（Lonsdale）和赖利（Riley）等人提出溶解扩散理论。该理论假定膜是无缺陷的“完整的膜”，溶剂与溶质透过膜的机理是由于溶剂与溶质在膜中的溶解，然后在化学位差的推动力下，从膜的一侧向另一侧进行扩散，直至透过膜。溶剂和溶质在膜中的扩散服从菲克定律，这种模型认为溶剂和溶质都可能溶于均质或非多孔型膜表面，以化学位差为推动力（常用浓度差或压力差来表示），分子扩散使它们从膜中部传递到膜下部。因此物质的渗透能力不仅取决于扩散系数，而且取决于其在膜中的溶解度。溶质的扩散系数比水分子的扩散系数小得越多，高压下水在膜内的移动速度就越快，因而透过膜的水分子数量就比通过扩散而透过去的溶质数量越多。

目前一般认为，溶解扩散理论较好地说明膜透过现象。当然，氢键理论、选择吸附—毛细孔流理论也能够对反渗透膜的透过机理进行解释。此外还有学者提出扩散-毛细孔流理论、结合水-孔穴有序理论以及自由体积理论等。也有人根据反渗透现象是一种膜透过现象，因此把它当作是非可逆热力学现象来对待。总之，反渗透膜透过机理还在发展和继续完善中。

3.7.6.4 反渗透法的特点

反渗透方法可以从水中除去90%以上的溶解性盐类和99%以上的胶体微生物及有机物等。以风能、太阳能作动力的反渗透净化苦咸水装置，是解决无电和常规能源短缺地区人们生活用水问题的既经济又可靠的途径。反渗透淡化法不仅适用于海水淡化，也适合于苦咸水淡化。现有的淡化法中，反渗透淡化法是最经济的，它甚至已经超过电渗析淡化法。由于反渗透过程的推动力是压力，过程中没有发生相变化，膜仅仅起着“筛分”的作用，因此反渗透分离过程所需能耗较低。在现有海水和苦咸水淡化中，反渗透法是最节能的。反渗透膜分离的特点是它的广谱分离，即它不但可以脱除水中的各种离子，而且可以脱除比离子大的微粒，如大部分的有机物、胶体、病毒、细菌、悬浮物等，所以反渗透分离法又称为广谱分离法。

3.7.6.5 反渗透法的工艺流程

常规反渗透法工艺流程是：原水→预处理系统→高压水泵→反渗透膜组件→净化水。其中预处理系统视原水的水质情况和出水要求可采取粗滤、活性炭吸附、精滤等，精滤必不可少，是为了保护反渗透膜、延长其使用寿命而设立的。另外，复合膜对水中的游离氯非常敏感，因而预处理系统中通常都配备活性炭吸附。

3.7.6.6 反渗透法的给水预处理

给水预处理对反渗透法安全运行是至关重要的。无论地表水或地下水，都含有一些可溶或不可溶的有机物和无机物。虽然反渗透能截留这些物质，但反渗透主要是用来脱盐。如果反渗透给水中含有过多的浊度、悬浮物质，这些物质将会淤积在膜表面上，此外还可使水中硬度过高而结垢，这些将使流道堵塞，造成膜组件压差增大、产水量和脱盐率下降，甚至使膜组件报废。另外不同膜材料具有不同的化学稳定性，它们对 pH 值、温度、细菌、某些化学物质等的稳定性也有很大的影响，对给水预处理的要求也不同。一般来讲，膜组件生产厂商均会提出给水水质指标。这些指标包括以下几个：

(1) 淤泥密度指数 (SDI)。淤泥密度指数能较好地反映给水中胶体、浊度和悬浮物的含量，给水预处理后，SDI 越低对膜组件的使用年限越长，一般要求 SDI≤4。降低给水中的 SDI，可采取絮凝、沉淀、过滤等方法。

(2) pH 值。复合膜对给水的 pH 值适应能力较强，pH 值范围较宽 (2～11)，而三醋酸纤维素耐 pH 值范围较窄 (3～8)，超过规定范围膜易水解。调节 pH 值的另一个目的是降低给水中的碱度。

(3) 碱度。碱度是度量水样中和酸的能力，能与酸中和的物质是氢氧根离子、碳酸盐、碳酸氢盐、硅酸盐和磷酸盐等，碱度与氢氧化物和碳酸盐结垢有密切关系。碱度过高就必须用酸中和加以破坏。

(4) 温度。不同膜材料的耐温能力有所不同。如复合膜耐温可高达 45℃，而三醋酸纤维膜则不能超过 35℃，水温度过高还会增加膜的压密性，膜组件产水量会大大下降。此外较高的水温 (超过 25℃) 会加速细菌的繁殖，这时更要注意灭菌措施。

(5) 铁、锰的含量。铁、锰易造成膜面上污垢的沉积。

(6) 硫酸盐。硫酸盐 (如 $CaSO_4$) 不易清除，当硫酸盐和钙、镁含量较高时，必须注意加防垢剂，严格控制水的回收率。

(7) 硬度。硬度主要指钙离子和镁离子的含量，它是碳酸盐垢和硫酸盐垢的主要成分。通过计算水中 Langelier 饱和指数、Stiff 和 Davis 稳定指数可判断结垢的趋势。

(8) 余氯。加氯灭菌也是反渗透淡化过程中不可少的过程，但不同膜材料的耐氯性有很大的差别。三醋酸纤维素耐氯性能较好，可耐 1.0mg/L 的余氯，而复合膜则只能在低于 0.1mg/L 下运行。通过加入亚硫酸氢钠可以降低余氯。

(9) 总有机碳 (TOC)。TOC 过多可能引起微生物的污染，特别是经过杀菌消毒过程，如水温较高，消毒分解的有机物，正是细菌的饵料，以致残存的细菌繁殖更快，醋酸纤维素膜对此非常敏感。降低给水中的 TOC，可通过活性炭吸附。

3.7.6.7 淡化系统的安全运行

虽然反渗透系统运行已证明是可靠的，但产生故障的报道也不少，如给水预处理不当、没有按规定控制各种运行参数，均由操作不当引起。因此，反渗透淡化系统安全运行必须注意以下问题：

(1) 定期测试 SDI 指数。SDI 过高，会造成膜组件的不可逆污染，缩短组件的寿命。

(2) 控制回收率。回收率过高，一方面使难溶盐的组分超过溶度积而结垢，另一方面组件里的浓水流速过低，易于产生浓差极化引起结垢，同时不利于把水中胶体、悬浮物等排出。

(3) 注意膜组件的压差。膜组件的初期压差是很小的，如若压差增大较快，预示膜组件被污染或结垢，必须查出原因，并予以纠正。

(4) 注意产水量和脱盐率的变化，通常与压差变化同时出现。如在短时间内，产水量和脱盐率明显变化，必须检查预处理系统运行是否正常，如加药量是否合适、过滤器是否漏砂等。

3.7.6.8 含铬废水的处理

由于镀铬废水中的 pH 值低，并具有氧化性，因此用反渗透法处理时，要求膜必须具有耐酸和耐氧化性。如果用 CA 膜，必须将 pH 值调至 4 ~ 7，此时对 Cr^{6+} 分离率大于 98%，透水性能良好。但投加碱使铬酸变成铬酸盐，不能直接返回镀槽使用。在此情况下，有必要先通过一般的还原法使之变成铬离子，并进行水解，使氢氧化物沉淀下来，这种情况比镀镍废水处理复杂得多。国内由于聚砜酰胺膜的研制成功，使反渗透处理含铬废水才有可能。目前 PSA 管式膜装置处理镀铬废水已在国内 16 个省市百余家工厂推广使用。下面简述处理含铬废水的生产运行情况。

A 工艺流程

镀铬液 700L，是高浓度（铬含量 350 ~ 390g/L），以一个班次计，镀液蒸发量为 22 ~ 30L，镀液带出 1 ~ 2L，未经处理时每天排放漂洗水为 3 ~ 5t。

用反渗透法处理并采用三级逆流漂洗，实现了闭路循环。每天从第二漂洗槽补入22 ~ 30L 蒸馏水，然后依次溢入第一漂洗槽、储存槽，废水经过滤后，进入反渗透组件进行分离和浓缩。浓缩后的浓水返回镀槽重新使用，淡水进漂洗槽作清洗水。其流程如图 3-11 所示。

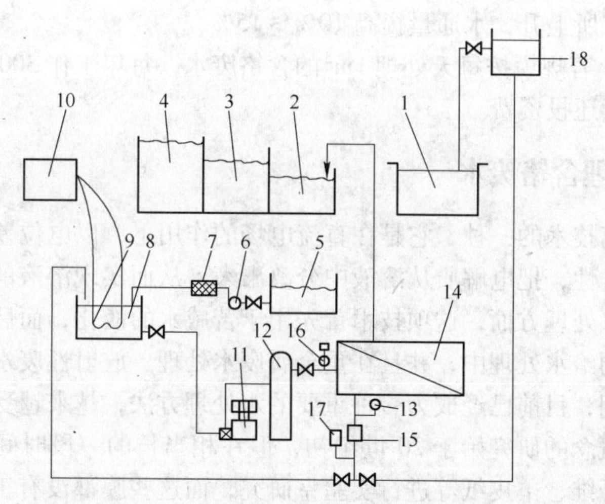

图 3-11 反渗透处理含铬废水工艺流程

1—镀铬槽；2—第一漂洗槽；3—第二漂洗槽；4—第三漂洗槽；5—第一储槽；6—塑料离心泵；7—过滤器；8—第二储槽；9—电加热器；10—电子继电器；11—高压泵；12—稳压罐；13—压力表；14—反渗透器；15—针型阀；16—电接点压力表；17—触点温度计；18—高位水箱

B 装置

反渗透装置采用内压管形式。膜材料为非全对位聚砜酰胺膜，相对黏度为 1.82 ~ 1.93。共有三个膜组件，其中一个膜组件铸膜液浓度为 17%，相对黏度为 1.93；一个膜组件铸膜浓度为 17%，相对黏度为 1.82；上述两者均为海绵状结构，另一个膜铸件的铸膜液浓度为 14%，相对黏度为 1.93（指状结构），三个组件的膜总面积为 3.5m²。

C 运行试验和处理效果

膜处理含铬废水条件试验的情况如下：

(1) 淡水通量随操作压力升高呈直线上升，但去除效率变化不明显。

(2) 淡水通量随进水温度的上升呈直线递增，对去除率也无明显影响。

(3) 淡水通量随进水中铬酐浓度的升高而减少，去除率稍有降低。

(4) 浓缩过程中淡水通量不断下降，而去除率基本不变。

反渗透装置运行 8 个月后的情况如下：

(1) 每天运行 4 ~5h，累计数为 1000h，进水的铬酐浓度为 1500 ~2500mg/L，操作压力为 3. 92MPa。

(2) 膜对铬酐的去除率由起始的 97% ~98% 降到 93% ~95%，组件的平均水通量由 0. 65mL/(cm^2 · h) 下降到 0. 51mL/(cm^2 · h) (按进水铬酐浓度 5000 ~ 10000mg/L，水温 25℃)。

(3) 海绵状结构的膜较指状结构的膜有更好的抗氧化性能，在铬酐浓度为 1500mg/L 左右时对铬酐的去除率前者一直在 95% 以上，而后者只有 93% 左右。此外，运转 600h 后，膜的机械强度和性能仍然良好。

(4) 膜的情况。反渗透设备运行到 2 个月就需清洗一次。清洗方法有两种，一种是用流速为 1. 5m/s 的清洗水冲刷 15min，然后用流动的海绵球擦洗两次；另一种方法是先用 0. 25mol/L 的 Na_2CO_3浸泡 2h，然后用海绵球擦洗两次，最后用蒸馏水洗干净，两种方法均有效果，去除率有所上升，水通量提高 10% ~15%。

(5) 经济效果。若规模按每天处理 1m^3的含铬废水，每年工作 300 天，膜寿命为半年计算，约 3 年内可偿还投资费。

3.8 电渗析法处理含铬废水

电渗析是膜分离技术的一种，它是在直流电场的作用下，以电位差为推动力，利用离子交换膜的选择透过性，把电解质从溶液中分离出来，从而实现溶液的淡化、浓缩、精制或纯化的目的。在水处理方面，这项技术首先用于苦咸水的淡化，而后逐渐扩大到海水淡化和制取工业纯水的给水处理中，并且在重金属废水处理、放射性废水处理等工业废水处理中都已经得到应用，目前已经成为一种重要的水处理方法，越来越受到重视。

对电渗析基本概念的研究始于 20 世纪初，但在相当长的一段时间内，一直采用动物皮、膀胱膜或人造纤维、羊皮纸等进行实验室研究，而这些膜都没有工业应用价值。随着合成树脂的发展，1950 年 W. 朱达试制出具有高选择性的阴、阳离子交换膜后，才奠定了电渗析技术的实用基础。1954 年，美、英等国将电渗析首先用于生产实践中，淡化苦咸水、制取工业用水和饮用水。此后，电渗析技术逐步引入中东和北非。自 1959 年起苏联也开始研究和推广应用。日本主要利用电渗析法浓缩制盐，1969 年日本国内食盐有 30% 是用离子交换膜电渗析法生产的，1970 年才将电渗析技术用于苦咸水淡化。

目前离子交换膜的生产和应用均已达到很高水平。电渗析技术领先的国家是美国和日本。生产离子交换膜和电渗析器最多的国家是日本，如日本的旭化成、旭硝子和德山曹达等公司。美国的 Nalco 化学公司、机械和铸造公司、离子公司等也是生产离子交换膜的大企业。电渗析器的发展初期以小型化为主，如美国、以色列等国均制造小型电渗析器，用于提供家庭饮用水。美国还将电渗析用于航天技术上，即将人体排出的汗水和小便，用电渗析与活性炭床联合装置处理后再用作饮用水。而目前电渗析设备主要向大型化、高膜堆方向发展，发展高温电渗析，提高电导率，减少电耗，发展新型电渗析装置。同时正着重于膜的改性和特殊用途膜的开发研制，如耐高温、耐氧化、耐酸碱、耐辐照及抗有机物污染等膜的研制。

3.8.1 电渗析技术的特点

电渗析技术的特点包括：

（1）能量消耗低。电渗析除盐过程中，只是用电能来迁移水中的盐分，而大量的水不发生相的变化，其耗电量大致与水中的含盐量成正比，尤其是对含盐量为数千毫克每升的苦咸水，其耗电更低。

（2）药剂耗量少，环境污染小。常规的离子交换水处理树脂失效后需用酸、碱进行再生，再生后生成大量酸、碱再生废液，水洗时还要排放大量酸、碱性废水。而电渗析法水处理仅酸洗时需要少量的酸。因此，电渗析法是耗用药剂少、环境污染小的一种除盐手段。

（3）对原水含盐量变化适应性强。电渗析除盐可按需要进行调节。产水量可按需要从每日几立方米至上万立方米变化，可根据设计一台电渗析器中的段数、级数或多台电渗析器的串联、并联或不同除盐方式（直流式、循环式或部分循环式）来适应。

（4）操作简单，易于实现机械化、自动化。电渗析器一般是控制在恒定直流电压下运行，不需要通过频繁地调节流速、电流及电压来适应水质、温度的变化。因此，容易做到机械化、自动化操作。

（5）设备紧凑耐用，预处理简单。电渗析器是用塑料隔板、离子交换膜及电极组装而成，其抗化学污染和抗腐蚀性能均良好，隔板和膜多层叠加在一起，运行时通电即可制得淡水，因此设备紧凑耐用。由于电渗析中水流是在膜面平行流过，而不需透过膜，因此进水水质不像反渗透控制的那样严格，一般经砂滤即可达到要求，预处理比较简单。

（6）水的利用率高。电渗析器运行时，浓水和极水可以循环使用，水的利用率可达70%～80%，国外可高达90%左右。废弃的水量少，再利用和后处理都比较容易。

此外，电渗析只能除去水中的盐分，而对水中有机物不能除去，某些高价离子和有机物还会污染膜。电渗析运行过程中易发生浓差极化而产生结垢，这些都是电渗析技术较难掌握而又必须重视的问题。

3.8.2 渗析过程

渗析是最早被发现和研究的一种膜分离过程，它是一种自然发生的物理现象。当两种不同浓度的盐水用一张渗析膜隔开时，浓盐水中的电解质离子。就会穿过膜扩散到稀盐水中，这种过程就称为渗析过程，亦称扩散渗析。渗析过程的推动力是浓度梯度，因此又称浓差渗析。渗析过程是缓慢进行的，随着盐分浓度梯度的降低，盐的扩散也逐渐减少，直到膜两边盐分浓度相同，建立了平衡，盐分的迁移也就完全停止。渗析过程如图3-12所示。

如果用选择性透过的渗析膜，利用渗析过程就可实现对水溶液净化、提纯及回收有用物质。生物体内膜的工作过程大多为渗析过程，如肾、肺，血管的机能都相当于膜渗析过程。工业上利用渗析过程从酸洗废液中回收酸，就是利用浓差渗析实现的。图 3-13 所示为浓差渗析回收硫酸的基本过程。

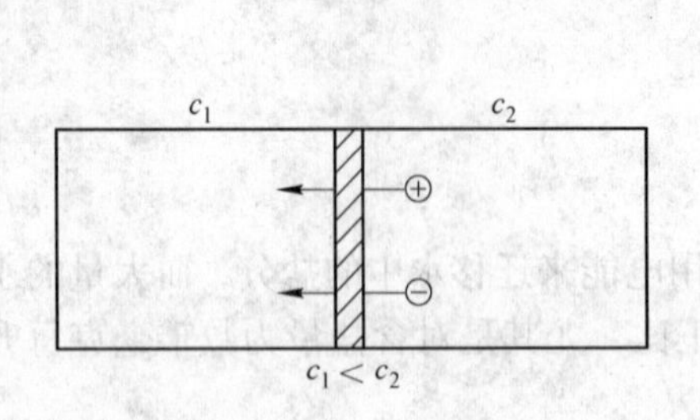

图 3-12　渗析过程

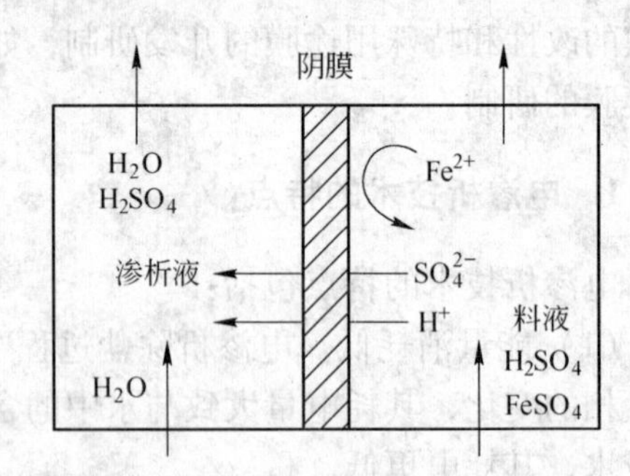

图 3-13　浓差渗析回收硫酸的基本过程

在渗析中需要脱除溶质的液流称为料液，即含有硫酸（H_2SO_4）和硫酸亚铁（$FeSO_4$）的废酸液。接受溶质的液流称为渗析液，即 H_2O。料液中由于 H_2SO_4 和 $FeSO_4$ 的浓度高，其中 Fe^{2+}、H^+、SO_4^{2-} 均有向渗析液 H_2O 中扩散的趋势，由于使用阴离子交换膜作渗析膜，因此理论上阴膜只允许以 SO_4^{2-} 透过膜进入渗析液，而 H^+ 离子由于水合离子半径小，迁移速度快，故也能透过膜迁移到渗析液中。H^+ 和 $1/2SO_4^{2-}$ 等摩尔透过膜，以保持溶液的电中性。但 Fe^{2+} 离子则不能透过阴膜。经过一段时间的渗析后，料液中的 H_2SO_4 即进入渗析液中，实现了 $FeSO_4$ 和 H_2SO_4 的分离，即可实现回收废 H_2SO_4 的目的。

3.8.3　电渗析过程

电渗析过程是电解和渗析扩散过程的组合。利用离子交换膜的选择透过性。即阳膜理论上只允许阳离子通过，阴膜理论上只允许阴离子通过，在外加直流电场作用下，阴、阳离子分别往阳极和阴极移动，它们最终会于交换膜，如果膜的固定电荷与离子的电荷相反，则离子可以通过，如果它们是相同的，则离子被排斥，从而可以制得淡水，这就是电渗析制取淡水的基本过程。

电渗析器工作过程中同时发生以下一系列过程（图 3-14）：

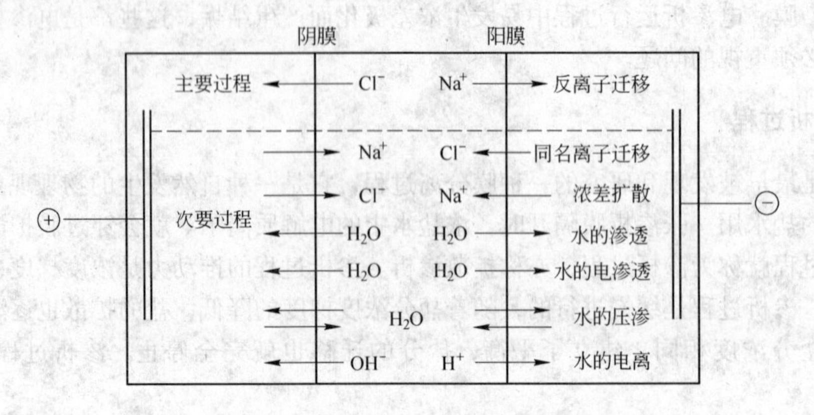

图 3-14　电渗析运行时可能发生的过程

（1）反离子迁移。由于离子交换膜具有选择透过性，因此反离子迁移是电渗析运行时发生的主要过程，也就是电渗析的除盐过程。

（2）同名离子迁移。与膜上固定基团所带电荷相同的离子穿过膜的现象，即浓水中阳离子穿过阴膜，阴离子穿过阳膜，进入淡室的过程，就是同名离子迁移，这是由于离子交换膜的选择透过性不可能达到100%。当膜的选择性固定后，随着浓室盐浓度增加，这种同名离子迁移影响加大。

（3）电解质浓差扩散。由于膜两侧溶液浓度不同，在浓度差作用下电解质由浓室向淡室扩散，扩散速度随浓度差的增高而增大。

（4）水的渗透。在电渗析过程中，由于淡室水浓度低，基于渗透压的作用，会使淡室的水向浓室渗透。浓度差越大，水的渗透量也越大，这一过程会使淡水产量降低。

（5）水的电渗透。反离子和同名离子，实际上都是以水合离子形式存在，在迁移过程中携带一定数量的水分子迁移，这就是水的电渗透。随着溶液浓度的降低，水的电渗透量急骤增加。

（6）水的压渗。当浓室和淡室存在着压力差时，溶液由压力大的一侧向压力小的一侧渗透，称为水的压渗，因此操作时应保持两侧压力基本平衡。

（7）水的电离。电渗析运行时，由于电流密度和液体流速不匹配，电解质离子未能及时地补充到膜的表面，而造成淡室水的电离生成 H^+ 和 OH^- 离子，它们可以穿过阳膜和阴膜。

综上所述，电渗析器在运行时，同时发生着许多复杂过程，其中反离子迁移是电渗析除盐的主要过程，其他都是次要过程。这些次要过程会影响和干扰电渗析的主要过程，同名离子迁移和电解质浓差扩散与主过程相反，因此影响除盐效果；水的渗透、水的电渗透和水的压渗会影响淡室产水量，当然也会影响浓缩效果；水的电离会使耗电量增加，导致浓室极化结垢，从而影响电渗析的正常运行。因此，必须选择优质离子交换膜和最佳的电渗析操作条件，以便消除或改善这些次要过程的影响。

3.8.4 离子交换膜的选择性透过机理

离子交换膜是电渗析器的心脏，它的选择性透过机理，目前流行的有两种理论，即双电层理论和唐南（Donnan）膜平衡理论。

3.8.4.1 双电层理论

离子交换膜是一种高聚物电解质薄膜，当浸入电解质溶液后，其中的活性基团在溶剂（水）的作用下发生解离。例如磺酸型阳膜中的活性基团（$—SO_3H$），季胺型阴膜中活性基团［$—N(CH_3)_3OH$］，在水溶液中解离如图3-15所示。

产生的反离子（如 H^+、OH^-）进入水溶液，在膜上留下带有一定电荷的固定基团，

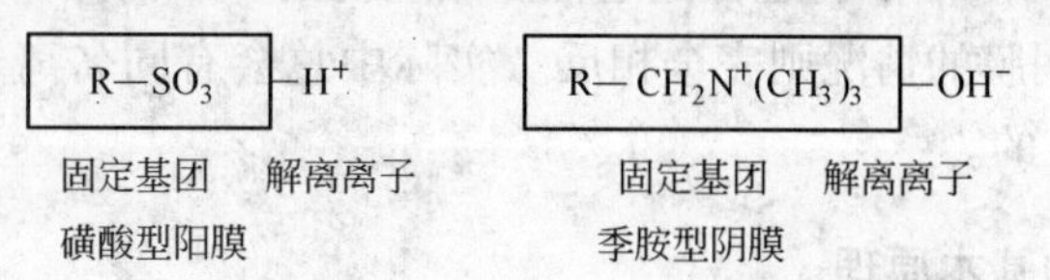

图3-15 典型离子交换膜解离示意图

从而在膜—溶液界面上形成了带相反电荷的双电层，此时这些带电的固定基团会对膜外溶液中带相反电荷的离子因异性相吸使之穿过膜，溶液中带相同电荷的离子则被排斥。因而溶液中带正电荷的阳离子在电场力作用下作定向运动时能穿过带负电荷的阳膜，但被带正电荷的阴膜排斥。同样溶液中带负电荷的阴离子，能穿过带正电荷的阴膜，而被带负电荷的阳膜所排斥，这就是双电层理论。

由上述讨论可以看出，离子交换膜发生的作用并非离子交换作用，而是起离子选择性透过作用，所以更精确地说，这种膜应称其为离子选择性透过膜。

3.8.4.2 唐南膜平衡理论

唐南提出这种理论是解释离子交换树脂与电解质溶液间的平衡，对离子交换膜来说，它只是离子交换树脂的一种特殊应用。当离子交换膜浸入电解质溶液时，电解质溶液中的离子和膜内的离子会发生交换作用，最终达到动态平衡（图3-16）。

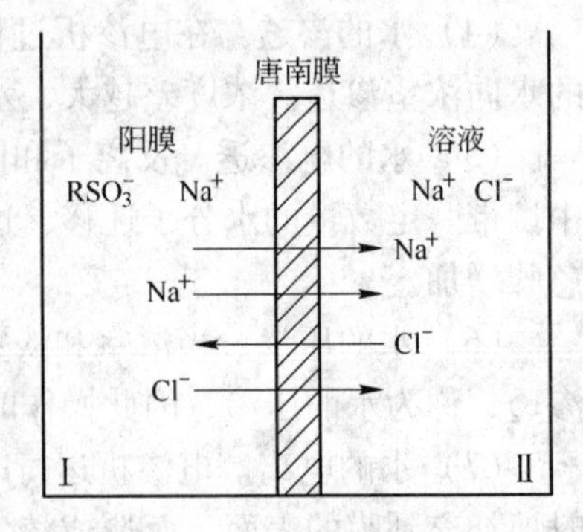

图3-16 唐南膜离子平衡

假定膜相和溶液相分别为Ⅰ和Ⅱ相，假如 Na^+ 型离子交换膜浸入 NaCl 溶液中，有少量 NaCl 将扩散于离子交换膜中，但 NaCl 在膜中浓度低于溶液中的浓度，当达到平衡时：

$$c(Na^+)_{I} \cdot c(Cl^-)_{I} = c(Na^+)_{II} \cdot c(Cl^-)_{II} \quad (3\text{-}29)$$

因为在 Na^+ 型离子交换膜中，由于其交换容量而有高的 Na^+ 离子浓度。

当一种电解质从溶液中被吸附于离子交换膜上时，与离子交换膜的网架电荷相同符号离子、相反符号离子、同名离子和平衡离子均被吸附，以保持电中性。即：

$$c(Na^+)_{II} = c(Cl^-)_{II} \quad (3\text{-}30)$$

$$c(Na^+)_{I} = c(Cl^-)_{I} \cdot c(RSO_3^-)_{I} \quad (3\text{-}31)$$

式（3-31）中，$c(RSO_3{}^-)_{I}$ 为膜内固定离子浓度，将式（3-30）和式（3-31）代入式（3-29）中，得：

$$c(Cl^-)^2_{II} = c(Cl^-)^2_{I} + c(Cl^-)_{I} + c(RSO_3^-)_{I} \quad (3\text{-}32)$$

或

$$c(Na^+)^2_{II} = c(Na^+)^2_{I} - c(Na^+)_{I} \cdot c(RSO_3^-)_{I} \quad (3\text{-}33)$$

由式（3-30）和式（3-33）可见，在平衡时：

$$c(Cl^-)_{II} > c(Cl^-)_{I} \quad (3\text{-}34)$$

$$c(Na^+)_{II} > c(Na^+)_{I} \quad (3\text{-}35)$$

可见，平衡时阳膜内阳离子浓度大于溶液中阳离子浓度，而阴膜中阴离子浓度小于溶液中阴离子浓度，说明溶液中反离子（Na^+）容易进入膜内，同名离子 Cl^- 不容易进入膜内，因此离子交换膜对反离子有选择透过性。当膜内的 Cl^- 很低，或趋于零时膜的选择性最高，趋于100%。阴膜的情况则完全相反。实际中总会有同名离子进入，所以选择性为100%的理想膜是没有的。

3.8.5 电渗析脱盐的基本原理

电渗析法脱盐的基本原理可由图3-17来说明，它是把阳离子交换膜和阴离子交换膜交替排列于两个电极之间，并用特制的隔板将其隔开，组成脱盐（淡化）和浓缩两个系统。当向隔室通入盐水后，在直流电场作用下，阳离子向阴极迁移，阴离子向阳极迁移，但由于离子交换膜的选择透过性，而使淡室中的盐水淡化，浓室中盐水被浓缩，实现脱盐目的。

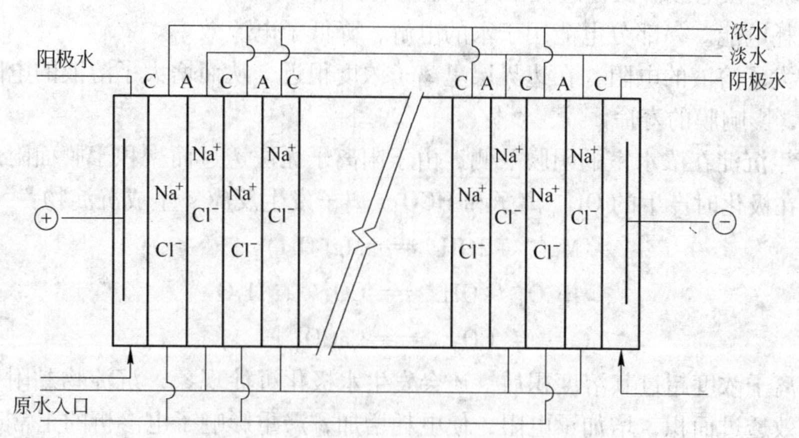

图 3-17 电渗析法脱盐的基本原理

A—阳膜；C—阴膜；⊕—阳极；⊖—阴极

电渗析器通电后，在阴、阳极上发生电化学反应，以 NaCl 溶液为例，其反应如下：

在阳极上

$$2Cl^- - 2e = Cl_2 \uparrow \tag{3-36}$$

$$H_2O = H^+ + OH^- \tag{3-37}$$

$$4OH^- - 4e = O_2 + 2H_2O \tag{3-38}$$

产生的氯气又有一部分溶于水中：

$$Cl_2 + H_2O = HCl + HClO \tag{3-39}$$

$$HClO = HCl + [O] \tag{3-40}$$

由此可见，阳极反应有氧气和氯气产生，氧气溶于水又产生 HCl 及初生态氧［O］，阳极呈酸性反应应当注意阳极的氧化和腐蚀问题。

在阴极上

$$H_2O = H^+ + OH^- \tag{3-41}$$

$$2H^+ + 2e = 2H_2 \uparrow \tag{3-42}$$

$$Na^+ + OH^- = NaOH \tag{3-43}$$

在阴极室由于 H^+ 离子的减少，放出氢气，极水呈碱性反应，当极水中含有 Ca^{2+}、Mg^{2+} 和 HCO_3^- 等离子时，会生成 $CaCO_3$ 和 $Mg(OH)_2$ 等沉淀物，在阴极上形成结垢。在极室中应注意及时排除电极反应产物、以保证电渗析过程的正常安全运行。考虑到阴膜容易损坏，并为防止 Cl^- 离子透过阴膜进入阳极室，所以在阳极附近一般不用阴膜，而改用阳膜或惰性多孔保护膜。

3.8.6 极化现象

一般在外电场的作用下，膜内的离子迁移速度大于溶液内的离子迁移速度，致使在淡水室靠近膜面的边界层里，离子的迁出速度大于迁入速度，从而出现了离子浓度比溶液中小的现象。通入的电流强度增加到一定程度，边界层中的离子浓度就降低到无法担负输送电流的任务。此时，就发生电解，由产生的 H^+ 和 OH^- 离子帮助完成输送电流的任务，这种水的电解现象，称为极化。此时的电流强度，称为极限电流强度。

极化现象应在电渗析操作过程中尽量避免，其危害性如下：

(1) 消耗电能。一部分电能用于水的电解，降低了电流效率。

(2) 增大了溶液的电阻，在边界层里离子浓度很近，从而增大了溶液的电阻，使溶液的温度升高，影响膜的寿命。

(3) 产生沉淀在浓水室的阴膜一侧，由于阳离子无法透过而聚积于膜面附近，使与透过阴膜的、在极化时产生的 OH^- 离子和 HCO_3^- 离子发生反应，生成沉淀物：

$$Mg^{2+} + 2OH^- \rightleftharpoons Mg(OH)_2\downarrow \tag{3-44}$$

$$HCO_3^- + OH^- \rightleftharpoons CO_3^{2-} + H_2O \tag{3-45}$$

$$Ca^{2+} + CO_3^{2-} \rightleftharpoons CaCO_3\downarrow \tag{3-46}$$

有时在离子浓度超过其溶度积后，还会发生水极化沉淀现象，沉淀物黏附于膜面，减小了膜的有效透过面积，增加了电阻，使电耗增加，严重影响了电渗析的正常运行。

3.8.7 电渗析器

普通电渗析器由膜堆、极区和压紧装置三大部分组成。膜堆是电渗析器分离离子的部件，极区是形成直流电场的部件，压紧装置是使电渗析器形成一个不漏水的工作整体部件。

3.8.7.1 膜堆

膜堆由许多离子交换膜和隔板组成，其结构单元为阳膜、隔板、阴膜、隔板，这样一个单元称之为膜对，电渗析的膜堆少则几对到几十对，多则达 150～200 对，处理一定量的水，膜堆数少时，段数（或极数）就增多；膜堆数太多时，组装和防漏较困难。电渗析器的组成如图 3-18 所示。

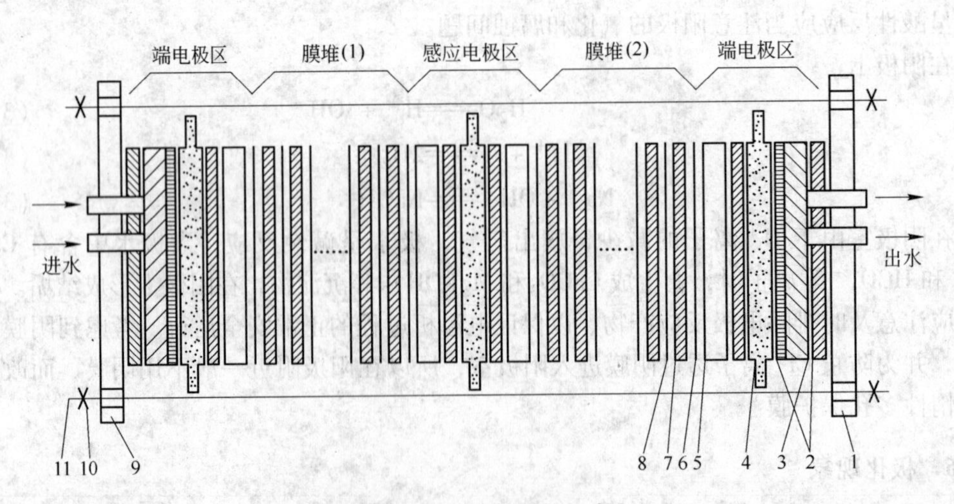

图 3-18 电渗析器的组成

1—上压板；2—垫板；3—电极托板；4—电极；5—极框；6—阳膜；7—隔板；8—阴膜；9—下压板；10—螺丝；11—螺杆

A 隔板

隔板的作用是形成两层膜间的流水通道，并起配水和集水作用，隔板上有配水孔，布水槽、流水道、集水槽和集水孔。每一隔板均开有四个圆孔，两个供配水用，另两孔供集水用，两个圆孔通过配水槽和所有的浓水室相接，另两个圆孔则和所有的淡水室相接，与浓水室相接排出的水是浓水，与淡水室相接排出的水是淡水。根据隔板的大小不同，流水道可有 3～8 道，给水处理中的流水道互相串联以形成长的流程，废水处理中可以互相并联，以防止堵塞。流水道少时，流程短，分离效率低，为了延长流程，就需多段串联，所需极对就多；流水道多时，流程长，分离效率高，所需极对数少，但加工复杂，面积利用率低，并降低了电流效率。

为了造成湍流状态，强化离子迁移，防止膜面沉积污物，通常在流水道中装有填充网，填充网有鱼鳞状网、障板式方格网、波状多孔网和方编织网等，其中以鱼鳞网应用最多。填充网的缺点是流水阻力大，对于大型多膜对的电渗析器有时会造成进出水压力差过大。

制作隔板的材料是硬聚氯乙烯板，厚度为 1～10mm。水质干净者尽量采用薄的隔板，以降低电阻，强化分离过程；水质浑浊者应采用较厚的隔板，以防止堵塞。一般给水处理中多采用2～3mm 厚的隔板，废水处理中以采用5～10mm 为宜。在水质水量一定时，隔板厚度大者，外加电压较高，内阻较大，耗电量较多，但用膜量较少。

B 膜

膜的主要作用是分离渗析离子，此外，在压紧时，还起隔板之间的止水垫作用，防止流水外漏以及各流水道之间发生短流。每张膜上开有四个圆孔，大小尺寸和位置均与隔板上的孔相同，膜的平面尺寸略大于隔板。

C 隔板与膜的排列

电渗析器中隔板与膜的排列次序要求极为严格，任何一张膜安装不正确，都会严重影响出水质量和分离效果。

为了保持膜对的对称性，靠阳极和阴极的两张膜，应采用同一极性的膜，一般阳膜价格较阴极便宜，且抗腐蚀性能也较阴极好，故多数采用阳膜。

3.8.7.2 极区

极区的主要作用是给电渗析器供给直流电，将原水导入膜堆的配水孔，并将淡水和浓水排出电渗析器，通入和排出极水。

极区由电极托板、电极、极框和弹性垫板组成。由外至里的组装顺序为：电极托板、垫板、电极、垫板、极框；再向里便是以阳膜为开端的膜堆。

A 电极托板

电极托板的作用是安装进出水接管，加固极板，如果电极强度较大，可直接安装各种接管，也可不要托板，托板用硬聚氯乙烯厚板制成。

B 电极

电极的作用是接通内外电路，在电渗析器内造成均匀的直流电场。由于存在电极反应，阳极必须采用耐腐蚀材料，常用的有石墨、铅、二氧化铅等。阴极除采用上述材料外，还可采用不锈钢。当采用倒换电极（即改变电极的正负性）的工艺措施时，两电极应采用同样的耐腐蚀材料。另外，为了减少电极的腐蚀，可采用氧化还原电极，如铅—硫酸铅电极和一氯化银电极。

在应用氧化还原电极时，为了保持极水中有一定的离子（SO_4^{2-}或Cl^-）浓度，通常将极水单独使用。此外，为了保持两电极的对称性，并防止膜面结垢，需定期变换电极。此外，在国外还采用镀钛和镀铂电极，虽然价格昂贵，但使用寿命较长。

C 极框

极框用于极板和膜堆之间，使之保持一定距离，它是极水的通道。极水的作用是将极板的电流传输给膜堆，通常总希望极水分布均匀，水流畅通，不会形成气塞和沉淀。最常采用的极框为粗网水道式塑料板，板厚5~7mm。

D 垫板

垫板起防止漏水和调整厚度不均匀的作用，常用橡胶和软聚氯乙烯制成。

3.8.7.3 压紧装置

压紧装置的作用是把极区和膜堆组装成不漏水的整体，可采用压板和螺栓拉紧法，也可采用液压压紧法。

3.8.7.4 电渗析器的组装运行方式

普通电渗析器可有以下几种基本的组装运行方式：

（1）单台一段并联式。原水流过一个隔板后，不再流入另一个隔板。有时，在膜堆的中间增加一个或几个感应电极，两极之间的膜堆为一极。单台并联时，各级之间的膜堆数应该相等。这种组装运行方式要求隔板尺寸大、流水道多和流程长。但仍然存在离子脱除率低的缺点。优点是组装简单，运行管理方便。

（2）单台多段串联式。为了增大水的流程和延长渗析时间，可将几个隔板串联起来使用。每流过一次隔板，称为一段；串联流过n个隔板，称为n段串联。两电极间的膜堆，可以是一段，也可以是几段，如各段的膜对数相等，则其中的水流速度也相等，称为等水流速度式多段串联；如各段的膜对数按照电流密度公式规律递减，称为等电流密度式多段串联，后者用于深度脱除污染物离子。有时，也可用以上两种方式的组合体。

多段串联组装方式的优点是离子脱除率高，电流效率高；缺点是组装和运行比较复杂，等电流密度式的电极不能变换。

（3）成台串联式。成台串联式是将几台单台并联式加以串联而成，可以提高离子脱除率和电流效率。

除以上三种形式外，还可根据实际需要采用其他运行方式。

3.8.8 电渗析法与离子交换法的异同点

电渗析法与离子交换法的异同点包括：

（1）分离离子的工作介质虽均为离子交换树脂，但前者是呈片状的薄膜，后者则为圆球形的颗粒。

（2）从作用机理来说，离子交换属于离子转移置换，离子交换树脂在过程中发生离子交换反应。而电渗析属于离子截留置换，离子交换膜在过程中起离子选择透过和截阻作用。所以更精确地说，应该把离子交换膜称为离子选择性透过膜。

（3）电渗析的工作介质不需要再生，但消耗电能；而离子交换的工作介质必须再生，但不消耗电能。

（4）电渗析法处理废水的特点是不需要消耗化学药品，设备简单，操作方便。

3.8.9 应用

电渗析法最先用于海水淡化制取饮用水和工业用水，海水浓缩制取食盐，以及与其他单元技术组合制取高纯水，后来在废水处理方面也得到较广泛应用。

根据工艺特点电渗析操作有两种类型：一种是由阳膜和阴膜交替排列而成的普通电渗析工艺，主要用来从废水中单纯分离污染物离子，或者把废水中的污染物离子和非电解质污染物分离开来，再用其他方法处理；另一种是由复合膜与阳膜构成的特殊电渗析分离工艺，利用复合膜中的极化反应和极室中的电极反应以产生 H^+ 离子和 OH^- 离子，从废水中制取酸和碱。

目前，电渗析法在废水处理实践中应用最普遍的有以下几种：

（1）处理碱法造纸废液，从浓液中回收碱，从淡液中回收木质素；

（2）从含金属离子的废水中分离和浓缩金属离子，然后对浓缩液进一步处理或回收利用；

（3）从放射性废水中分离放射性元素；

（4）从芒硝废液中制取硫酸和氢氧化钠；

（5）从酸洗废液中制取硫酸及沉积重金属离子；

（6）处理电镀废水和废液等。含 Cu^{2+}、Zn^{2+}、Cr^{6+}、Ni^{2+} 等金属离子的废水都适宜用电渗析法处理，其中应用较广泛的是从镀镍废液中回收镍，许多工厂实践表明，用这种方法可以实现闭路循环。

国内有研究资料显示，采用电渗析技术处理 Cr^{6+} 废水，去除率可以达到90%以上，经过循环处理，出水低于排放标准。邢云青等的研究结果显示，电去离子法对于废水中 Cr^{6+} 也具有很具有很好的去除与加收效果[9]。

采用电渗析法处理电镀废水，首先废水预处理要求多；其次，电镀漂洗水本身浓度较低，随着电渗析过程的不断深入，脱盐室中的溶液浓度越来越低，即电导率不断下降而电阻相应上升，于是电流效率不断下降，必然造成电能消耗增加；此外，电渗析脱盐的效果是有下限的，当脱盐室中溶液浓度足够低时，大量的电能用于水的电解，而电解产生氢氧根离子又可能与金属阳离子产生氢氧化物沉淀，影响膜的效率和电极效率。因此要不断地克服电渗法的这些缺点，使它在处理含铬废水中发挥更大的作用。

3.9 吸附法处理含铬废水

吸附法是把所要回收或者除去的金属直接与吸附剂相结合，从而达到对目标产物的回收处理。

吸附法是目前研究比较多的处理含铬废水的方法。吸附剂的选择是关键，目前一般采用的吸附剂有活性炭、竹炭、膨润土、栗钙土、粉煤灰、稻草、秸秆和花生壳等，吸附剂的比表面积、液相酸度、处理温度、处理时间等因素对吸附效果均有影响。采用哪种方法还要考虑吸附的铬后续处理问题，大批量回收铬才会有经济价值，否则这样的处理不会减少铬的污染。

近年来研究者在这方面的研究主要集中在寻求更为合适的新型廉价吸附材料上，已取得一系列成果，工艺逐步成熟，现在已开始应用在实际工程中，下面就对目前较新的吸附法用于处理含铬废水的研究作一介绍。

王萍等[10]采用 Keggin 离子对凹凸棒石进行表面改性，并探讨改性凹凸棒石表面性质的变化及对 Cr^{6+} 的吸附性能。在溶液 pH =4 ~9 时，Keggin 离子对凹凸棒石的 ζ 电位为正值，对水溶液中 CrO_4^{2-}、$HCrO_4^-$ 的吸附性能良好。吸附类型属于 Langmuir 型单分子层吸附，单分子层饱和吸附量为 3.59mg/g。XRD 分析结果表明，Keggin 离子不会引起凹凸棒石结构的明显改变。该 Keggin 凹凸棒石如用于微污染水源饮用水的处理，能进一步提高水厂出水质量，且其吸附量较大，污泥量少，成本相对较低。

粉煤灰具有良好的吸附性与稳定的化学性，且对含铬废水中的铬酸有亲和力，而溶剂对 Cr^{6+} 有排斥力，这是粉煤灰能吸附 Cr^{6+} 的主要原因。用粉煤灰吸附处理含铬废水，既可提高废水处理的经济效益，又可解决粉煤灰对环境的污染问题。贾陈忠等[11]研究了粉煤灰吸附处理实验室模拟含铬废水。实验结果表明，废水 pH 值为 2.00 ~3.74、粉煤灰用量为 2g、吸附平衡时间为 80min 时，铬去除率可达 98% 以上，利用粉煤灰吸附处理含铬废水，具有处理效果好，操作简单、运行费用低等优点。赖国新等[12]使用壳聚糖和改性壳聚糖吸附法分别处理含 Cr^{6+} 模拟废水。研究了吸附剂用量、吸附时间、废水酸度及 Cr^{6+} 离子初始浓度等对 Cr^{6+} 离子去除率的影响，并探讨不同壳聚糖的吸附效果。实验表明，Na_2S 改性后的壳聚糖对 Cr^{6+} 吸附效果最为理想，工艺简便，去除率高。

3.9.1 吸附的类型及影响吸附的因素

吸附是利用吸附剂对液体或气体中某一组分具有选择吸附的能力，使其富集在吸附剂表面，而从混合物中的分离的过程。吸附的类型有以下几种：

(1) 物理吸附。放热，可逆，单分子层或多分子层，选择性差。

(2) 化学吸附。放热量大，单分子，选择性强。

(3) 交换吸附。吸附剂吸附后同时放出等当量的离子到溶液中。

影响吸附的因素包括吸附剂的性质、吸附容量（比表面、空隙度)、吸附速度（粒度、孔径分布)、机械强度（使用寿命)。

将吸附剂填装在玻璃或不锈钢管中，构成层析柱，层析时欲分离的样品自柱顶加入，当样品溶液全部流入吸附层析柱后，再加入溶剂冲洗。冲洗的过程称为洗脱，加入的溶剂称为洗脱剂。

在洗脱过程中，柱内不断地发生解吸、吸附、再解吸、再吸附的过程。即被吸附的物质被溶剂解吸而随溶剂向下移动，又遇到新的吸附剂颗粒被再吸附，后面流下的溶剂又再解吸而使其下移动。经过一段时间以后，该物质会向下移动一定距离，此距离的长短与吸附剂对该物质的吸附力以及溶剂对该物质的解吸能力有关。不同物质由于吸附力和解吸力不同，移动速度也不同。吸附力弱而解吸力强的物质，移动速度就较快。经过适当的时间以后，不同的物质各自形成区带，如果被分离的是有色物质的话，就可以清楚地看到色带。如果被吸附的物质没有颜色，可用适当的显色剂或紫外光观察定位，也可用溶剂将被吸附物从吸附柱洗脱出来，再用适当的显色剂或紫外光检测，以洗脱液体积对被洗脱物质浓度作图，可得到洗脱曲线，吸附柱层析成败的关键是选择合适的吸附剂、洗脱剂和操作方式。

3.9.2 吸附剂及主要指标

吸附剂是能有效地从气体或液体中吸附其中某些成分的固体物质。吸附剂一般有以下特点：大的比表面、适宜的孔结构及表面结构；对吸附质有强烈的吸附能力；一般不与吸附质和介质发生化学反应；制造方便，容易再生；有良好的机械强度等。吸附剂可按孔径大小、颗粒形状、化学成分、表面极性等分类，如粗孔和细孔吸附剂，粉状、粒状、条状吸附剂，碳质和氧化物吸附剂，极性和非极性吸附剂等。

常用的吸附剂有以碳质为原料的各种活性炭吸附剂和金属、非金属氧化物类吸附剂（如硅胶、氧化铝、分子筛、天然黏土等）。

衡量吸附剂的主要指标包括对不同气体杂质的吸附容量、磨耗率、松装堆积密度、比表面积、抗压碎强度等。

吸附剂主要用于滤除毒气，精炼石油和植物油，防止病毒和霉菌，回收天然气中的汽油以及食糖和其他带色物质脱色等。

3.9.3 吸附剂的种类

工业上常用的吸附剂有硅胶、活性氧化铝、活性炭、沸石分子筛、碳分子筛等，另外还有针对某种组分选择性吸附而研制的吸附材料。气体吸附分离成功与否，极大程度上依赖于吸附剂的性能，因此选择吸附剂是确定吸附操作的首要问题。

3.9.3.1 硅胶

硅胶是一种坚硬、无定形链状和网状结构的硅酸聚合物颗粒，分子式为 $SiO_2 \cdot nH_2O$，是一种亲水性的极性吸附剂。它是用硫酸处理硅酸钠的水溶液，生成凝胶，并将其水洗除去硫酸钠后经干燥便得到玻璃状的硅胶，它主要用于干燥、气体混合物及石油组分的分离等。工业上用的硅胶分成粗孔和细孔两种。粗孔硅胶在相对湿度饱和的条件下，吸附量可达吸附剂重量的80%以上，而在低湿度条件下，吸附量大大低于细孔硅胶。

在使用模板法制备多孔炭在能耗、成本、环保等方面不足的基础上，以硅胶为模板、蔗糖为碳源，在浓硫酸的作用下经聚合、炭化过程在硅胶的孔道内生成糖炭，同时保留硅胶模板制得糖炭/硅胶复合吸附剂，并用于含 Cr^{6+} 废水的吸附处理。结果表明该种吸附剂对 Cr^{6+} 有着良好的去除效果[13]。具体的步骤为：

（1）采用静态吸附实验，在同一条件下，以对 Cr^{6+} 的去除能力为指标来判断吸附剂性能的好坏。通过单因素实验对可能的制备因素进行了考察，找出了影响较为显著的因素加热温度、原料加入量在此基础上运用正交实验设计，得出了糖炭/硅胶复合吸附剂的优化制备条件蔗糖:硅胶:硫酸:水 =5:2:2.5:25（质量比）、加热温度150℃、时间6h，同时通过 XRD、吸碘值、亚甲蓝脱色力及 Boehm 滴定法测定表面官能团等方法对糖炭/硅胶复合吸附剂进行了表征。

（2）采用静态吸附法考察了 pH 值、处理时间、处理温度、吸附剂用量、Cr^{6+} 的初始浓度及离子浓度对糖炭/硅胶复合吸附剂去除 Cr^{6+} 能力的影响，得出糖炭/硅胶复合吸附剂对 Cr^{6+} 和总铬去除的最佳 pH 值为2.3，吸附平衡时间为20h Cr^{6+} 的去除率随着吸附剂用量的增加而增加、随废水初始浓度的增加而降低。当吸附剂投加量为 3. 3g/L 时，对 34mg/L 含 Cr^{6+} 废水去除率高达 99%，吸附量为 10. 2mg/g。干扰电解质氯化钠、硫酸钠和硝酸钠的存在对 Cr^{6+} 和总铬的去除起抑制作用。

糖炭/硅胶复合吸附剂对 Cr^{6+} 的吸附行为符合 Langmuir 吸附等温方程，相关模型参数和吸附热力学参数吸附动力学计算表明，吸附过程符合拟二级动力学方程，且吸附过程受内扩散控制。

3. 9. 3. 2 氧化铝

活性氧化铝是由铝的水合物加热脱水制成，它的性质取决于最初氢氧化物的结构状态，一般都不是纯粹的 Al_2O_3，而是部分水合无定形的多孔结构物质，其中不仅有无定形的凝胶，还有氢氧化物的晶体。由于它的毛细孔通道表面具有较高的活性，故又称活性氧化铝。它对水有较强的亲和力，是一种对微量水深度干燥用的吸附剂。在一定操作条件下，它的干燥深度可达 -70℃以下。

范哲锋[14]研究了活性氧化铝对 Cr^{3+} 和 Cr^{6+} 分离富集的性能，不同的 pH 值下氧化铝对 Cr^{3+} 和 Cr^{6+} 吸附行为的不同，通过严格控制 pH 值，建立了流动注射在线分离富集-电感耦合等离子体原子发射光谱法测定水中 Cr^{3+} 和 Cr^{6+} 的新方法。方法准确快速，灵敏度高，已经成功地用于水和标准水样的分析，结果令人满意。实验步骤为：

(1) 将样品和缓冲溶液同时通过吸附柱（pH = 2 时吸附 Cr^{6+}，pH = 7 时吸附 Cr^{3+}），然后泵入缓冲溶液，使流路中的样品进入微柱，同时冲洗整个流路系统；然后将阀置于 NH_3H_2O 处用于洗脱 Cr^{3+}，置于 HNO_3 处用于洗脱 Cr^{6+}。根据测得到的发射强度进行定量分析。

(2) 设定了 pH 值、流速、共存离子等影响因素来观察其对 Cr^{3+} 和 Cr^{6+} 吸附和洗脱的影响，经过实验证明：当 pH = 7 时，Cr^{3+} 的发射强度达到最大值；当 pH = 2 时，Cr^{6+} 的发射强度达到最大值。因此选择 pH = 7 时吸附 Cr^{3+}，pH = 2 时吸附 Cr^{6+}。实验结果表明，0. 1mol/L 的 HNO_3 和 0. 2mol/L 的 NH_3H_2O 可以完全定量洗脱铬。

另外，在以上实验的基础之上，优化了流动注射测定的条件，进样频率为 60 次/h；检出限 Cr^{3+} 为 0. 8μg/L，Cr^{6+} 为 0. 6μg/L；线性范围为 5 ~ 600μg/L；相对标准偏差小于 2. 4%，回收率为 94. 0% ~ 102%。

3. 9. 3. 3 “氧化镁/活性炭”新型吸附剂

氧化镁/活性炭是将木炭、果壳、煤等含碳原料经炭化、活化后制成的。活化方法可分为两大类，即药剂活化法和气体活化法。药剂活化法就是在原料里加入氯化锌、硫化钾等化学药品，在非活性气氛中加热进行炭化和活化。气体活化法是把活性炭原料在非活性气氛中加热，通常在 700℃以下除去挥发组分以后，通入水蒸气、二氧化碳、烟道气、空气等，并在 700 ~ 1200℃温度范围内进行反应使其活化。活性炭含有很多毛细孔构造所以具有优异的吸附能力。因而它用途遍及水处理、脱色、气体吸附等各个方面。

侯少芹等[15]对“氧化镁/活性炭”新型吸附剂的制备及其对 Cr^{6+} 的吸附进行了研究，其实验步骤为：

(1)“氧化镁/活性炭”新型吸附剂的制备。以氯化镁和造纸草浆黑液为原料，采用物理活化法制得“氧化镁/活性炭”新型吸附剂。蒸煮黑液中加入一定量镁盐，用增力搅拌器高速搅拌2h后于120℃烘干24h，得到前驱物。称取一定量前驱物于管式炉中，在氮气保护条件下升温至550℃炭化2h，然后通二氧化碳活化3.5h。活化完成后，在氮气保护下降至室温，用去离子水漂洗至检测不出Cl^-，于105℃下烘干24h制得“氧化镁/活性炭”新型吸附剂。然后对制得的吸附剂进行表征，得到结果是比表面积（BET）为388.96m^2/g、总孔容积为0.40mL/g。

（2）该研究测定这种吸附剂对水中Cr^{6+}的吸附性能，考察了吸附时间、pH值、吸附剂投加量、初始浓度等因素对Cr^{6+}的吸附量和脱除率的影响，研究所得吸附水溶液中Cr^{6+}的最佳条件为：吸附时间为120min，吸附剂投加量为2g/L，pH值为2。“氧化镁/活性炭”新型吸附剂对Cr^{6+}的吸附过程符合Freundlich等温式。

这方面的研究为扩大镁盐在环境中的应用和造纸黑液的碱回收提供了新的思路。

3.9.3.4 沸石分子筛

沸石分子筛又称为合成沸石或分子筛，其化学组成通式为$M_2(\text{I})M(\text{II})O \cdot Al_2O_3 \cdot nSiO_2 \cdot mH_2O$，$M_2(\text{I})$和$M(\text{II})$分别为一价和二价金属离子，多半是钠和钙，$n$称为沸石的硅铝比，硅主要来自于硅酸钠和硅胶，铝则来自于铝酸钠和$Al(OH)_3$等，它们与氢氧化钠水溶液反应制得的胶体物，经干燥后便成沸石，一般$n=2\sim10$，$m=0\sim9$。

沸石的特点是具有分子筛的作用，它有均匀的孔径，如3Å（1Å=0.1nm）、4Å、5Å、10Å细孔。有4Å孔径的4Å沸石可吸附甲烷、乙烷，而不吸附三个碳以上的正烷烃。它已广泛用于气体吸附分离、气体和液体干燥以及正异烷烃的分离。

江伟武等[16]研究了沸石分子筛处理含铬废水，处理容量达30mg/g，在$pH=4\sim8$，$c(Cr^{3+})=30\sim1000$mg/L范围内，铬去除率大于99%。同时探讨了再生分子筛及回收铬的方法，可节约处理剂、回收资源，并能防止二次污染。实验的步骤为：

（1）除铬实验。每次取200mL含铬试验溶液（以20%~25% $Cr_2(SO_4)_3$水溶液稀释到约2000mg/L，测定准确含量，再准确稀释到30mg/L、100mg/L、200mg/L、400mg/L、600mg/L、800mg/L、1000mg/L等各种浓度），加入确定质量的分子筛（5A型，0.175~0.246mm，真密度1.41g/cm^3，堆积密度0.72g/cm^3），搅拌20min，过滤，取适量溶液测定铬含量，计算去除率（R）。

（2）再生试验。按接近饱和吸附容量的值，将20.0g分子筛放于1000mL含Cr^{3+}的试验液中，搅拌20min，测定出水的铬浓度［$c(Cr^{3+})$］。将分子筛沥干，装于50mL的滴定管中，底部及顶部各放少量玻璃纤维，再生液以1mL/min的速度滴加到分子筛中，将流出液每40.0mL为一段收集，测定总铬浓度。

（3）分析方法。取适量待测液调到酸性，用$K_2Mn_2O_7$将Cr^{3+}氧化成Cr^{6+}，加$NaNO_2$与过量$K_2Mn_2O_7$反应，以尿素与过量的$NaNO_2$反应，在酸性介质中以二苯基碳酰二肼显色，用分光光度法测度测定总铬浓度。

（4）试验了分子筛用量、废水浓度、酸度等因素对除铬效果的影响。结果表明，在$pH=4\sim8$，$c(Cr^{3+})=30\sim1000$mg/L范围内，铬去除率大于99%，分子筛有较高吸附容量。同时进行了分子筛再生试验，铬的洗脱率大于97%，分子筛可多次使用。

3.9.3.5 碳分子筛

碳分子筛实际上也是一种活性炭，它与一般的炭质吸附剂不同之处，在于其微孔孔径均匀地分布在一狭窄的范围内，微孔孔径大小与被分离的气体分子直径相当，微孔的比表面积一般占碳分子筛所有表面积的90%以上。碳分子筛的孔结构主要分布形式为：大孔直径与碳粒的外表面相通，过渡孔从大孔分支出来，微孔又从过渡孔分支出来。在分离过程中，大孔主要起运输通道作用，微孔则起分子筛的作用。

以煤为原料制取碳分子筛的方法有炭化法、气体活化法、炭沉积法和浸渍法。其中炭化法最为简单，但要制取高质量的碳分子筛必须综合使用这几种方法。碳分子筛在空气分离制取氮气领域已获得了成功，在其他气体分离方面也有广阔的前景。

气体活化法是原料炭用一些氧化性气体（如水蒸气、二氧化碳、烟道气、空气等）作为活化剂，在高温下进行活化制造活性炭的方法，又称为物理活化法。浸渍法是将载体放到含有活性物质、助剂成分的液体或气体中浸渍，依靠毛细管压力进入使组分进入载体内部，同时组分还会在载体表面上吸附，使活性组分在载体表面吸附直到平衡，除去剩余液体，进行干燥、焙烧、活化等后处理。

张进华等[17]以煤为原料，采用炭化—活化—气相碳沉积工艺制备了CH_4/N_2分离用碳分子筛，研究了苯沉积量对碳分子筛吸附性能的影响，并对碳分子筛的孔隙结构和表面形貌进行了表征，分析了制备过程对碳分子筛结构的影响。具体的实验步骤为：

（1）制备碳分子筛。采用炭沉积法来制备分子筛。原料煤破碎磨至0.074mm，与煤焦油混合后经搅拌机搅拌均匀，由液压成型机挤出成型，成型样为直径2.6mm的条形颗粒。成型样干燥后，置于特定的电热旋转式炭化活化炉依次进行炭化活化操作，然后将定量的苯通过蒸汽发生器变成气态，再将苯蒸气通入活化炉内完成炭沉积操作，最后制得成品碳分子筛。

（2）碳分子筛制备过程中，黏结剂及其比例、干燥条件、炭化条件、活化条件、沉积温度都是固定的，单独考察了炭沉积剂苯的量对吸附性能的影响。然后用液氮吸附(77K)、扫描电镜对碳分子筛孔结构及表面形貌进行了表征。

结果表明，制备的碳分子筛（CMS-1）平衡分离系数大于5，比表面积SBET = $251.5m^2/g$，微孔孔容$V_m = 0.1178mL/g$，孔径0.35～2nm，能满足CH_4/N_2变压吸附分离要求。

3.9.4 活性炭的吸附

利用活性炭的物理吸附、化学吸附、生物吸附、氧化、催化氧化和还原等性能，可以去除废水中多种污染物质。活性炭是由木材、煤、果壳等含碳物质，在高温和缺氧条件下活化制成的。活性炭是一种非极性吸附剂，具有良好的吸附性能和稳定的化学性质，可以耐强酸、强碱，经受水浸、高温、高压作用，不易破碎。在活性炭的晶格间，形成了各种形状、大小不同的微孔结构与巨大的比表面积，因而具有很强的吸附性能，可有效地吸附废水中的有机污染物和金属离子。

活性炭用在水处理中，最早是去除有机物，后来逐渐用在轻工制糖、食品、医药及化工原料的精致、脱色和除臭等方面。20世纪60年代后期，开始把活性炭引入电镀废水处理，70年代国外对用活性炭处理电镀废水中各种金属离子及氰根等有害物做了大量研究，但真正应用到工业生产中却为数不多；国内在70年代开始把活性炭用于电镀废水处理，至今应用较广的是处理含铬和含氰废水。

用活性炭处理电镀废水的优点如下：

（1）活性炭耐酸，耐碱，在高温高压下不易破碎，有稳定的化学性能；

（2）节省用水，清洗零件的废水用活性炭处理后可重复用作清洗水；

（3）投资省，设备简单，占地面积小，操作维护方便；

（4）处理费用低，活性炭来源广，并可再生反复使用；

（5）不直接产生污泥，不易产生二次污染。

活性炭处理电镀废水尽管有上述优点，但亦有不足之处，如废水中污染物浓度高时，活性炭的再生较为频繁；长期反复使用活性炭处理钝化含铬废水后，处理后水用来作清洗水时，Cr^{3+}含量会增加，影响钝化膜，以及在洗脱液的利用等方面尚需进一步探索。

3.9.4.1 活性炭的性质

A 吸附性

吸附性是活性炭最主要的特征，它被看作是一种表面现象。当电镀废水通过活性炭时，在活性炭和废水的界面（接触面）上产生了吸附。

活性炭的吸附既有物理吸附又有化学吸附，要截然把这两种吸附分开是很困难的。虽然在物理吸附中表现出某些选择性，但一般这是由于纯物理特性所致。而化学吸附是特定的，取决于吸附剂和吸附质的化学性质。此外，物理吸附中所出现的能量变化通常比化学吸附小。

活性炭处理电镀废水属于固液界面吸附，而影响这种界面吸附的因素相当复杂，如碳对溶质和溶剂的引力、溶剂对溶质的溶解能力、离子化倾向、多溶质存在时对界面的竞争、碳的表面积、碳孔大小的分配、组分的浓度等。

溶解度增大表示溶质和溶剂间有较大的亲和力，并阻碍碳的吸引。因此，任何增大溶解度的变化，都会造成吸附能力的降低。

离子化一般也不利于碳的吸附，但氢离子例外。因此当其他阴离子在酸中和氢离子缔合时，具有更大的可吸附性。含铬、含氰废水之所以会有较好的吸附效果，是与此分不开的。在许多系统中，溶液的 pH 值是很重要的因素，每一溶质都有其特定的最佳 pH 值。

电镀废水是一种多溶质的混合物。一般在单一溶液中测得的相对吸附性较大的化合物，往往优先从混合物中被吸附，但也有例外。当几种溶质同时被吸附时，总的吸附量取决于表面面积的相互关系。不同种类溶质往往竞争同一面积，因此与单一溶质相比，每种溶质的吸附量都较小。

活性炭吸附具有上述一般特点，活性炭的有关性质与吸附也是密切相关的。

B 表面积

活性炭表面总面积的测定较为复杂。由于其多孔性，不能直接测定，只能靠间接的方法。目前得到普遍承认的是由布伦纽尔、埃米特和泰勒（即 BET）提出的方法。这一方法的根据是在通过纯物理力提供吸附的条件下绘制吸附等温线，这是一条直线，其斜率和截距给出形成单层所需的气体量，知道每个分子占据的可能面积，就能计算出活性炭的可能面积。虽然总表面积并不完全反映炭的效能，但定性而言，一般总表面积大的炭，其吸附效能高。

C 孔结构和孔径分布

碳的总表面积并不完全表明碳的效能是由孔的结构决定的。碳的表面大部分是由孔壁提供的，只有小到能进入孔内的分子，才能到达这样的表面。虽然至今对碳的内部构造还较模糊，但它被看作是在碳的微晶凝聚体中包含着形状不规则的缝隙的连接网。在这种网中有大小不同的孔径，大孔为可吸附的分子更容易到达内部微孔而提供通道；微孔则提供进行吸附作用的绝大部分的表面积。

应该指出的是，并不是所有孔的吸附性能都一致。往往在不同的表面部位具有特定的和选择性的吸附能力。有不少研究证实，在不同的表面部位存在特殊的亲和力。于是提出了在碳的表面存在活性中心的假设。这种假设便于按照空间关系来说明不均匀的吸附特性。

此外，在一个碳的表面上也可能存在不同类型活性炭中心。一般说来，活性炭的这种性质与制造过程中采用的活化剂种类、反应温度和活化深度有关。

3.9.4.2 活性炭的选择

活性炭的性质与其制造时所用的原料、加工方法和活化条件有密切的关系，因而不是每一种活性炭都适合于电镀废水处理。要选择一种适合于某种电镀废水处理的活性炭是一件较复杂和困难的事情。一般来说，总希望使用的活性炭有较大的吸附容量、较快的吸附速度、再生性能好、寿命长等。为了达到上述要求，就必须做好选炭试验。

选炭试验包括吸附等温线、吸附速度、吸附容量、脱附再生（即解吸）、使用寿命及碳的前处理等，下面分别作一简单介绍。

A 吸附容量的测定

测定吸附容量的步骤如下：

（1）称取一定量所要选择的活性炭，加入烧瓶中；

（2）用移液管移取一定量已知浓度的溶液加入烧瓶中；

（3）在一定温度下进行搅拌，直至达到吸附平衡；

（4）经过滤把炭从系统中分离出来，测定滤液中的浓度。假定 C_0 为原始溶液的浓度，C 为滤液中被活性炭吸附后的剩余浓度，则吸附量等于 $C_0 - C$。

B 吸附等温线

活性炭的吸附等温线是在一定温度下，活性炭吸附周围物质的数量和其周围介质的平衡浓度关系曲线，它是评定活性炭吸附性能的一个重要参数。其测定步骤如下：

（1）将活性炭试样（一般取 10 ~ 20g）粉碎至 0.074 ~ 0.15mm，并在 150℃ 干燥 3h；

（2）将欲评定的废水（浓度已知）过滤掉悬浮物；

（3）准确称取干燥后的活性炭（质量不等）4 ~ 5 份，分别放入烧瓶中；

（4）在上述烧瓶中，分别加入一定体积的所研究的废水；

（5）把烧瓶放在机械振荡器上不断振荡 3 ~ 4h，然后静置过夜；

（6）过滤除去活性炭，测定每个烧瓶中滤液中的平衡浓度。

根据上述测得的数据，在对数坐标纸上以滤液中的平衡浓度为横坐标，以单位吸附量为纵坐标，绘出碳的吸附等温线。

纵坐标的单位吸附量（g/mg），根据称取碳的量 m(g)，废水加入的体积 V(mL)，原液浓度 C_0(mg/mL)，滤液中浓度 C(mg/mL)，设：

$$x = V(C_0 + C)$$

则单位吸附量为：

$$x/M = V(C_0 + C)/M$$

许多研究表明，活性炭上的浓度一般正比于滤液中浓度的幂或分幂。用数学式表示为：x/M 与 $C^{1/n}$ 成正比。引入常数 K，便是典型的弗伦德里希（Freundlich）方程式：

$$x/M = KC^{1/n}$$

两边取对数，得：

$$\lg x/M = \lg K + 1/n \lg C$$

对于相同温度下所得到的数据，用 x/M 对 C 作图，在对数纸上绘出等温吸附线。等温吸附线通常在很大浓度范围内为一直线。$1/n$ 即为等温吸附线的斜率，$\lg K$ 为截距。

指数 $1/n$ 具有实用价值，因为当不同量的吸附物从溶液中去除时，它揭示了吸附类型。指数的大小可由计算等温吸附线的垂直高度与水平距离的比值来确定。

当 $1/n = 1/2$ 时（图 3-19），表示在炭上吸附的浓度与滤液浓度的平方根成正比；当 $1/n = 1$ 时（图 3-20），表示炭上吸附浓度的变化与溶液中浓度的变化相当；当 $1/n > 1$ 时（图 3-21），表示炭上吸附浓度的变化超过溶液浓度的变化。

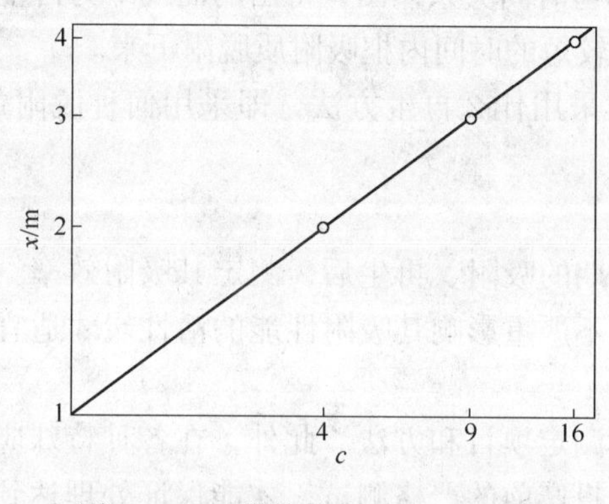

图 3-19　吸附等温度（$1/n = 1/2$）

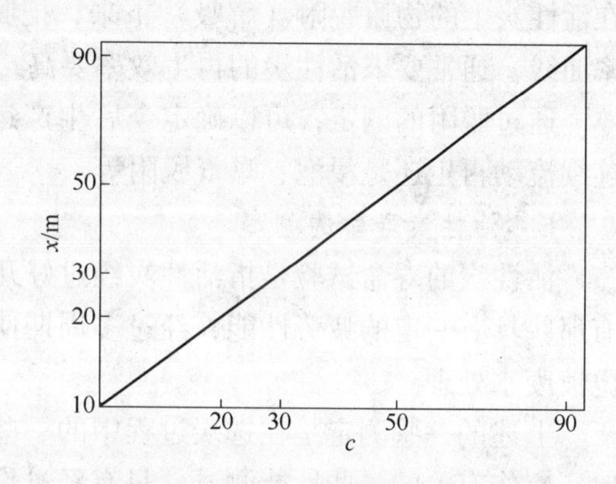

图 3-20　吸附等温度（$1/n = 1$）

根据上述概念，便可通过直观比较吸附等温线，看出哪种碳的吸附量较大。显然，等温线或其任一部分位置越高，可吸附的溶质在碳上的相应分配量就越大。反之，等温线位置较低，说明在溶剂（如水）中的浓度所占比例较大。

因此，当等温线位置较高并只有很小的斜度时，如图 3-22 中 A，说明在所研究的整个浓度范围内吸附能力大。反之，图 3-22 中 B，表示吸附能力按比例较小。其次，斜率大的等温线，如图 3-21 所示，表明在浓度高时吸附能力大，而浓度稀时，吸附能力很小。

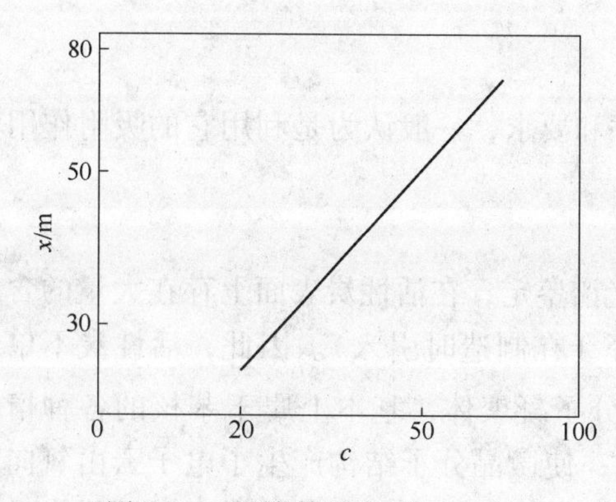

图 3-21　吸附等温度（$1/n > 1$）

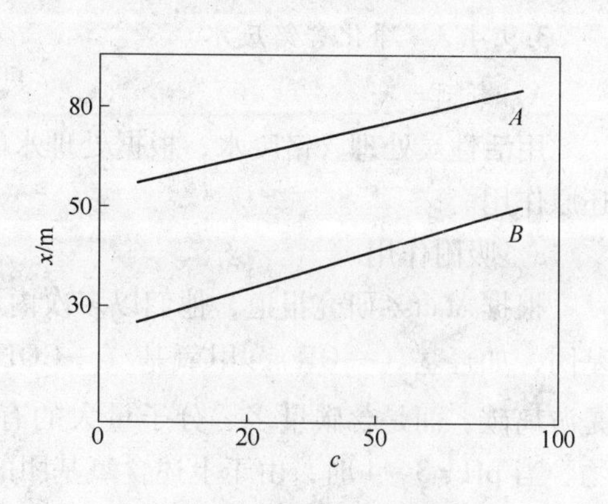

图 3-22　吸附等温线比较

C 吸附速度的测定

活性炭吸附速度的测定，对选择活性炭、选择适当的流速和炭柱高度等都是很重要的。测定的方法是称取一定量的炭，用酸活化后，加入一定体积已知浓度的溶液，每隔一定时间进行取样分析，测定溶液中要去除的杂质浓度，最后根据上述测得的浓度比与时间关系做出吸附速度曲线，如图3-22所示。从图3-22中可看出，炭A的吸附速度在10min之内，吸附较快，以后逐渐变慢，因此溶液与废水的接触时间在10min内为好，而炭B的吸附曲线几乎是直线，这样就需要较长的接触时间，实际运用时便要增加炭柱的高度或降低流速。故炭A优于炭B。

D 再生效率的测定

活性炭的吸附量到一定时间总要达到饱和，所以必须进行再生，使活性炭恢复到原来的性能或稍差一些，不然就会失去使用价值。与吸附速度测定一样，测定用化学品把吸附在活性炭上的物质脱附（解吸）下来，把脱附率与时间关系作图，得出的曲线即为再生效率曲线。通常要求活性炭的再生效率要高，能在较短的时间内把吸附质脱附下来。

通过脱附的测定，可以确定今后生产运行时采用什么再生方法，即采用何种脱附剂，连续流动再生还是浸泡、曝气脱附等。

E 活性炭寿命的测定

活性炭的寿命试验是指活性炭经过好几个周期的吸附、再生后，测定其吸附效率。只有那些具有一定的疲劳性能，经过多周期使用，不严重影响其吸附性能的活性炭才适宜于电镀废水处理。

上述的一些测定是在选炭过程中的一些主要测定项目和方法。此外，在各种特殊应用时还应作有关的一些性能测试。只有经过设计、投产前的严格测试，才能保证处理达到所需要求的效果。

F 活性炭吸附操作

废水处理中，吸附操作分为静态吸附和动态吸附两种。静态吸附即废水在不流动条件下，进行的吸附，属间歇式操作；动态吸附则是废水在动态条件下进行的操作，常用设备有固定床、移动床和流化床。固定床是废水处理常用吸附装置，属半连续式操作。固定床操作根据水流方向又分为升流式和降流式两种，降流式固定床水流自上而下流动，升流式固定床水流自下而上流动。

3.9.4.3 净化含铬废水

A 机理

用活性炭处理含铬废水，根据处理水的条件和要求，一般认为是利用它的吸附作用和还原作用。

a 吸附作用

根据Mattso研究报道，他们以多次内反射光谱鉴定，在活性炭表面上存在大量的含氧基团，如羟基（—OH），甲氧基（$—COH_3$）等（在制造时引入）。因此，活性炭不单纯是游离碳，而是含碳量多、分子量大的有机物分子凝聚体，基本上属于苯核的各种衍生物。当pH=3~4时，由于上述含氧基团的存在，使微晶分子结构产生了电子云由氧向苯核中碳原子方向偏移，使烃基中的氢，具有较大的静电引力（正电引力），因而能吸附

$Cr_2O_7^{2-}$ 或 CrO_4^{2-} 等负离子，形成了一个相对的稳定结构，即：

$$RC—OH + Cr_2O_2 \longrightarrow RC \rightarrow O \cdots\cdots H^+ \cdots\cdots Cr_2O_7^{2-} \quad (3\text{-}47)$$

箭头表示电子密度移动的方向。可见活性炭对 Cr^{6+} 有明显吸附效果。

随着 pH 值升高，水中的 OH^- 离子浓度增大，而活性炭的含氧基团对 O^- 的吸附比较强，亦可形成一个相对的稳定结构：

$$RC—OH + OH^- \longrightarrow RC \rightarrow O \cdots\cdots H^+ \cdots\cdots OH^- \quad (3\text{-}48)$$

由于含氧基与 OH^- 的亲和力大于 $Cr_2O_7^{2-}$ 的亲和力，因此，当 $pH > 6$ 时，原活性炭表面的吸附位置全被 OH^- 夺取，活性炭对 Cr^{6+} 的吸附明显下降，甚至不吸附，利用此原理，用碱处理可达到再生目的。但当 pH 值降低后再次恢复其吸附 Cr^{6+} 的性能。

b 还原作用

活性炭对铬除有吸附性之外，还有还原作用。因此，活性炭在净化含铬废水中既作为吸附剂，又可看作是一种化学物质，在酸性条件下（$pH < 3$），活性炭可将吸附在表面的 Cr^{6+} 还原为 Cr^{3+}，其反应式可能是：

$$3C + 4CrO_4^{2-} + 20OH^+ \longrightarrow 3CO_2\uparrow + 4Cr^{3+} + 10H_2O \quad (3\text{-}49)$$

也有人认为由于活性炭吸附水溶液中氧原子、氢离子和阴离子后即产生过氧化氢：

$$C^*O_2 + 2H^+ + 2A^- \longrightarrow C^* + 2A_{ad}^- + H_2O_2 + 2P^+$$

式中，C^* 为活性炭中的碳原子，A 为阴离子，A_{ad}^- 为吸附在活性炭中的阴离子，P^+ 为活性炭上带正电的一个空穴。

在酸性条件下，H_2O_2 能将 Cr^{6+} 还原为 Cr^{3+}：

$$3H_2O_2 + 2CrO_4^{2-} + 10H^+ \longrightarrow 2Cr^{3+} + 3O_2\uparrow + 8H_2O \quad (3\text{-}50)$$

反应中产生的氧大部分又被活性炭吸附，更有利于 H_2O_2 的生成，使上述反应重复继续进行。

在生产运行中亦发现，当 $pH < 4$ 时，含铬废水经活性炭处理后，其出水中含 Cr^{3+}，说明在较低的 pH 值条件下，活性炭主要起还原作用，H^+ 浓度越高，还原能力越强。利用此原理，当活性炭吸附铬达到饱和后，通入酸液，将炭床吸附的铬以 Cr^{3+} 形式解吸下来，以达到再生的目的。

以上的机理是目前解释得较多的，由于用活性炭处理含铬废水的历史还很短，其他的解释也很多，而且意见不一致，有待进一步研究探索。

B 工艺流程

用活性炭处理含铬废水的典型工艺流程有三种：单吸附和处理（图 3-23）、酸再生和处理（图 3-24）以及碱再生和回收（图 3-25）。

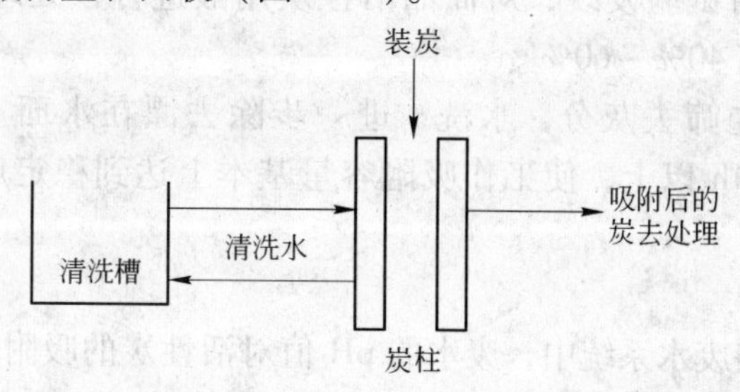

图 3-23 单吸附和处理流程——方法一

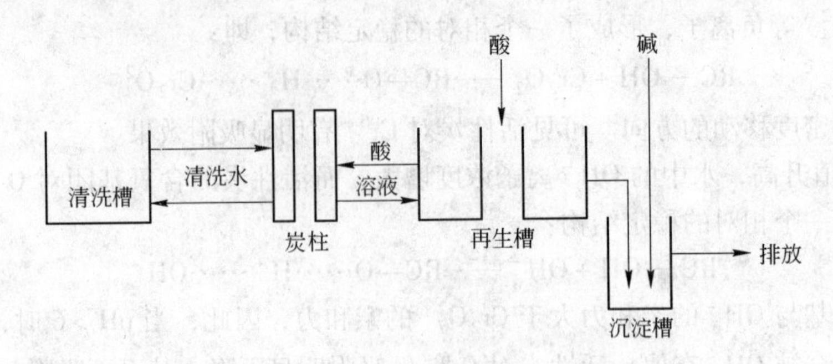

图 3-24 酸再生和处理流程——方法二

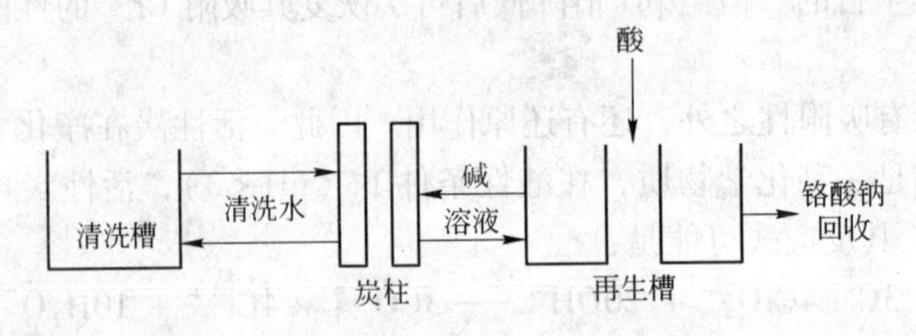

图 3-25 碱再生和回收流程——方法三

方法一，将活性炭装入炭柱，对含铬废水进行处理，处理期间含铬废水通过炭柱循环，处理后的水回复去清洗，一直到排出水中有 Cr^{6+} 泄出时，从柱底排出吸附饱和了的活性炭，上部再加入活性炭，而排出的活性炭重新去再生或作固体废渣作专门处理。这种方法一次投资少，占地少，但管理复杂，是较早采用的方法。

方法二和方法三处理含铬废水原理与方法一相同，也是水循环，所不同的是当活性炭吸附饱和后，碳不废弃而是进行酸（方法二）或碱（方法三）再生。若按活性炭吸附能力的利用程度来分，可分为工作吸附流程、饱和吸附流程及介于两者之间的欠饱和吸附流程三种。

工作吸附流程的吸附容量只有饱和吸附容量的一半左右，炭吸附能力未能充分发挥，洗脱液中铬浓度较低。反之，饱和吸附流程虽能充分发挥了活性炭的吸附能力，但整个系统较复杂，用炭量大，即一次投资较大，再生洗脱较难彻底。因此采用欠饱和流程虽然浪费了一些吸附容量，但可显著减低炭层高度（或高度不变而提高流速，缩小炭柱直径），从而节省一次投资。

C 工艺条件

a 活性炭的预处理

经静态和动态吸附试验发现，对商品活性炭用酸进行预处理能显著提高其吸附的 Cr^{6+} 能力，一般可提高 40% ~60%。

活性炭在使用前先筛去灰分，水洗，进一步除去漂在水面上的灰分，然后用 5% H_2SO_4 或 5% HCl 浸泡 4h 以上，使工作吸附容量基本上达到稳定后，再水洗后装入炭柱待用。

b 废水的 pH 值

在活性炭处理含铬废水系统中，废水的 pH 值对活性炭的吸附影响很大。据国外静态试验报道，Cr^{6+} 在 pH =4 ~6.5 时，易以 $HCrO_4^-$ 的形式被活性炭吸附；pH 值过低或大于

10几乎不吸附。国内不少单位从静态和动态吸附试验中也发现，pH = 1 ~ 2时，Cr^{6+}以还原为主；pH = 3 ~ 5时，吸附较好；pH = 8 ~ 12时，残液中的Cr^{6+}较高，活性炭几乎无吸附作用。此外，还发现不仅投产前废水pH有较大影响，而且达到吸附平衡时的pH值亦有较大影响，同时最佳的pH值与Cr^{6+}浓度还有关。在不产生还原作用的前提下，投炭前废水pH值或吸附平衡时pH值偏高都会使吸附容量下降，但pH值太低时发生强烈还原作用，吸附容量也下降。Cr^{6+}还原为Cr^{3+}的废水pH值上限与废水Cr^{6+}浓度的关系是：Cr^{6+}浓度越高，开始发生还原作用的pH值越低，H^{+}与Cr^{6+}的比值大于1.0时，就发生还原作用。综上所述，废水的pH值一般控制在3 ~ 5，进液浓度控制在5 ~ 60mg/L较好。

c 炭柱参数

炭柱参数（直径、高度、流速等）不同，操作条件亦不同，所能处理的水量也不同。在操作条件相同的情况下，炭柱越高，则允许通过活性炭处理的水量也越大。

流速的大小虽不影响活性炭的饱和容量，但会影响吸附带和饱和带的长度，影响它们的移动速度。如果出水标准是一定的，其结果是影响工作容量和设备的运转周期。当活性炭的粒度大、活性差时，流速相对应小一些。国内中间试验采用的流速在10m/h左右。床层高度至少应大于或等于三倍吸附带长度，使炭的利用率达80%。废水与炭的接触时间一般为10 ~ 30min左右。

d 再生

活性炭吸附饱和后，需进行再生。再生的方法有许多种，一种是用酸再生，另一种是用碱再生。

（1）酸再生法。用酸再生的原理是，在强酸性溶液中活性炭吸附的Cr^{6+}可被还原为Cr^{3+}，在酸性条件下，活性炭基本不吸附Cr^{3+}，因而达到再生目的。

再生用的酸一般为硫酸和盐酸，以前者居多。据国内试验与生产报道，酸的浓度在5% ~ 20%不等。酸的浓度越大，再生速度越快，再生洗脱亦越彻底。再生温度高可使活性炭的吸附能力急剧下降，所以最好在室温下进行。

活性炭的还原洗脱速度是较慢的，因此采用酸溶液浸泡再生法是节约用酸和提高再生液中铬浓度的最有效方法。采用酸的用量为炭体积的两倍或湿炭体积的0.5倍。硫酸的用量为铬量的6倍时，再生液中即可形成$Cr_2(SO_4)_3$（理论消耗量为2.83倍）。在浸泡过程中，起初1 ~ 3h内，再生液中的铬浓度增加较快，后来则增加较慢，所以实际再生时总是让其浸泡过夜，一般浸泡两次。也有资料介绍，浸泡1h左右，再曝气24h。

用酸再生后的活性炭应用水洗。因为活性炭是多孔物质，要将Cr^{3+}洗脱出来是不容易的。为减小再生液的体积，水洗亦可采用浸泡方法，每次用水为0.5倍湿炭体积，浸泡时间不应低于1h。约需用水浸3 ~ 5次才能把绝大部分余酸及Cr^{3+}洗去。前两批再生液中的铬量约占洗脱总铬的60% ~ 70%，而随后3 ~ 5次水洗液中占40% ~ 30%。总的来说，这些再生液中的铬浓度并不高，要回收综合利用不经济，故可以采用循环使用，即将再生液中铬浓度较低的补加硫酸作为下一批炭再生时再用。但这种再生工艺手续较麻烦，再生液储槽也要增加。

（2）碱再生法。用碱再生利用了在碱性条件下，活性炭不吸附废水中Cr^{6+}这一事实。用氢氧化钠溶液来再生，可把活性炭上吸附的Cr^{6+}以铬酸钠的形式洗脱出来。

碱的浓度为5% ~ 20%，但以采用低限为宜，因在此浓度范围内洗脱率均在60% ~

70%左右。洗脱的方法亦以浸泡方式为好，一般用两倍于活性炭体积的碱分几次浸泡，浸泡时间以2~3h为好。据有关资料介绍，把NaOH溶液加温到40℃左右进行再生，可以提高洗脱率，但在工业生产中却难以采用。

用碱再生虽然比较彻底，而且再生后炭的吸附能力衰减较小，但为了适应下一个循环的吸附，必须再用相应浓度的酸溶液来中和余碱，而残留在炭上的Cr^{6+}还原为Cr^{3+}并洗出，这样就增加了再生液下一步处置的复杂性。

(3) 生物再生法。利用经过驯化培养的菌种处理失效的活性炭，使吸附在活性炭上的有机物降解并氧化分解成CO_2和H_2O，恢复其吸附性能，这种利用微生物再生饱和炭的方法，仅适用于吸附易被微生物分解的有机物的饱和炭，而且分解反应必须彻底，即有机物最终被分解为CO_2和H_2O，否则有被活性炭再吸附的可能。如果处理水中含有生物难降解或难脱附的有机物，则生物再生效果将受影响。

近年来利用活性炭对水中有机物及溶解氧的强吸附特性，以及活性炭表面作为微生物聚集繁殖生长的良好载体，在适宜条件下，同时发挥活性炭的吸附作用和微生物的生物降解作用，这种协同作用的水处理技术称为生物活性炭（biological activated carbon，BAC）。这种方法可使活性炭使用周期比通常的吸附周期延长多倍，但使用一定时期后，被活性炭吸附而难生物降解的那部分物质仍将影响出水水质。因此，在饮用水深度处理运行中，过长的活性炭吸附周期将难以保证出水水质，必须定期更换活性炭。

(4) 湿式氧化法。这种再生法通常用于再生粉末活性炭，如为提高曝气池处理能力投加的粉末炭。将吸附饱和的炭浆升温至200~250℃，在反应塔内被活性炭吸附的有机物在高温高压下氧化分解，使活性炭得到再生。再生后的炭经热交换器冷却后，送入储炭槽再回用。有机物炭化后的灰分在反应器底部集积后定期排放。

湿式氧化法适宜处理毒性高、生物难降解的吸附质。温度和压力须根据吸附质特性而定，因为这直接影响炭的吸附性能恢复率和炭的损耗。这种再生法的再生系统附属设施多，所以操作较麻烦。

(5) 加热再生法。根据有机物在加热过程中分解脱附的温度不同，加热再生分为低温加热再生和高温加热再生。

1) 低温加热再生法。对于吸附沸点较低的低分子碳氢化合物和芳香族有机物的饱和炭，一般用100~200℃蒸汽吹脱使炭再生，再生可在吸附塔内进行。脱附后的有机物蒸汽经冷凝后可回收利用。常用于气体吸附的活性炭再生。蒸汽吹脱法也用于啤酒、饮料行业工艺用水前级处理的饱和活性炭再生。

2) 高温加热再生法。在水处理中，活性炭吸附的多为热分解型和难脱附型有机物，且吸附周期长。高温加热再生法通常经过850℃高温加热，使吸附在活性炭上的有机物经炭化、活化后达到再生目的，吸附恢复率高，且再生效果稳定。因此，对用于水处理的活性炭的再生，普遍采用高温加热法。

高温再生过程中，氧对活性炭的基质影响很大，因此必须在微正压条件下运行。过量的氧将使活性炭烧损灰化，而过低的氧量又将影响炉内温度和再生效果。因此，一般的高温加热再生炉内对氧必须严格控制，余氧量小于1%，CO含量为2.5%左右，1kg活性炭的水蒸气注入量为0.2~1kg（根据炉型确定）。

活性炭再生设备的优劣主要体现在吸附恢复率、炭损率、强度、能量消耗、辅料消耗、再生温度、再生时间、对人体和环境的影响、设备及基础投资、操作管理检修的繁简程度等。

此外，任何活性炭高温加热再生装置中都需要妥善解决的是防止炭粒相互黏结、烧结成块，防止并造成局部起火或堵塞通道，甚至导致运行瘫痪的现象。

（6）放电高温加热再生法。这是一种与传统高温加热再生方法完全不同的再生方法。传统方法是在密闭条件下，通过炉体间接或在炉内空间直接向活性炭加热，使炭由表及里地逐渐升温，最后达到850℃高温并通入水蒸气。国外学者认为通常的加热再生升温速度不能超过10℃/min，以防炭基质烧损，因此再生全过程长达6h。

而该方法是让炭自身迅速升温，使干燥、焙烧、活化三个阶段在5～10 min内迅速完成。不需要在密闭条件下操作，不需要通入水蒸气活化。在达到高温850℃情况下可与空气接触，自然冷却，不至于全部灰化。其强度也不受影响，炭损耗率小于2%，炭吸附恢复率95%～100%。放电再生法不仅效率高，能耗也低。1kg活性炭（干炭，干基含水率约6%）再生电耗仅0.18～0.20kW·h。1kg活性炭（湿炭，干基含水率约86%）再生全过程电耗约0.8kW·h，此电耗值是多层耙式炉能耗的1/7，是热回收移动床再生炉能耗的1/5，是热不回收移动床再生炉能耗的1/10，是直接通电式二段炉能耗的1/2。

放电高温加热再生法与直接通电式再生法的类同点是利用了炭自身导电性并具有电阻这一特性。但放电高温加热再生是控制能量，使其强制形成脉冲电弧，对被再生的炭进行放电，放电频率在3000次/min左右，使再生全过程在5～10 min完成，再生温度达到800～900℃。

3.10 生物处理法处理含铬废水

生物处理法主要利用生物（细菌、霉以及原生动物）的代谢作用处理各种废水、污水和污泥废料等的方法，或者用培养出来的有特定作用的菌类，来对含重金属离子废水进行吸附，在酶的催化作用下，利用微生物的新陈代谢功能，对污水中的污染物质进行分解和转化。根据细菌、酶等生物各自的特点及反应机理不同可以分为吸附法和絮凝法[18]。

3.10.1 生物吸附法

3.10.1.1 生物吸附法吸附原理

生物吸附法是活性污泥法中的一种，这种方法可以充分提高活性污泥的浓度，降低有机营养物和微生物之比，是利用活性污泥的物理作用（吸附作用）进行污水处理的方法。它是用细菌、霉等微生物对重金属离子进行吸附，由于细胞由不同结构组成，不同部位对金属离子的吸附也不一样。总的来说，包括微生物对金属离子的吸收及无机沉淀，酶的转化及其配合、螯合作用等。它的整个反应过程就是利用微生物体本身的化学结构及特定的作用来处理废水中的重金属离子，最后重金属离子被分离在固相中，然后再利用一定方法使其与液相分离，从而达到去除水溶液中的金属离子的方法。

3.10.1.2 生物吸附剂的特点

生物吸附剂具有来源广、价格低、吸附能力强且易于分离回收重金属等特点，该法处理含铬重金属废水时具有成本较低、省时、省材、无二次污染、有利于生态环境的改善等优点，有很好的工业应用前景。首先，生物吸附剂是由多菌种组成的复合生物吸附剂，菌群中不同的菌种对铬的吸附具有不同的 pH 值，因此对废水的 pH 值适应能力强，比单一的生物吸附材料处理率高。其次，复合生物吸附剂与活性污泥的协同促进作用，为生物吸附剂提供了一个稳定的缓冲环境，并且活性污泥的投加能有效地促进铬的生物吸附效果。由于同时污泥中的微生物也具有一定的解毒能力。在该缓冲环境中，复合生物吸附剂对铬的还原解毒是铬去除的关键。还原后，高毒性的 Cr^{6+} 主要形成了低毒性的 Cr^{3+}，有效地降低了铬对污泥及吸附剂的毒性破坏，大大提高了处理效率，增加了处理含铬废水的可操作性。

3.10.1.3　操作实例

屈艳芬等[19]研究了生物吸附剂—活性污泥法吸附处理含铬电镀废水。其实验步骤为：

（1）复合生物吸附剂的制备。利用由取枯草杆菌（*Bacillus subtilis*）、掷孢酵母（*Sporobolomycetaceae sp. YJS*）、产朊假丝酵母（*Candida utilis*）、黑曲霉（*Aspergillus niger*）、芽孢杆菌属（*Bacillus*）、酵母属（*Saceharomyces*）和根霉属（*Rhizopus*）构成含水量约为 80%、含菌量为 10^8 ~ 10^9 CFU/g 的复合生物吸附剂 FY01（10g/L）。

（2）吸附实验。研究了复合生物吸附剂 FY01 和活性污泥处理含铬电镀废水的吸附性能。结果表明，铬的生物吸附分为快速吸附和缓慢吸附两个阶段。FY01 具有良好的吸附稳定性，对废水的 pH 值适应能力强，当 pH = 2.5 ~ 6 时，10g/LFY01 和 5g/L 污泥曝气处理 2000mL 电镀废水 2h 后，68.6mg/L 含铬通用电镀废水中总铬的去除率达 71.5% ~ 75.6%；50.1mg/L 含铬康力电镀废水中总铬的去除率高达 80.0% ~ 90.0%。在此实验过程中，设定电镀废水 pH 值、处理时间等因素来观察它对电镀废水的吸附效果。FY01 和活性污泥具有良好的协同促进作用，10g/L FY01 和 15g/L 污泥对通用电镀废水、康力电镀废水中铬的联合去除率分别高达 97.7% 和 88.1%，比两者单独处理电镀废水的除铬率总和分别高出 39.8%、44.6%。

3.10.2　生物絮凝法

生物絮凝法是利用生物技术使水中的污染物聚集在一起，用于饮用水净化和污水处理，此方法需要一种微生物所产生的絮凝剂来处理水中的有害物质，这种絮凝剂是无毒的生物高分子化合物，能够使离散微粒之间相互黏附，并能使胶体脱稳，形成絮状沉淀物进行絮凝沉淀的一种除污方法。一般由蛋白质及机能性多糖、脂类物质构成。程永华等[20]用壳聚糖作为吸附剂，结果表明此吸附剂对去除重金属离子有很好的作用。它的反应机理是根据壳聚糖在不同的酸性条件下，对 Cr^{6+} 及 Cr^{3+} 的吸附速度不一样来处理有毒的 Cr^{6+}，从而可以对 Cr^{3+} 起到保护作用。壳聚糖是甲壳素的脱乙酰基产物（衍生物），甲壳素是自然界中储量仅次于纤维素的天然生物活性物质，广泛存在于甲壳类动物的外壳及许多低等植物的细胞壁中，所以用价廉、原料丰富、可降解的壳聚糖吸附法处理含铬废水是一种较理想且有发展前途的方法。其实验步骤为：

（1）吸附动力学实验和吸附等温实验。取 250mL 具塞锥形瓶若干，依次加入 50mL 含 Cr^{3+} 和 Cr^{6+} 的标准溶液，用 NaOH 和 HCl 调节溶液 pH 值（Cr^{3+} 为 5，Cr^{6+} 为 3）加入 5mg 壳聚糖（已原子化），置振荡器上振荡，待吸附平衡后过滤，取滤液用 FAAS 法测定

残余 Cr^{6+} 和 Cr^{3+} 含量，绘制吸附动力学曲线和吸附等温线。

（2）pH 值对吸附性能影响。分别取 50mL 含 Cr^{3+} 和 Cr^{6+} 溶液若干份用 NaOH 和 HCl 调节到不同 pH 值，注入盛有 50mg 壳聚糖锥形瓶中振荡，达吸附平衡后过滤，用 FAAS 法测定残液中 Cr^{3+} 和 Cr^{6+} 含量，计算吸附率，绘制 pH 值吸附率曲线。

（3）吸附率和吸附容量计算方法。

吸附率（%）＝（原液浓度－吸附后浓度）/原液浓度×100%

吸附容量（mg/g）＝（原液浓度－吸附后浓度）/吸附剂用量×溶液体积

实验结果表明，在 pH＝3 条件下，壳聚糖对 Cr^{6+} 和吸附速度较快，2h 左右达到吸附平衡，而对 Cr^{3+} 的吸附速度率较慢，9h 才接近吸附平衡，这是因为壳聚糖分子中的羟基和氨基与 Cr^{3+} 配位时，最初是在壳聚糖的表面进行的，随着反应的进行，由壳聚糖表面向内层扩散阻力增大，导致吸附速率减慢；强酸性条件（pH＝3～4）对 Cr^{6+} 的吸附有利，弱酸性条件（pH＝4～6）对 Cr^{3+} 的吸附有利，由此可以实现连续吸附。

另外，铬的浓度由最初的浓度降至国家标准以下：Cr^{6+} 含量为 22.5mg/L，Cr^{3+} 含量为 15.6mg/L，按实验方法，通过控制 pH 值分段吸附（吸附时间 9h），出水中 Cr^{6+} 含量为 0.23mg/L，Cr^{3+} 含量为 0.81mg/L，远低于国家排放标准。

生物絮凝法主要用于建筑材料加工废水、膨胀活性污泥的处理等方面，微生物絮凝法优于其他处理方法，但是它也存在诸多缺点，原材料的价格高、絮凝剂的产量较低等，限制了此方法在我国工业生产上的使用。因此今后的发展方向就是要降低工艺流程中各环节的成本，只有这样，此方法才能得以广泛推广。

3.11 离子交换法处理含铬废水

3.11.1 离子交换法处理含铬废水的要求及遗留问题

离子交换法主要是利用离子交换树脂中的交换基团同电镀废水中的某些离子进行交换而将其除去，使得废水得到净化的方法。离子交换法在电镀废水治理领域应用比较广泛[21~27]。20 世纪 70 年代，上海光明电镀厂首先使用离子交换树脂处理电镀含铬废水。此后，离子交换法在我国电镀行业广泛应用。离子交换法处理含铬废水，与化学法相比，能回收铬酸及回用水，但处理技术要求比化学法复杂。

化学法处理含铬废水，几乎都是将 Cr^{6+} 先还原为 Cr^{3+}，然后连同废水中的其他金属阳离子一起沉淀为氢氧化物，或再进一步转化为铁氧体。即以阴离子形式存在的 Cr^{6+} 和以阳离子形式存在的金属杂质一起进行处理。但采用离子交换法却不能在一个交换柱中同时除去众多的离子，一般要让废水先经过阳柱除去金属阳离子，再经过阴柱除去阴离子。

电镀车间的含铬废水组成很不相同。当仅有镀铬废水时，因废水中含金属阳离子少，阴离子的成分也不太复杂，用离子交换法比较容易处理。钝化含铬废水、酸洗含铬废水及滴流在地面后收集的含铬废水，因含有多种重金属阳离子和阴离子，要全部采用离子交换法进行彻底处理，就要复杂得多，技术上要解决的问题也较多。不同性质的含铬废水，其处理流程、操作方法都有不同的要求，这在选择处理方案时十分重要，必须事先考虑周密。

3.11.1.1 处理含铬废水的要求

离子交换法一次投资较大，必须回收有用的铬酸，才具有经济价值，否则不如采用化学法。而要回收铬酸就要求：出水达到 Cr^{6+} 的排放标准（目前为0.5mg/L）或回用水标准，在处理过程中尽量不使 Cr^{6+} 被还原为 Cr^{3+}，回收铬酸浓度达到回用要求。当要回用于镀铬槽时，纯度要求较高。为了延长阴离子交换树脂工作周期及寿命，要尽量防止树脂的氧化和破碎。为了提高交换吸附效率，要保持树脂有高的交换容量。

A 对阴柱进水 pH 值的要求

在酸性条件下，六价铬主要以 $Cr_2O_7{}^{2-}$ 形式存在，而在接近中性条件下，则主要以 $CrO_4{}^{2-}$ 形式存在。用离子交换法除去 Cr^{6+} 离子，必须选用阴离子交换树脂，其交换反应为：

$$CrO_4^{2-} + 2ROH \xlongequal{} R_2CrO_4 + 2OH^- \tag{3-51}$$

$$Cr_2O_7^{2-} + 2ROH \xlongequal{} R_2Cr_2O_7 + 2OH^- \tag{3-52}$$

由反应可见，用相同量的树脂处理 Cr^{6+} 时，按 $Cr_2O_7^{2-}$ 交换的容量为按 CrO_4^{2-} 交换容量的两倍。

另一方面，一般采用的苯乙烯型阴树脂对 $Cr_2O_7^{2-}$ 的交换亲和力远远大于对 CrO_4^{2-} 的交换亲和力，即 Cr^{6+} 以 $Cr_2O_7^{2-}$ 形式存在时易于被树脂交换吸附，交换吸附容量大。反复实验证明，苯乙烯强碱季胺型阴树脂对含铬废水中主要阴离子的交换选择性为：

$$Cr_2O_7^{2-} > SO_4^{2-} > NO_3^- > CrO_4^{2-} > Cl^- > OH^-$$

大孔弱碱阴树脂的交换选择性为：

$$OH^- > Cr_2O_7^{2-} > SO_4^{2-} > NO_3^- > CrO_4^{2-} > Cl^-$$

因此，保证进入阴柱的废水中 Cr^{6+} 基本上都以 $Cr_2O_7^{2-}$ 形式存在是技术上必须解决的问题。这就要求进入阴柱的废水呈酸性，但酸性太强，又会使出水 pH 值过低，难以处理及回用。实际使用中，对强碱阴树脂，进水 pH 值应控制在2~3.5之间；对弱碱树脂，控制在2~4之间。

B 阴柱进水中金属阳离子的影响

从理论上讲，废水先经阳柱交换阳离子后再进入阴柱，废水中的 Cr^{3+} 阳离子及其他阳离子已被阳柱吸附，阴柱中不应有明显量的 Cr^{3+}。但在实际中发现，阴树脂使用一定周期后，再用碱洗脱再生时，树脂颜色发绿，而且绿色越来越深，同时对 Cr^{6+} 的交换吸附容量逐渐降低。究其原因，是在阴柱中产生了相当量的 Cr^{3+}。其来源是：交换吸附阴树脂上的重铬酸根，会对树脂起氧化作用，本身被还原为 Cr^{3+}，Cr^{3+} 又会进一步成为 $Cr(OH)_3$ 沉淀，沉积在树脂上，造成阴树脂的污染。

当阴柱进水中含有 Cu^{2+} 等金属阳离子时，会对这种氧化作用起催化作用，加速阴树脂的氧化污染。因此，要求阴柱进水中含金属阳离子要尽量少。

3.11.1.2 离子交换处理含铬废水的遗留问题

单用离子交换法要实现对废水的"零排放"及直接回收铬酸是不大可能的，至少有下述两方面问题：

（1）阳柱洗脱液的处理。阳柱洗脱液中含有大量的金属阳离子，不能直接排放，必须进一步处理。一般处理阳柱洗脱液均采用化学法：中和沉淀、铁氧体法、硫化物沉淀法和隔膜电解法等。

（2）铬酸回收液的提纯。阴柱洗脱下来的铬酸，除含有 Na^+ 外，一般还含有较多的氯根，用于钝化处理问题还不大，但回用于镀铬槽，则必须加以提纯。

1）钠离子可经脱钠柱去除。

2）洗脱液回用于低铬钝化液，必须测定 Cr^{3+}、Zn^{2+} 等合格后才行，回用于高铬钝化，还需经蒸发浓缩处理。

3）回用于镀铬槽时，必须除去氯根，当浓度不足时，还需蒸发浓缩。脱钠后的铬酸浓度在 50g/L 左右，蒸发 75% 的水后，可直接回用于标准镀铬液，若为低浓度镀铬，则可不经蒸发浓缩。除去氯根有下面两种有效方法：

①蒸发浓缩。当用 H 型强酸树脂脱钠时，可将洗脱液中的 NaCl 转化为 HCl，后者在蒸发浓缩中会挥发掉绝大部分。实验证明，当蒸发浓缩前含 Cl^- 10g/L 时，蒸发浓缩后可降到 2.5g/L 左右，即氯根除去率大于 70%。

②电解除氯。对脱钠后的铬酸进行电解，氯根会在阳极呈现 Cl_2 析出挥发。实验表明，在 80 ~95℃下对脱钠后的铬酸通电 10 ~12.5 A·h/L，可将 Cl^- 降到 1.5g/L，甚至检不出。

实际使用时，可将两种方法结合起来，直到回用铬酸中的含氯量符合要求为止。

3.11.2　双、三阴柱全饱和流程处理镀铬废水

用双阴柱串联全饱和流程处理镀铬废水能回收铬酸，并提高阴树脂的利用率。双阴柱串联全流程包括废水预处理、交换处理、树脂再生、铬酸回收、铬酸循环使用及蒸发浓缩五个系统。废水预处理系统在离子交换法中具有共性，前已述及，此处不再讨论。在双阴柱流程基础上再加一纯水阴柱，可以提高出水水质，达到回用水的目的。有时将双阴柱流程称为“半封闭式”，而将三阴柱流程称为“全封闭式”。

3.11.2.1　双阴柱全饱和流程

此系统由 H 型阳离子交换柱、OH 型双阴柱和 Na 型阳柱组成，其流程如图 3-26 所示。

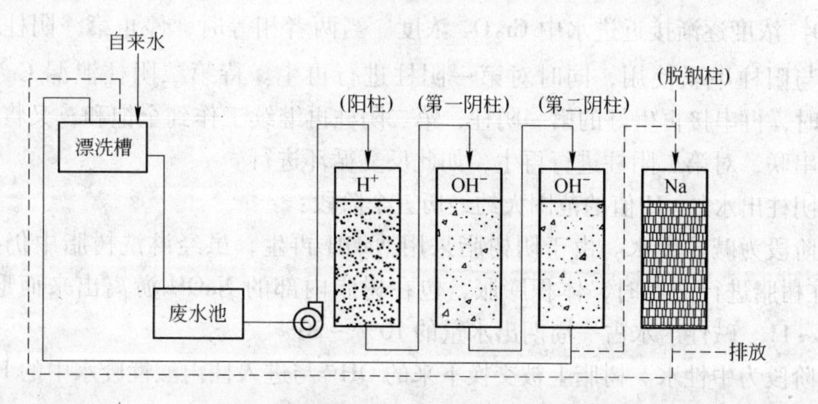

图 3-26　双阴柱串联全饱和流程示意图

A　H 型阳柱

经预处理（图 3-26 中未画出）的含铬废水经过 H 柱，有三个作用：

（1）除去自来水漂洗水中的 Ca^{2+}，Mg^{2+}、Na^+ 等离子。

（2）除去废水中的 Cr^{3+}、Cu^{2+}、Ni^{2+} 等，使出水中金属阳离子符合要求，并避免这

些重金属离子作为催化剂使阴树脂加速氧化。

（3）通过阳柱后出水 pH 值由 5 左右降到 3 以下，使废水中 Cr^{6+} 呈 $Cr_2O_7^{2-}$ 形式存在，利于阴树脂交换吸附。

阳树脂交换吸附反应可表示为：

$$M^{n+} + nRH \longrightarrow R_nM + nH^+ \tag{3-53}$$

废水经 H 柱，出水 pH 值与出水量的关系可见阳柱出水 pH 值曲线图（图 3-27）。H 柱的工作终点决定于阴树脂：当下一级为强碱阴树脂时，出水 pH≥5.5 时应停止工作，若为大孔弱阴树脂，出水 pH≥4 时应停止工作。停止工作后进行再生。

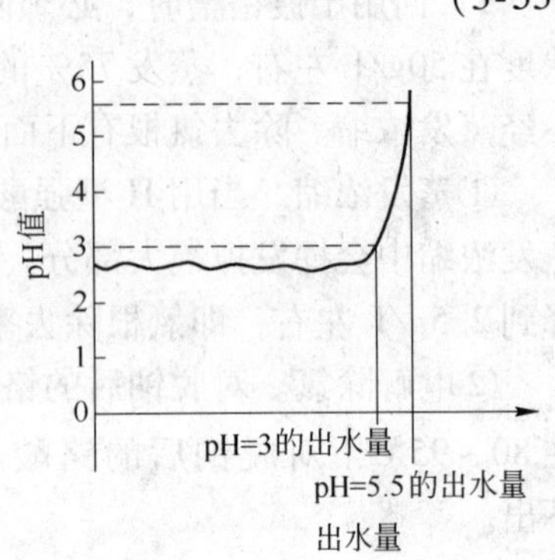

图 3-27 H 柱出水 pH 值示意图

B OH 型阴柱

废水经阳柱流入 OH 型阴柱时，废水中的 $Cr_2O_7^{2-}$ 与阴树脂上的 OH^- 基团产生交换作用，达到去除 $Cr_2O_7^{2-}$ 的目的。同时，$Cr_2O_7^{2-}$ 存留在阴树脂上，便于回收利用。交换反应为：

$$2ROH + Cr_2O_7^{2-} \longrightarrow R_2Cr_2O_7 + 2OH^- \tag{3-54}$$

尽管被交换下来的 OH^- 提高了废水的 pH 值，但因进入阴柱的废水 pH < 3，$Cr_2O_7^{2-}$ 尚不能转化为 CrO_4^{2-}。

废水中还有 SO_4^{2-}、Cl^- 等，也将在柱内被交换，但随着废水不断进柱，由于 $Cr_2O_7^{2-}$ 与树脂的强亲和力，使 SO_4^{2-}、Cl^- 被排替，向柱内树脂的下部移动。在第一阴柱出水中 Cr^{6+} 泄漏量低于 0.5mg/L 时，出水可直接排放，或用作低级的清洗水。当 Cr^{6+} 泄漏量接近于 0.5mg/L 时，通过阀门切换，串联第二阴柱继续工作。此时第一柱中剩余的 SO_4^{2-}、Cl^- 被排挤到第二阴柱，第一阴柱继续交换吸附 $Cr_2O_7^-$，直至完全饱和。即第一阴柱出水中含 $Cr_2O_7^{2-}$ 浓度逐渐接近进水中 $Cr_2O_7^-$ 浓度。当两者相等时，停止第一阴柱工作，第二阴柱单独与阳柱串联使用，同时对第一阴柱进行再生。待第二阴柱泄漏 Cr^{6+} 浓度接近 0.5mg/L 时，再串接再生好的第一阴柱，第二阴柱再继续工作到全饱和，又将第一阴柱与阳柱单独串联，对第二阴柱进行再生，如此反复循环进行。

每个阴柱出水的 pH 值的范围大约经历三个阶段：

第一阶段为碱性废水。由于阴树脂采用 NaOH 再生，虽经淋洗树脂中仍残存有部分 NaOH，在树脂进行交换时，体积膨胀，包在树脂内部的 NaOH 游离出来而形成碱性水，其 pH = 8 ~ 11。碱性出水占一周期出水量的 10% ~20%。

第二阶段为中性水。树脂上被交换下来的 OH^- 与进入柱内酸性废水中的 H^+ 基本上能中和，生成 H_2O，中性水 pH = 5.5 ~ 8，水量占一周期出水的 10% ~20%。

第三阶段为酸性水。由于 $Cr_2O_7^{2-}$ 将 SO_4^{2-}、Cl^- 等强酸根排出柱外，树脂上交换下来的 OH^- 又不足以中和进水中的 H^+，造成出水 pH = 2.3 ~ 5.5，为酸性出水，其水量占一周期出水的 50% ~75%。在交换柱多次循环使用后，柱内 SO_4^{2-}、Cl^- 将累积，定期排放。

实际操作时，对阴柱出水应经常检查 Cr^{6+} 含量及 pH 值。

C Na 型阳柱

Na 型阳柱中盛装转为 Na 型的阳树脂，一般为732 号（或001 ×7）凝胶型强酸阳离子交换树脂，其抗氧化性不够理想，但交换容量大。Na 型阳树脂有两个用途。

（1）当阴树脂工作时，出水的 70% 左右为酸性水，回用较困难，此时将阴柱排出的酸性水串联通入 Na 型阳柱，发生下述交换：

$$R—Na + H^+ \rightleftharpoons RH + Na^+ \tag{3-55}$$

从而使出水 pH 值由 3 提高到 5 以上，即起到中和酸性水的目的，以提高回收水的质量。

（2）交换后的 Na 型树脂成为 H 型树脂，又供给以后从阴柱洗脱回收的铬酸脱除钠离子用。

3.11.2.2 三阴柱全饱和流程

双阴柱串联全饱和流程阴柱出水在一个周期内酸性水占 70% 左右，虽经脱钠柱交换，但仍达不到平衡，在一个周期中脱钠柱有时要再生四五次。同时，对于工件漂洗采用自来水，含杂质多，影响回用水水质。在双阴柱基础上再串联一纯水阴柱，以除去 SO_4^{2-}、Cl^-，过多的 H^+ 而将酸性水中和为纯水，并用纯水作为漂洗水，则为三阴柱串联全饱和流程，如图 3-28 所示。这种流程具有水回用率高（90% 以上）、出水水质好（可接近去离子水）、阳柱工作负担减轻、再生耗酸量少等优点。实用中，当系统产生的纯水不足以供应漂洗用水时，要另设阴柱、阳柱相串的纯水制备系统，用以除去自来水中的杂质，供作漂洗水交换柱再生后的清洗水。该系统的缺点是一次投资大，操作要求高。

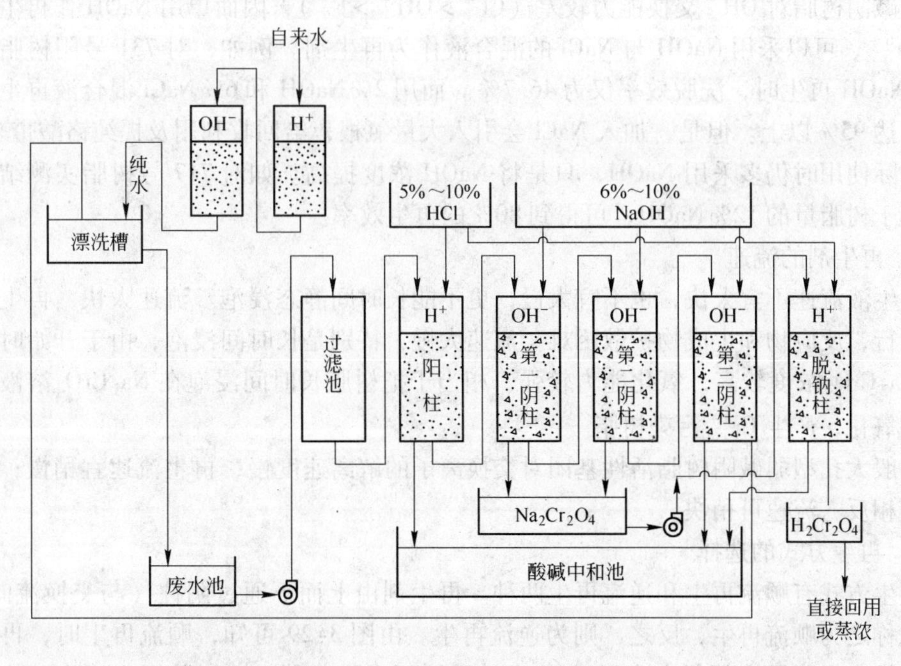

图 3-28 三阴柱串联全饱和流程

3.11.2.3 树脂再生系统

树脂再生是交换的逆过程。再生的好坏，直接关系到树脂的交换能力，也是回收有用物质的重要一环。因此，树脂再生在技术和经济上都十分重要。

A 阴树脂的再生

a 弱碱阴树脂的再生

弱碱阴离子交换树脂一般采用 NaOH 溶液再生，这是由于 OH^- 是这类树脂最易交换的离子。再生过程分为两步：

$$R_2Cr_2O_7 + 2NaOH = R_2CrO_4 + Na_2CrO_4 + H_2O \quad (3\text{-}56)$$

$$R_2CrO_4 + 2NaOH = 2ROH + Na_2CrO_4 \quad (3\text{-}57)$$

选择再生剂浓度，一方面希望提高再生洗脱液中 Cr^{6+} 浓度，以利于提高回收铬酸的浓度（应采用高浓度的 NaOH）；另一方面又要尽量减少洗脱液中剩余碱含量，减轻脱钠柱的负担（宜采用低浓度 NaOH）。因此，要兼顾两者，采用适中的 NaOH 浓度，一般为 6% ~12%。

再生剂的用量与再生效率有关。再生剂的用量一般用再生剂与树脂的体积比来表示。再生剂用量越大，再生效率必然越高。实际操作中为节约再生成本、提高洗脱液浓度，要考虑再生的经济性，在保证下一吸附循环不因泄漏而造成工作交换容量大幅度下降的前提下，尽可能地减少再生剂用量。

为了提高 NaOH 利用率，同时减轻脱钠柱的负担，在再生时，部分碱液洗脱出来的 Cr^{6+} 浓度较高，含碱量低，用于脱钠后回收铬酸；部分洗脱液则情况相反，应回收作为下一循环时再用作再生剂。对弱碱阴树脂，以出水 pH 值在 7 ~8 作为回收与再用的分界。

b 强碱阴树脂的再生

强碱阴树脂对 OH^- 交换能力较差（$Cl^- > OH^- > F^-$），因而单用 NaOH 作再生剂难以洗脱 Cr^{6+}，可以采用 NaOH 与 NaCl 的混合液作为再生剂。例如，对 731 号阴树脂，单纯用 6% NaOH 再生时，洗脱效率仅为 46.7%。而用 2% NaOH 和 6% NaCl 混合液再生，洗脱效率可达 95% 以上。但是，加入 NaCl 会引入大量氯根，给回收利用及提纯铬酸带来困难，因而实际使用时仍多采用 NaOH，只是将 NaOH 浓度提高。如对 717 号树脂实测结果，采用两倍于树脂量的 12% NaOH，可得到 80% 的再生效率。

c 再生剂的流速

再生液流速不宜太快，也不宜太慢，更不能长时间静态浸泡。流速太快，再生反应来不及进行，反应物和生成物扩散困难。流速太慢，特别是长时间浸泡，由于开始时洗脱出来的 Na_2CrO_7 浓度较高，氧化能力较强，相当于把树脂长时间浸泡在 Na_2CrO_4 溶液中，树脂易被氧化，产生 Cr^{3+} 污染树脂。

一般大孔型弱碱阴树脂活性基团对交换离子的解离速度慢，再生流速宜稍慢；强碱阴树脂则相反，流速可稍快。

d 再生方式的选择

再生方式有顺流再生和逆流再生两种。再生剂由上而下通过阴柱（与交换流向相同）的再生称之为顺流再生，反之，则为逆流再生。由图 3-29 可知，顺流再生时，再生结束后，通常在树脂层底部仍有少量 Cr^{6+} 未被洗脱下来，若稍加洗涤就通入废水，势必造成交换过程中大量泄漏 Cr^{6+}。

逆流再生时，剩下的一小段未再生完全的树脂位于树脂层顶部，稍加洗涤就可通入废水进行交换。由于下部树脂早已再生完全，不可能产生大量 Cr^{6+} 泄漏，因而能显著减少再生剂的用量，提高再生效率。但逆流再生时流速不能太高，否则易造成树脂乱层，不能使未再生彻底的树脂集中在树脂层顶部。然而流速太慢时又可能使上层的 Na_2CrO_4 渗透到下层的 NaOH 液中，造成洗脱液乱层，影响再生效果。

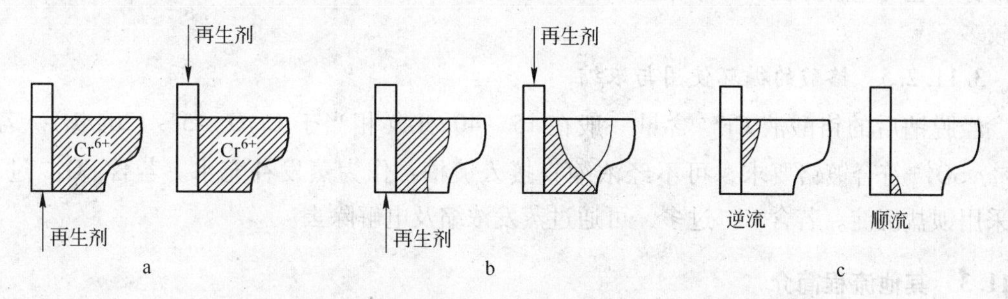

图 3-29　逆流与顺流再生时树脂层中 Cr^{6+} 的分布

a—交换结束，开始再生前；b—再生过程中；c—再生终止时

对于弱碱大孔阴树脂，考虑到再生洗脱容易，用顺流再生已能满足要求，且操作方便，可采用顺流再生；对于其他阴树脂，以采用逆流再生为宜。

B　阳树脂的再生

吸附 Na^+、Ca^{2+}、Mg^{2+}、Cr^{3+} 等离子的阳离子交换树脂，用酸再生，转换成 H 型树脂。由于 SO_4^{2-} 易与 Ca^{2+} 生成 $CaSO_4$ 而堵塞树脂微孔，因而再生剂一般采用 HCl。

一般采用高浓度 HCl，洗脱效果良好，树脂循环使用的工作容量高。但从经济上考虑，宜用低浓度 HCl。实际使用时多采用 1mol/L HCl。若使用多个周期多后交换容量明显下降时，再用 3mol/L HCl 进行深度再生，使树脂活化。

也可采用 1mol/L HCl，用 3 倍体积树脂的量，1.5 倍盐酸再生后经化学法处理后排放，1.5 倍洗脱液留作下一周期再生时复用。强酸阳树脂因再生洗脱速度快，可采用 3~4 倍的空间流速。阳柱再生过程为（顺流再生）：排水→进酸→淋洗与正洗→反洗→落床，也可为：排水→反洗→进酸→淋洗与正洗→落床。

再生终点控制在出水 pH = 2~3。

阳柱洗脱液中含有多种重金属离子，一般用中和沉淀、铁氧体等化学法进行处理。

3.11.2.4　铬酸回收系统

经阴柱再生的洗脱液含有大量 Na_2CrO_4，洗脱液进入脱钠阳柱（H 型离子交换柱）产生交换反应：

$$Na_2CrO_4 + 2RH = 2RNa + H_2CrO_4 \qquad (3\text{-}58)$$

交换后，柱内 pH 值急剧下降至 2 以下，CrO_4^{2-} 转化为 $Cr_2O_7^{2-}$：

$$2CrO_4^{2-} + 2H^+ = Cr_2O_7^{2-} + H_2O \qquad (3\text{-}59)$$

如果回收的铬酸钠溶液中含有一部分游离碱，就要多消耗一部分 H 型强酸树脂，进行下列反应：

$$RH + NaOH = RNa + H_2O \qquad (3\text{-}60)$$

因此要尽量减少回收铬酸钠溶液中游离碱的含量。脱钠后的铬酸进行浓缩后要返回镀铬槽使用，必须注意回收铬酸的纯度问题。回收铬酸质量主要取决于两个因素：第一，阴柱再生剂 NaOH 纯度，特别是 Cl^- 含量，应选用纯度高的 NaOH；第二，与脱钠柱本身再生操作有关。再生用盐酸比用硫酸易洗脱，但最后回收铬酸中 Cl^- 含量较高；用硫酸再生时，洗脱困难些，回收铬酸中含 SO_4^{2-} 较高。前已述及，过多的 Cl^- 可在蒸发浓缩时除去大部分，也可电解除去。SO_4^{2-} 过多时，则要用 $BaCO_3$ 沉淀。实际使用时，采用 HCl 的单位较多。

3.11.2.5 铬酸的循环使用与浓缩

经脱钠后的铬酸液 Cr^{6+} 含量一般在 15 ~ 40g/L（相当于 Cr_2O_3 45 ~ 120g/L）。若含 Cl^-、SO_4^{2-} 符合镀铬要求，可不经浓缩直接入镀槽，作为蒸发补充水。若含 SO_4^{2-} 过多，应采用钡盐沉淀。若含 Cl^- 过多，可通过蒸发浓缩及电解除去。

3.11.3 其他流程简介

离子交换法处理含铬废水流程很多，可根据处理要求、场地及资金、技术等条件选择。但是，有些流程虽然简单，但不能达到回用水及回收铬酸的目的，甚至还要靠化学法再处理，使铬含量达到排放标准，就失去了离子交换法的意义，因而并不可取。这里举出其他几种流程，供参考比较。

3.11.3.1 移动床处理钝化含铬废水

移动床和流动床是两个不同的概念，后者是指在操作时，树脂处于悬浮流动状态，又称为流化床，在水处理中有所应用，但在电镀废水处理中尚未见应用。电镀废水处理中的移动床，均指将交换饱和的树脂移入柱外进行再生，再生好的树脂再移入交换柱进行交换工作。

柱外再生，可以在专门的再生桶中用手工操作进行静态再生，有时称这种再生方式为“半移动床式”。也可将树脂移入专门的再生柱进行动态再生。

再生时，树脂从交换柱下部放出。输送树脂多用水力输送：由高位水箱中的压力水将树脂压出。因此，树脂出口不宜设在交换柱侧面，而应设在柱体底部。再生时，由于要放出下部树脂，因此在工艺上有两个特点：第一，多采用逆流交换-废水从交换柱下部通入，上部流出，使下层树脂先饱和；第二，交换柱多为单柱工作，而不采用双柱串联全饱和。

每次从交换柱下部放出部分树脂后，再从柱体上部补充再生好的新树脂。再生好的树脂可存于专门的储存柱中，用压力水送入交换柱，或用储存斗，将储存斗置于交换柱上部，再生好的树脂用压力水存于储存斗中，再按需要量放流入交换柱。

阴树脂和阳树脂均可进行移动床再生，也可单对一种树脂进行柱外再生。

3.11.3.2 移动床小型除铬装置

小型化的离子交换装置多数采用移动床再生，当设置阳柱（H 型）—阴柱（OH 型）—脱钠柱（H 型）及阳再生柱、阴再生柱时，可实现回收铬酸，但阴柱出水酸性水不能直接回用于漂洗。当再加一纯水阴柱时，可实现水的再用。国内生产的 BL-1 型离子交换小型除铬装置属于前一种情况。除铬系统由一支阳柱（H 型）和一支阴柱（OH 型）串联组成，进行逆流交换运行。阳柱出水 pH 值至 3 时，到达终点，移出部分树脂，进入阳再生柱进行再生，此时阳柱继续运行。再生好的阳树脂及时补充至树脂层上端。

阴柱出水 Cr^{6+} 泄漏至 0.1mg/L 时，移出 1/5 树脂进行再生，其余树脂继续交换运行。为防止树脂乱层，在逆流交换进水前应将柱内存放水放干，然后进水，使树脂层全部呈柱状被托起。交换过程中因进水压力，整个树脂层也被顶起压紧，不致乱层。

阳柱再生与一般工艺相同，而阴树脂再生采取再生脱钠一步法：阴树脂再生时再生柱与脱钠柱直接串联，从脱钠柱流出稀铬酸，进行收集。脱钠柱再生采用硫酸，以减少回收含铬废水中的 Cl^-。

3.11.3.3 单床流程

A 单阳柱流程

将逆流漂洗第一槽较浓的清洗水及通风机带出后的回收液放入中间槽，再经一个阳柱去除铁、镍、铜等金属离子，出水含铬酸，经蒸发浓缩后，用化学沉淀法除去 SO_4^{2-} 后作为镀铬槽补充水。实际使用时可用两根阳柱交替工作和再生。这种单阳柱流程实际上只起到纯化废水以利于铬酸回收的作用。

B 单阴柱流程

让含铬废水经过滤后注入装有转成 SO_4^{2-} 型的强碱阴树脂，富集 Cr^{6+}，出水回用作电镀一般清洗水用。用1% NaOH 和4%~9% NaCl 混合液再生树脂，洗脱下来的铬酸中含有较多 Cl^- 和 SO_4^{2-}，不能直接回收，一般用亚硫酸盐将 Cr^{6+} 还原为 Cr^{3+}，再供制作鞣剂等用。

离子交换法处理含铬废水可供选择的流程很多，各有优缺点，应当从实际出发，加以认真比较，合理地加以选择。

3.12 电解法处理含铬废水

电解技术在处理含铬废水是把化学方法（氧化还原）、絮凝和吸附技术三者结合起来研制的一种新方法。此工艺操作较为简便，处理较为彻底，基本上不会造成二次污染。该方法的工作原理是利用电解的方法，将铁作为还原剂把有毒的 Cr^{6+} 还原为毒性较弱的 Cr^{3+}，然后通过加入氢氧化钠或其他碱性物质，把 Cr^{3+} 沉淀下来，再将其过滤出来，可以达到对铬的回收；为了进一步得到其他铬的产品，将上步骤所得的 $Cr(OH)_3$ 沉淀物先用酸处理，在反应发生器中通过氧化作用，生成重铬酸根离子，可以把此离子作为蚀刻剂来应用到其他的行业中去，或向 Cr^{3+} 的溶液中加入次氯酸钠，以生成重铬酸盐。

3.12.1 电解及其规律

电解处理是利用电极与废水中的有害物质发生电化学反应而消除其毒性的方法，属于电化学过程。电化学反应原理早已被用于电镀和抛光生产，电解处理废水正是在电镀原理的基础上发展起来的，与电镀生产有不少相同之处。所不同的是作为电解液的电镀液和废水，其中各成分的浓度不一样：电镀液中各成分的浓度高，而电解处理的废水是电镀生产操作过程中的清洗水，有害物与其他各种成分的浓度相对来说低得多。因此，在具体操作上与电镀生产有差异，但电镀的电化学原理在电解处理废水上完全适用。

3.12.1.1 电解

电流通过电解质溶液而引起氧化还原反应的过程称为电解。电解处理电镀废水时，在作为电解液的废水中放置阴极、阳极，接通直流电源后，电极和废水中就有电流流过。在电场的作用下，溶液中的正离子向阴极迁移，负离子朝向阳极迁移。

当有电流流过时，溶液中每一种离子都不同程度参加了电迁移，每种离子所迁移的电流与离子的运动速度成正比，但并不是所有的离子都能到达电极，也不一定都参加电极反应。

在电流通过电极与溶液的界面时，电流的传导是由电子传导转化为离子传导，或相反。在锌、铁、镍、镉、银、汞等金属盐的溶液中，当有一定的电流通过时，溶液中的金属离子会在阴极上得到电子并以金属形式析出。而在化学活泼的金属——如碱金属（钠、钾等）和碱土金属（铍、镁、钙、锶、钡等）盐类中以及酸性溶液中，则只有在氢气在阴极析出。阳极若为惰性金属（例如铂）或石墨等，则在阳极上会由于溶液中的负离子放电，从硝酸盐、硫酸盐、磷酸盐等溶液中析出氧气，而从卤素化合物（氟化物除外）的溶液中可能析出自由的卤素（氯、溴等）。阳极若为铁、镍、铜、锌、铝等任何一种化学性较活泼的金属时，则这些金属的原子会失去电子而成为离子状态，进入溶液中，即所谓阳极溶解。例如，含铬废水电解处理时的铁阳极：

$$Fe = Fe^{2+} + 2e \tag{3-61}$$

上述反应是物质在阴极上得到电子的还原反应和在阴极上失掉电子的氧化反应，这种电化学反应称为电解。显然，阴极和阳极上的反应是同时发生的，且阴极反应所得到的电子数一定等于阳极反应所放出的电子数，也等于外电路中通过的电子数，使整个回路中有一定大小的电流通过。

3.12.1.2 法拉第定律

金属在阴极析出或金属在阳极溶解时，其量和通过电解池的电量存在一定的关系，这种关系符合法拉第定律。

法拉第第一定律：在电极的两相界面处（金属-溶液界面处）发生电化学反应物质的量与通过的电量成正比。

法拉第第二定律：当相同的电量通过不同的电解质溶液时，在电极上析出或溶解的物质的量与其电化学当量成正比。

如果阳极只发生金属溶解而没有析出其他物质时，则根据法拉第第一定律，阳极溶解金属的克数为：

$$W = kQ = kIt \tag{3-62}$$

式中 k——1 单位电量溶解元素克数，称为元素的电化当量，g/C；

Q——通过的电量，C，即 A·s；

I——电流强度，A；

t——电流通过的时间，s。

根据法拉第第二定律，溶解或析出任何 1mol 物质所需的电量是一样的，与该物质的本性无关，以字母 F 表示此电量，称为法拉第常数：

$$F = 96500\text{C/mol} = 26.8\text{A·h/mol} \tag{3-63}$$

通过法拉第定律和计算公式，就可以对电解过程中出金属析出量或溶解量进行理论上的计算，这对实际的电解设备的效率的评价就可有一考察的依据，决定对该设备的取舍。

3.12.2 电解法处理含铬废水的基本原理

电解法处理含铬废水是利用铁做阳极在电解过程中以亚铁离子溶解，生成的亚铁离子在酸性条件下，将 Cr^{6+} 还原为 Cr^{3+}，同时电解时，由于阴极析出了氢气，使废水的 pH 值由于逐渐上升，最终由酸性变成近似中性，Cr^{3+} 便以氢氧化物的形式沉淀，达到了净化的目的。

3.12.2.1 阳极反应

电解法处理含铬废水，废水起始的 pH 值一般都小于 7，呈酸性。由于处在酸性条件下，一般又加入了氯化钠作为导电盐和阳极去极化剂。因此，阳极处于活化状态，发生铁的溶解反应：

$$Fe = Fe^{2+} + 2e \tag{3-64}$$

由于 Fe^{2+} 有很强的还原性，立即把 Cr^{6+} 还原为 Cr^{3+}：

$$Cr_2O_7^{2-} + 6Fe^{2+} + 14H^+ = 2Cr^{3+} + 6Fe^{3+} + 7H_2O \tag{3-65}$$

$$CrO_4^{2-} + 3Fe^{2+} + 8H^+ = Cr^{3+} + 3Fe^{3+} + 4H_2O \tag{3-66}$$

当阳极局部钝化时，阳极区也会发生 OH^- 放电析出氧的反应：

$$4OH^- - 4e = O_2 + 2H_2O \tag{3-67}$$

3.12.2.2 阴极反应

阴极反应发生析出氢气的反应：

$$2H^+ + 2e = H_2 \tag{3-68}$$

阴极也可能发生 Cr^{6+} 还原成 Cr^{3+} 的反应：

$$Cr_2O_7^{2-} + 6e + 14H^+ = 2Cr^{3+} + 7H_2O \tag{3-69}$$

$$CrO_4^{2-} + 3e + 8H^+ = Cr^{3+} + 4H_2O \tag{3-70}$$

但是，实践证明，Cr^{6+} 在阴极上直接还原的量是微不足道的，阳极铁板溶解形成的亚铁离子才是 Cr^{6+} 还原为 Cr^{3+} 的主要因素。由此可以看出，电解处理含铬废水实际上是一种间接电化学氧化还原反应过程。

随着电解反应的进行，废水中的氢离子浓度不断下降，溶液的 pH 值不断上升，当达到氢氧化铬能沉淀的 pH 值时，两者便生成了稳定的氢氧化物沉淀：

$$Cr^{3+} + 3OH^- = Cr(OH)_3 \tag{3-71}$$

$$Fe^{3+} + 3OH^- = Fe(OH)_3 \tag{3-72}$$

最后，将水和沉淀物分离，清水可循环使用或排放，达到了去除废水中 Cr^{6+} 的目的。

通过上面对阴阳极反应的分析可以看出，保证铁阳极的正常溶解是废水净化的关键之一。电解液中含有氯离子或其他卤素离子，能阻止阳极钝化，使其保持活化状态而正常溶解。另外，pH 值对阳极钝化和活化也有很大影响。铁族和铬族金属在碱性溶液中比在酸性溶液中较易钝化。因此被处理的废水，最初应呈酸性，也是使阳极正常溶解的主要条件。

3.12.3 含铬废水电解处理的工艺流程

含铬废水电解处理的工艺流程因地势的特点及废水的处理量而有所差异，但基本上可按图 3-30 所示的流程表示。电镀生产中各排放点排放的含铬废水，流入废水集水池中储存，间歇或连续地送到电解池进行电解处理。

电解时加入适当的食盐并用压缩空气搅拌。经电解后含有氢氧化铁和氢氧化铬等沉淀物的废水流到沉淀池使沉淀物与水分离，清水可以排放或经过滤后循环使用。沉淀池内含有大量水分的污泥排入污泥干化场脱水干化。

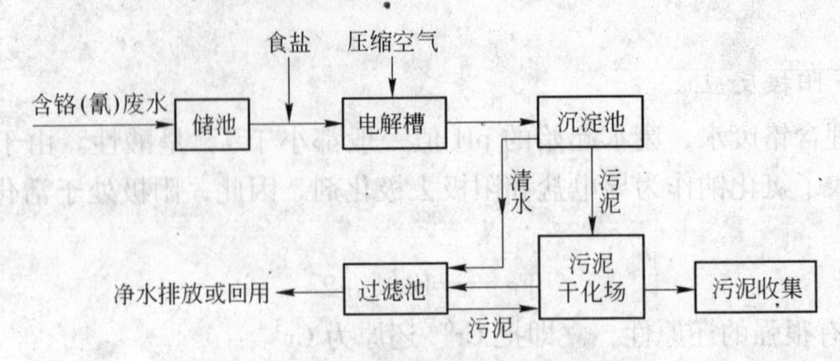

图 3-30 含铬废水电解处理工艺流程

在整个处理流程中，废水的流动形式和具体处理方法可以根据电镀车间的地形特点、生产负荷、含铬废水排放量等因素，采用重力自然流动或压力流动形式，电解处理可连续或间歇进行。

3.12.4 铁板电极电解含铬废水

3.12.4.1 电解槽构造

目前，国内处理含铬废水的电解槽，较为普遍采用的是回流式电解槽和翻腾式电解槽两种结构。这两种电解槽一般用混凝土制作，加工容易，使用方便。但极板利用率不太高，当极板腐蚀时会有铁锈脱落。图 3-31、图 3-32 所示分别为回流式和翻腾式电解处理槽。

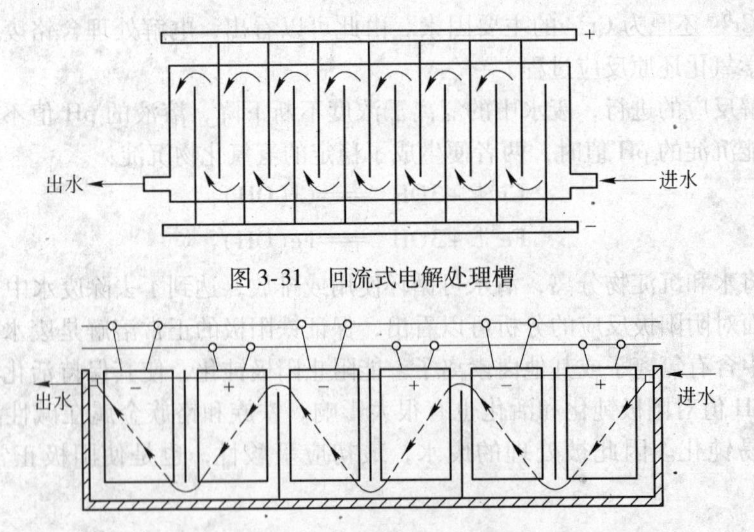

图 3-31 回流式电解处理槽

图 3-32 翻腾式电解处理槽

图 3-33 所示为回转式电解槽。这是一种电极能旋转的新型电解槽。当开动搅拌电动机，电极即能旋转。将废的铁屑或铝屑加入聚氯乙烯槽框内，并插入石墨棒作为阳极，中心铁管为阴极。当在两极施加直流电时，发生电化学反应过程，随着电极转动，废水产生流动，便能顺利排出浮渣。另外，由于搅拌作用，促进了凝聚体的凝聚、熟化。该装置的

特点是可以利用废铁屑处理废水，做到以废治废。缺点是电极结构复杂，接触电阻大，耗电量较大。

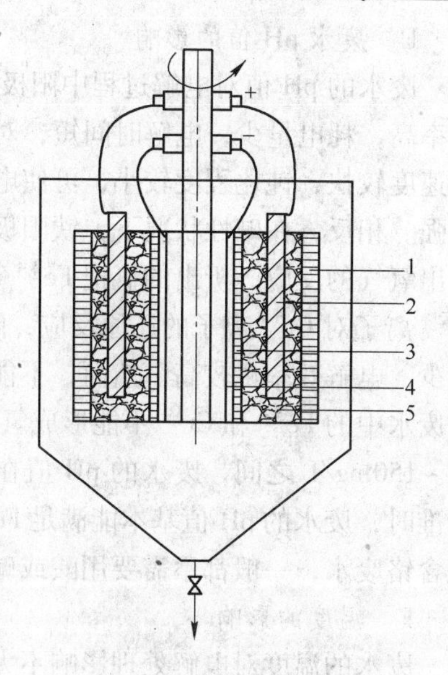

图 3-33 回转式电解处理槽
1—聚氯乙烯外筒；2—石墨阳极；3—聚氯乙烯内筒；4—铁管阴极；5—铁屑

3.12.4.2 影响电解过程的主要因素

A 食盐加入量的影响

在废水中投加食盐作为电解质可以提高废水的导电能力，降低电压，减少电能消耗。因此，适当加入食盐对电解过程是有利的，但多加不但是浪费，而且增加了水中的氯离子含量，破坏了水质。一般加入1~1.5g/L食盐即可。

在实际处理过程中，食盐加入量无需严格控制，通过观察电解电压的高低可以判断食盐含量是否适当：当电压显著上升，而电流明显下降时，表明废水中食盐含量太少，此时应适当补充食盐。

B 电解槽工艺参数的影响

电解槽工艺参数主要为水极比和极板间距。

水极比是电解槽工作时的有效阳极面积与有效的容积（电解时，有电流通过的那些水溶液的容积）之比。水极比直接影响电解时间、电能消耗和极板更换周期等参数。当其他条件相同时，水极比越大，电能消耗越少，极板更换周期越长。反之亦然。

电解槽中，阳极板与阴极板之间的中心距离称为极板间距。极板距越小，其间溶液的电压降越小，电能消耗越少。反之，极板距增大，压降增大，电能消耗增大。

因此，从降低电能消耗角度来讲，电解槽应该采用尽可能小的极板间距和尽可能大的水极比。但极板距过小、水极比过大时，为防止极板之间的短路，要求极板平整，极板安装的精度要求高，施工安装往往达不到质量要求。此外，不利于极板定期冲洗和清理。目前，国内采用的电解槽，水极比一般为1.5~25m^2/L时，极板距为30~50mm。

C 阳极电流密度的影响

阳极电流密度是单位阳极面积上通过的电流，单位为A/dm^2。增大阳极电流密度，能提高处理效率，缩短电解时间。但阳极电流密度太大，容易使阳极钝化，这样，即使加大了电流，处理效果反而不好，同时消耗了过多的电能。所以通常采用小电流密度进行电解处理，一般为0.2~0.6A/dm^2。

D 废水成分与Cr^{6+}浓度的影响

废水中Cr^{6+}的含量是影响电解时间和耗电量的主要因素，Cr^{6+}浓度越高，耗电量越大，电解所需的时间也越长；废水中Cr^{6+}浓度越低，电解效果越好，电解时间越短。通常，废水中Cr^{6+}浓度应控制在200mg/L以下。

废水中的其他成分对电解处理也有明显的影响。若废水中含有较多的硝酸根，则在电解除铬时，耗电量将明显增大。这是因为硝酸是强氧化剂，它在酸性条件下可以将亚铁离子氧化，从而抑制Cr^{6+}的还原，另外，它能加剧阳极钝化，使耗电量增大。

E 废水 pH 值的影响

废水的 pH 值对电解过程中阳极电流效率有显著的影响。pH 值低，电解时的阳极电流效率高，耗电量少，电解时间短，对电解过程有利。同时，铁阳极电化学溶解和化学溶解的速度较快，钝化程度较小，可使电解槽内溶液中 Fe^{2+} 浓度增高，从而还原 Cr^{6+} 的能力增强。相反，在碱性状况下，铁阳极容易钝化，局部阳极表面有时会发生氢氧根离子放电析出氧气的反应，析出的氧把 Fe^{2+} 氧化成 Fe^{3+}，降低了还原 Cr^{6+} 的效果。同时，溶液中 Fe^{2+} 离子对 Cr^{6+} 离子的还原反应，随 pH 值的降低而增快。因此在 pH 值较低时，耗电量较少，电解效率也较高。然而，不能认为 pH 值越低越好，因为 pH 值太低，将会使处理后废水中的 Fe^{3+} 和 Cr^{3+} 不能形成氢氧化物沉淀。实践证明，若处理前废水中 Cr^{6+} 含量在 25～150mg/L 之间，废水的 pH 值在 3.5～6.5 之间，经过电解处理至 Cr^{6+} 含量达到排放标准时，废水的 pH 值基本能满足 Fe^{3+} 和 Cr^{3+} 形成氢氧化物沉淀的要求，所以用电解法处理含铬废水，一般都不需要用酸或碱调节 pH 值。

F 温度的影响

废水的温度对电解处理影响不大，废水温度变化符合一般温度升高离子活动性增加的规律，因此温度上升，废水的导电能力增加，但增加不多。由于焦耳热的影响，电解处理后水温大约可上升 1～2℃。

G 空气搅拌的影响

空气搅拌一方面可以加快离子的扩散，降低极化作用，缩短电解时间；另一方面可以防止沉淀物在电解槽内沉积和防止沉淀吸附在极板上。但由于空气中的氧会将 Fe^{2+} 氧化为 Fe^{3+}，影响处理效果，而且空气的导电性差，导致两极间的电压升高，因此，电解槽工作时压缩空气不宜太大，以不使沉淀物在电解槽内沉淀为准。

H 电极材料的影响

电解含铬废水时，为便于阴极和阳极换向使用，消除阳极钝化和延长极板使用时间，阴极和阳极都用钢板作电极材料。钢板厚度一般 4～6mm，太薄易腐蚀穿孔，更换频繁，劳动量大；太厚每块极板的重量过重，体积大，不但安装使用不方便，而且需要增大电解池的体积。

试验证明，像石墨、铅板、高硅生铁、硅钢片等非溶解性电极处理含铬废水十分困难，废水含铬量不能达到排放标准。因此，电解处理含铬废水不能用上述材料作电极。

3.12.5 铁屑电极电解含铬废水

3.12.5.1 铁屑电极电解的基本原理

铁屑电极电解的基本原理与钢板电极相同，是靠阳极溶解产生的 Fe^{2+} 还原 Cr^{6+}。在电解槽内两侧分别装填铁屑和用于导电的石墨板，相当于两侧各是一块钢板电极，中间隔板的板厚相当于极距。石墨板分别接通直流电源正负极，离子穿过中间隔板空隙而导电，作为阳极的铁屑溶解产生亚铁离子，在酸性条件下将 Cr^{6+} 还原为 Cr^{3+}。Cr^{3+} 在碱性情况下，以氢氧化物形式沉淀下来，达到了净化目的。

3.12.5.2 电解槽的构造

电解槽采用翻腾式结构，与铁板电极电解槽不同的是仅是在电解槽内增加了中间隔板和以铁屑作为电极（图3-34）。

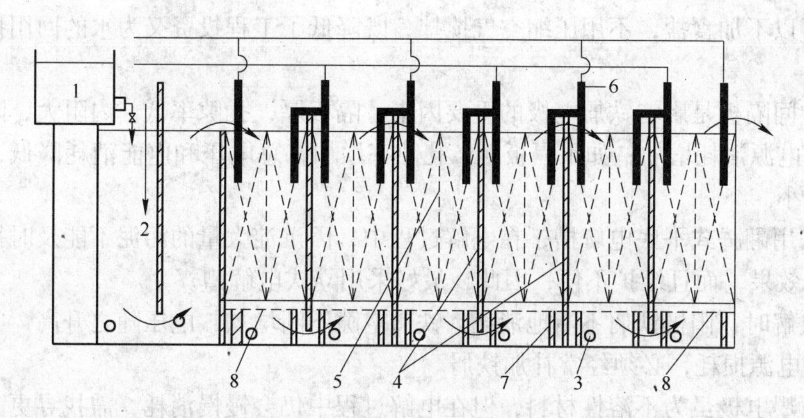

图3-34 铁屑电极电解槽

1—食盐投配槽；2—含铬废水；3—排污阀；4—导流板；5—隔板；6—石墨电极；7—砖墩；8—底部支撑板

电解槽由导流板隔开成八格，除前两格未加铁屑外，其余六格安装铁屑。在每格中间插入隔板（称为中间隔板），中间隔板两侧装填铁屑电池，并设置石墨板连接直流电源。导电板、中间隔板和底部支撑板均为聚氯乙烯板，中间隔板和底部支撑板四周包扎尼龙网[规格为1.397mm（12目），网眼孔径0.5mm]，以防止隔板两侧的铁屑相互接触而引起电流短路。铁屑为粗车屑，经预先压实后分层装入中间隔板两侧空间，装完后用木棍压紧。

3.12.5.3 处理工艺流程

铁屑电极电解的工艺流程与铁板电极的工艺流程一样，包括电解、沉淀、过滤等三个主要过程（图3-35）。

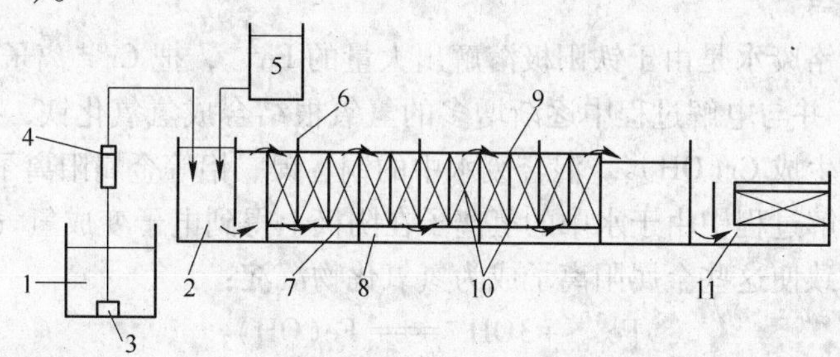

图3-35 铁屑电极电解处理工艺流程

1—含铬废水；2—调节池；3—潜水泵；4—流量计；5—食盐投配槽；6—导流板；7—底部支撑板；8—电解槽；9—中间隔板；10—铁屑电极；11—砂滤池

3.12.5.4 铁屑电极电解的特点

铁屑电池电极处理含铬废水在技术上是可行的，处理后的水质符合国家规定的排放标准，经某些试验和使用单位总结运行情况，归结出如下几个特点：

（1）以废治废，综合利用，节约了钢板。铁屑来源广泛，可因地制宜，就地取材，同时，铁屑不需投资，降低了处理费用。

（2）处理效率高。由于铁屑电极比钢板电极有更大的表面积，在酸性条件下增加了化学溶解的作用，提高了电解效率，降低了耗电量，据测定，每克铬需要消耗电量为2.42A·h，低于理论值（3.09A·h）。

（3）可以不加食盐，不用压缩空气搅拌，既降低了工程投资又为水的回用提供了有利条件。

（4）中间隔板是影响铁屑电极的重要因素，隔板厚，孔隙率低，内阻大，隔板两侧的电压降大，电源消耗增加；如果隔板薄，孔隙率增加，总电压和电能消耗降低，此外，铁屑的厚度减小。

（5）采用翻腾式平底电解槽，在电解过程中，因沉淀大量的污泥不能及时排走，这不仅影响电解效果，而且维护不便，因此，最好采用立式电解槽。

（6）电解时，阳极铁屑不断地消耗，铁屑空隙不断增加，电压随之升高，为保证处理效果和减少电源损耗，必须经常补加铁屑。

（7）石墨电极虽为不溶性材料，但在电解过程中仍会慢慢消耗，需找寻更为理想的不溶性材料作导电电极。

3.12.6 电解法处理电镀混合废水的尝试

一般电镀厂房都有多个镀种，排放出含有多种有害成分的废水。然而，对于中小型电镀车间，镀种不少，总废水量却不多。若进行逐一分流分别处理，不但投资大、占地多、管理复杂；再则，由于镀液和漂洗水跑、冒、滴、漏和冲刷地面，即使在电镀厂房实行了分流废水，也不可避免产生混合废水，这类混合废水排入中和池，通过自然中和很难达到排放要求。随着对电镀废水治理的严格要求，提出了混合废水的处理技术。近几年来，某些研究单位在电解处理设备中引入了含铜、镍、铝、磷酸根废水与含铬废水混合后一并处理的方法，试验表明电解法处理这种混合废水有一定的效果。

3.12.6.1 原理

电解法处理含铬废水是由于铁阳极溶解出大量的 Fe^{2+}，把 Cr^{6+} 离子还原成 Cr^{3+}，而本身氧化成 Fe^{3+}，并与电解过程中逐渐增多的氢氧根结合成氢氧化铁，被还原的 Cr^{3+} 离子也与氢氧根结合生成 $Cr(OH)_3$。混合废水中的铜、镍、铝等金属阳离子并不参与氧化还原反应，只是在电解过程中由于水中的氢离子在阴极上得到电子变成氢气后，水中的氢氧根离子相对增加，致使这些金属阳离子成为氢氧化物沉淀：

$$Fe^{3+} + 3OH^- = Fe(OH)_3 \tag{3-73}$$

$$Cr^{3+} + 3OH^- = Cr(OH)_3 \tag{3-74}$$

$$Cu^{2+} + 2OH^- = Cu(OH)_2 \tag{3-75}$$

$$Al^{3+} + 3OH^- = Al(OH)_3 \tag{3-76}$$

$$Ni^{2+} + 2OH^- = Ni(OH)_2 \tag{3-77}$$

这些金属氢氧化物的溶解度都比较小，在接近中性的 pH 值内会沉淀下来。电解过程中，pH 值逐渐提高，水中有足够的氢氧根，可以充分地与金属阳离子反应生成沉淀物，使混合废水得到了净化。

3.12.6.2 试验方法和结果

试验是在铁屑做电极、单极式的电解槽内进行的。把含有硫酸镍、氯化镍、焦磷酸铜的废液，通过投配槽加入电解槽的进水处，使之与含铬废水充分混合后，一起进行电解。

电解的工艺和操作方法与含铬废水电解处理相同。试验结果列于表3-3。

表3-3 电镀混合废水电解处理测定结果

序号	水样来源	pH值	Cr^{6+} /mg·L^{-1}	总Fe /mg·L^{-1}	Cu^{2+} /mg·L^{-1}	Ni^{2+} /mg·L^{-1}	Al^{3+} /mg·L^{-1}	Cl^- /mg·L^{-1}	SO_4^{2-} /mg·L^{-1}	PO_4^{3-} /mg·L^{-1}	电解时间 /min	耗电量 /A·h·g^{-1}
1	电解前水质	5.7	24.8	0.47	5.67	4.90	—	375.9	127.9	4.31	53.4	2.9
	电解后水质	6.5	0.052	0.26	0.16	2.30	—	368.8	84.5	0		
2	电解前水质	5.8	29.6	0.47	6.13	4.90	—	347.5	118.3	5.91	53.4	2.3
	电解后水质	6.8	0	0.26	0.14	2.07	—	319.1	120.3	0		
3	电解前水质	6.7	28.6	0.47	8.30	6.06	6.37	312	93.6	8.50	53.4	2.5
	电解后水质	7.2	0	0.55	0.07	1.17	0	288.2	95.4	0		
4	电解前水质	6.6	32.9	0.47	10.70	7.92	—	251.8	208.7	6.90	53.4	2.2
	电解后水质	7.7	0.39	0.22	0.04	0.64	—	251.8	100.5	0		

从表3-3可知，在电解Cr^{6+}的同时，铜、镍、铝、磷酸根等离子均能不同程度地去除。其中铜离子去除率为97.2%~99.6%，铝为100%，磷酸根为100%；镍离子去除率为53.1%~91.9%，它随着pH值得提高，去除率有所提高。由此可见，电解法处理含铬、铜、镍、铝和磷酸根的混合废水是可行的，除镍以外，其他几种成分基本上都被除去，处理水质都能符合排放标准。今后尚需进一步试验，找出电解处理的参数、各种影响因素以及可应用在生产上的工艺流程，以便推广应用。

3.12.7 隔膜电解再生铬酸废液

采用隔膜电解的办法可使含有Cr^{3+}或其他金属离子的铬酸废液再生循环使用。如在塑料电镀中，塑料镀件在镀前需在铬酐300~350g/L、硫酸260~460g/L溶液中进行表面粗化处理。随着粗化液使用时时间的增加，粗化液中的Cr^{6+}被逐渐还原成Cr^{3+}，当Cr^{3+}浓度累加至30~40g/L时，粗化效果变差，不能继续使用。若将这种废液弃去，不仅浪费水量资源，还会严重污染环境。隔膜电解再生废液，不但可消除污染，而且节约资源。

3.12.7.1 基本原理及方法

隔膜电解实质是电解和电渗的组合，借助隔膜使电解槽分隔成阴极室和阳极室，在直流电场的作用下，产生离子穿过隔膜的迁移，并在电极表面发生氧化还原反应：

阳极：

$$4OH^- = 2H_2O + O_2 + 4e \quad (3\text{-}78)$$

$$Cr^{3+} = Cr^{6+} + 3e \quad (3\text{-}79)$$

阴极：

$$2H^+ + 2e = H_2 \quad (3\text{-}80)$$

$$Cr^{6+} + 3e = Cr^{3+} \quad (3\text{-}81)$$

3.12.7.2 隔膜电解装置及工艺流程

隔膜电解的装置如图3-36所示。

采用的隔膜为素烧陶瓷。阳极用氧超电压高的不溶性电极，如铂、过氧化铅、铅锑合金等。阴极主要起导电作用，可用不锈钢或与阳极相同的材料。

电解时，将废液放在阳极室内，阴极室内注入硫酸。连接直流电后，Cr^{3+}在阳极表面

氧化成 Cr^{6+} 同时某些杂质离子（如 Fe^{2+}、Cu^{2+} 等）通过隔膜向阴极室迁移，从而达到再生铬酸废液的目的。目前，被采用的塑料粗化废液再生的工艺流程如图 3-37 所示。

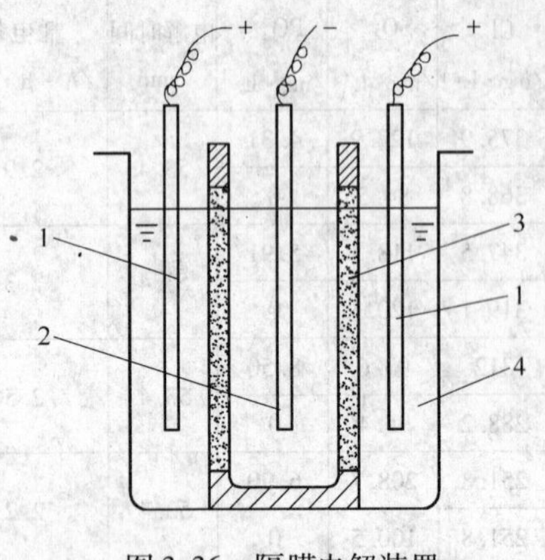

图 3-36 隔膜电解装置

1—阳极；2—阴极；3—隔膜；4—槽体

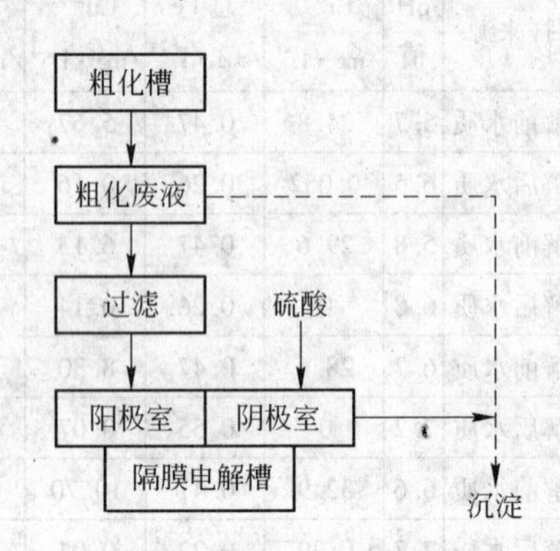

图 3-37 塑料粗化废液再生的工艺流程

3.12.7.3 影响电解效率的因素

（1）隔膜。以素烧陶瓷做隔膜，电解效率与隔膜的孔径有关，隔膜的孔径大，则槽电压低，耗电量亦小，但相应的渗透作用大，引起电解效率下降，因而，在实际应用时应综合考虑。

（2）废液中 Cr^{3+} 浓度。随着粗化液中 Cr^{3+} 浓度降低，电流效率（即氧化 Cr^{3+} 为 Cr^{6+} 的效率）明显下降。对塑料粗化来说，当 Cr^{3+} 浓度降低到 10g/L 时，粗化液已能恢复其使用效果，不需要再继续电解。因此，粗化液再生时，电流效率可维持在较高的水平。

（3）电流密度。阳极电流密度越大，氧化速度越快，但是电流密度太大，大部分电流消耗于氢气和氧气的析出，因而电流效率明显下降，一般采用 $4 \sim 8A/dm^2$ 的电流密度。

（4）电解温度。电解时由于电解过程产生焦耳热而引起温度升高。温度上升会使阳极氧的超电压下降，不利于 Cr^{3+} 的氧化反应。但对于粗化液，由于铬酐和硫酸的浓度高，溶液的黏稠性大，温度升高有利于降低黏度，易于对流扩散和降低电阻，因而槽电压下降，相应提高了电流效率。但是，温度太高，产生的铬雾加剧，一般应控制在 65 ~ 75℃内。

3.13 电沉积法处理含铬废水

3.13.1 电沉积法的特点

电沉积法即在一定条件下通过电流作用将废液中的贵金属离子可还原为金属，沉积在阴极上回收的方法。电解时阳极上发生氧化反应，发生氧化的物质有阴离子（如 Cl^-、OH^-）及阳极本身；电解时阴极上发生还原反应，发生还原的物质通常有金属离子和氢离子。根据溶液中金属离子析出电势的不同，可以控制外加电压的大小，使金属离子分步析出而达到分离的目的。

一些报道称用水合肼将电沉积铬废液中的 Cr^{6+} 还原为 Cr^{3+} 并制成市场资源短缺的

$Cr_2(SO_4)_3$的工艺，实现了有害废物的无害化和资源化。电沉积法是一种比较成熟的处理技术，处理电镀废水一般用于中小型厂点，其主要特点是不需投加处理药剂，流程简单，操作方便，占生产场地小，同时由于回收的金属纯度高，用于回收贵重金属有很好的经济效益。但当处理水量较大时，电沉积法的耗电较多。

3.13.2　电沉积铬废液中铬的回收

钟福新等[28]利用电沉积法来研究处理铬废液中铬的回收与处理，研究了铬的回收与处理工艺条件。其方法为先对 Cr^{6+} 进行还原，然后是 $Cr_2(SO_4)_3$ 的提取，最终得到 $Cr_2(SO_4)_3$晶体。

具体实验步骤为：

（1）Cr^{6+}的还原与 $Cr_2(SO_4)_3$的提取。取 25.00mL 废液，加入 1.60mL 浓硫酸，混匀，在恒温加热搅拌器中加热到30℃，逐滴加入0.80mL 水合肼，继续反应8min，使还原反应完全。然后向反应液中缓慢加入浓氨水使 Cr^{3+} 完全沉淀，再将沉淀过滤、洗涤后用适量浓硫酸溶解，蒸发、烘干，得 $Cr_2(SO_4)_3$晶体。

（2）还原率的测定。取一定体积适当稀释过的废液或还原液，与 2.00mL 20% 的 NaOH 溶液移入 50mL 容量瓶中，稀释到刻度。以 480nm 为参比波长、380nm 为测定波长，在 7200 分光光度计上用双波长法测定该溶液的吸光度，求出吸光度差 ΔA，在 Cr^{6+} 标准曲线查出 ΔA 值对应的 Cr^{6+} 体积，通过换算求出废液或还原液中 Cr^{6+} 的浓度，据此计算 Cr^{6+} 的还原率。

（3）Cr^{6+} 还原条件的选择。通过不同的温度、不同的时间、还原剂的用量以及硫酸用量来观察它们对还原率的影响，最终采用正交试验方案，注意各因素及水平选取，以 Cr^{6+} 的还原率为考核目标，进行实验。结果表明，反应温度和反应时间是两个关键因素，而水合肼用量、硫酸用量与反应的计量关系及后续处理有关。

该实验结果表明，在 30℃ 条件下，于 25.00mL 含铬废液中加入 1.60mL H_2SO_4、0.80mL 水合肼，8min 即可使 99.24% 的 Cr^{6+} 还原为 Cr^{3+}，用浓氨水使 Cr^{3+} 完全沉淀，将沉淀过滤洗涤后再与 H_2SO_4 充分反应，直到沉淀完全溶解，然后经蒸发、烘干，得到 $Cr_2(SO_4)_3$的晶体，铬回收率达 95.4%。

3.14　溶剂萃取法处理含铬废水

3.14.1　溶剂萃取法基本原理

溶剂萃取法也称液萃取法，简称萃取法。萃取法提取废水中金属离子的原理是向废水中加入一种与水互不相溶但却是污染物良好溶剂的液态物质（即萃取剂），与废水充分混合后，废水中的污染物（如有机物、重金属、稀有金属等）便通过扩散作用而部分地转溶于萃取剂，然后，再靠两相质量密度不同将两相分开，即可使废水得到净化，再将萃取剂与其中的溶质（污染物）加以分离，使萃取剂再生，重新用于萃取工艺，被分离的溶质得到回收。有机相一般由三种物质组成，即萃取剂、稀释剂、溶剂。有时还要在萃取剂中加入一些调节剂，以使萃取剂的性能更好。

在萃取过程中，当废水和萃取剂接触后，在两液相接触面上进行两种扩散作用。开始，溶质分子透过界面层，向萃取剂中大量扩散，随着萃取剂中溶质分子的不断增多，这种正扩散速度逐渐减弱；同时，进入萃取剂的溶质分子又会透过界面层逆向向废水扩散，而且速度也越来越大，最后将会达到正逆扩散速度相等，此时两液相内溶质浓度不再变化，这种状态称为液-液平衡。

萃取的实质是溶剂在水中和有机溶剂中有着明显的溶解度。只有溶质在溶剂中的溶解度远大于其在水中的溶解度时，溶质方能从水中转入到溶剂中。这是一种传质的过程，推动力便是废水中的实际浓度与平衡浓度之差。因此，萃取剂是萃取效果的关键。对萃取剂的要求是：对被萃取的溶质有较高的萃取能力，较好的选择性，在水溶液中溶解度要小，物理性质如黏度、密度等与水溶液差别要大，以利于分相后的分离。

文献［29］利用磷酸三丁酯（TBP）萃取废水中的 Cr^{6+}。基本原理是：磷酸三丁酯萃取水中的铬，通常认为是离子对萃取。在一定的酸度下，TBP 与 H^+、$Cr_2O_7^{2-}$ 离子形成萃合物 $H_2Cr_2O_7 \cdot n$TBP。在溶液中存在下列平衡：

$$n\text{TBP(有机相)} + Cr_2O_7^{2-}\text{(水相)} + 2H^+\text{(水相)} \Longrightarrow H_2Cr_2O_7 \cdot n\text{TBP(有机相)} \quad (3\text{-}82)$$

$$n\text{TBP(有机相)} + HCr_2O_7^{-}\text{(水相)} + H^+\text{(水相)} \Longrightarrow H_2Cr_2O_7 \cdot n\text{TBP(有机相)} \quad (3\text{-}83)$$

调节 pH 值时，使平衡向右移动，萃合物在有机相中被富集，从而达到降低水相中铬浓度。负载有机相以稀碱性溶液进行反萃取，有机相中的萃合物被破坏，反应平衡向左移动，从而使有机相再生，同时回收铬。另有文献报道［30，31］以三辛胺、伯胺 N1923 萃取废水中的 Cr^{6+}。

3.14.2 萃取剂的种类及性能要求

3.14.2.1 萃取剂的种类

溶剂萃取体系一般由水相和有机相两部分组成。有机相中含有萃取剂和稀释剂。一个萃取体系的优劣，在很大程度上取决于有机相的性能。特别是萃取剂的萃取能力及选择性。因此，萃取剂和稀释剂的选择非常重要。

常用萃取剂的种类很多，按照萃取剂的官能团释放或接受质子的能力，可将其分为酸性萃取剂、碱性萃取剂和中性萃取剂三类。

（1）酸性萃取剂是具有给予基团的有机试剂。这种给予基团能解离出一个质子，使萃取剂分子 HA 或 H_2A 变成一个阴离子 A^- 或 HA^-，然后 A^- 或 HA^- 与水相中的金属离子 M^{n+} 形成中性配合物而进入有机相。常用的酸性萃取剂有二苯酰甲烷、二甲基乙二肟、二(2-乙基己基）磷酸和水杨酸等。

（2）碱性萃取剂是一类与酸性水溶液接触很容易生成盐的有机试剂。被萃取金属以配合阴离子形式与盐通过静电作用形成离子对，进入有机相。例如，醚、酮、醇、醛、酯等有机试剂在酸性水溶液中形成盐，萃取水相中配合阴离子。伯、仲、叔胺在酸性水溶液中形成胺盐，萃取水相中的金属配合阴离子。

（3）中性萃取剂是一类只有给予基团而不含可解离质子的有机试剂。由于试剂中没有离子基团，水相中金属阳离子以中性配合物被萃取。起中和作用的离子是水相负电荷的配位体。中性金属盐与中性萃取剂通过剂化作用实现萃取。以配位键与阳离子结合的水分子可以被萃取剂的给予基代换。常用的中性萃取剂有磷酸三丁酯、三辛基氧膦、吡啶、二甲基亚砜、二苯基亚砜等。

3.14.2.2 萃取剂性能的要求

在实际应用中对萃取剂性能的一般要求[32]如下：

（1）萃取剂至少要有一个能与金属组分发生键合的官能团。萃取剂分子与金属离子的反应性能，取决于具有反应活性的配位原子或基团的电子给予性质。从化学稳定性考虑，在电负性较大的原子中，可作为萃取配位原子的仅限于氧、氮和硫原子，而以氧配位居多。

（2）萃取剂本身或萃合物易溶于有机相而难溶于水，萃取剂必须具有相当长的碳链和苯环。但分子量过大时，在常温下往往是固体，在有机相中溶解度低，萃取容量小。

（3）具有较高的选择性。对某一种金属离子，选一个特别有效的萃取剂，使金属离子易与其他共存金属组分分离。

（4）要求化学稳定性好，不易水解，毒性小，形成的萃合物容易反萃以及容易长期再生利用等。

3.14.2.3 稀释剂的选择

稀释剂在萃取过程中具有重要的作用，它不但能改善萃取操作性能，还会产生很强的稀释效应，改善萃取剂的萃取性能，使萃取能力得以改变，使本来难以分离的过程得以实现。通过一些实验性的研究，获得了一定的规律和理论解释，总的来讲，主要是以稀释剂的极性参数、溶剂化作用、电子对的给予能力以及疏溶作用等参数和理论来解释稀释剂对萃取能力的影响。磷酸三丁酯在萃取铬过程形成的萃取物，黏度较大，萃合物出现粘壁现象，降低了萃取过程的流动性和混合性。因此需在有机相中加入一定量的稀释剂，以避免萃合物粘壁现象，减少萃取剂的损失。此外，稀释剂的加入还可以降低萃取浓度，促使水相和配合相的分离，消除萃余液的乳化现象。

3.14.3 反萃取法

一个完整的萃取循环包括萃取、反萃取和其他一些步骤。在萃取过程中铬由水相转移至有机相，需通过反萃取分离回收，同时萃取有机相的循环使用对废水处理具有重要的经济意义。同时，为了降低运行费用，防止二次污染，也必须对萃取溶剂循环利用。随着溶剂萃取的发展，反萃取法也不断积累丰富，一般可分为以下几类：

（1）转化反萃取是用某种试剂将萃取的金属元素转化为易于反萃取或不被萃取的化合形态而进入水相。

（2）沉淀反萃取是在沉淀剂的作用下进行反萃，反萃取后金属以难溶或微溶的盐或氢氧化物的形式析出。

（3）简单反萃取是根据萃取反应而简单地利用其逆反应来进行反萃取。

（4）还原反萃取是在还原剂的作用下进行反萃取。

（5）破坏性反萃取是利用氧化剂的氧化能力破坏萃取剂的萃取能力，从而使得到被萃金属。破坏性反萃取中萃取剂不能再生。

3.14.4 萃取动力学研究

与其他物理化学过程一样，萃取过程热力学的结果给出了液液传质的极限与可能，萃取动力学的研究将让人们了解实现这种可能的速度与途径。其动力学效应直接影响分离效果、设备选型、试剂用量等重要问题。因此对萃取动力学的研究是萃取化学的另一个极重要的方面。

萃取动力学是属于萃取化学、多相体系的物理化学、流体力学及两相间质量传递的交叉学科，它囊括了配位化学、化学动力学、两相体系的流体力学、界面物理化学等多种学科知识。萃取过程一般都是伴有化学反应的传质过程。萃取的速度取决于最慢过程的速度，它可能是传质过程速度，也可能是反应过程速度（一个或几个反应），或两者相近时就由两者决定萃取速度。因此，可将萃取过程分为三种类型或三个区域，即动力学类型萃取过程、扩散类型萃取过程和混合类型萃取过程。当萃取过程属于动力学类型时，萃取依赖于化学反应速度（此时传质过程非常迅速）；当萃取过程属于扩散类型时，萃取速度值依赖于传质速度（此时化学反应过程非常迅速）；当萃取过程属于混合类型时萃取速度则由反应过程和传质过程的速度决定[33,34]。

3.14.5 影响萃取平衡的各种因素

影响萃取平衡的因素很多，一般认为[32]有以下几个方面：

（1）萃取及化学结构的影响。对于醚、醇、酮、醛、酯等含氧萃取剂，其官能团的碱性、分子的极性及空间效应是影响萃取平衡的主要因素。这类萃取剂的萃取能力一般按形成盐的能力增加而增加。分子结构中对称性的改变，也对萃取能力产生影响。例如，不对称的甲基烷基酮比碳原子数相同的对称酮萃取更为有效。这是由于前者分子的偶极矩较大，使给予体氧原子上电子密度增大，从而增加了它与金属离子的配位能力。烷基上支链增加，使被萃取金属的分配比减小，这一效应对长链衍生物及接近给予体氧原子的支链特别显著。

（2）盐析剂的影响。许多实验证明，盐析剂对金属离子的萃取有着明显的影响。盐析作用是由于盐析剂的氧离子在水溶液中发生强烈的水合作用，吸引了大量的自由水分子，使水溶液中的自由水分子浓度大大降低。这样被萃物在水相中的浓度相对地增加，有利于萃入有机相。一般说来，盐析剂中的金属阳离子的电荷数越大，盐析作用越强。在阳离子的电荷数相同的情况下，盐析作用与阳离子半径成反比。这是因为价数高、半径小的氧离子的水化能力较强，所以使自由水分子数减少的作用较大。此外，盐析剂有降低水相介电常数或抑制水相中金属离子聚合等作用，这些都有利于萃取。

（3）稀释剂的影响。在一般情况下，惰性溶剂类稀释剂对分配比的影响不大。但具有极性的稀释剂对分配比有一定的影响。除上述因素外，水相的酸度、水相配合剂的存在、有机相萃取剂的浓度和萃取温度，对萃取过程也都有不同程度的影响。

3.14.6 低浓度含铬废水萃取分离

溶剂萃取法具有操作简单、易连续操作、分离效率高，常常用于提取和分离溶液中的金属，具有良好的应用前景。陈晓东等[35]、朱慎林等[36]用三烷基胺对 Cr^{6+} 进行萃取分离，取得了不错的效果。近年来，有些学者研究了伯胺 N1923 萃取[31]及反萃、N，N′-二（十二烷基）乙二胺[37]、三正辛胺等[38]萃取剂对铬的萃取，在回收铬和保护环境方面具有一定的可行性。既发生配合化学反应，又是一个可逆反应，则称为可逆配合反应。美国学者早期提出了可逆配合反应原理，并研制出了配合萃取技术。随后，王金宇等[39]采用配合萃取法提取稀溶液中的丙酸，研究了配合萃取及反萃取的工艺条件。此技术克服了化学萃取法需要消耗大量的萃取剂，并且待分离产物容易发生变化的缺点，并且进行可逆配合反应，溶质得以回收，萃取剂得以循环利用。目前，采用的萃取剂有很多种，每种萃取剂在其合适的条件下都有不错的萃取分离效果，且产品的回收率高，被广泛应用。

3.14.6.1 应用实例一

溶剂萃取法是分离 Cr^{6+} 的有效手段之一。谭雄文等[40]针对高浓度含铬废水（15000~30000mg/L）的萃取分离过程进行研究。但是，工业废水中 Cr^{6+} 质量浓度一般为50~250mg/L。由萃取热力学、萃取动力学原理可知，被分离组分的浓度对其萃取性能有显著影响，因此，有必要对实际工业体系中低浓度含铬废水的萃取传质性能进行研究。磷酸三丁酯（TBP）是最早工业化应用的萃取剂之一，主要应用于核化学工业中对放射性元素（如铀、钚等）的分离。TBP 属于中性磷酯萃取剂，分子式为 $(C_4H_9)_3PO_4$，具有化学性能稳定、萃取容量大、萃取动力学性能好等优点，且廉价易得、无毒无害[41]，因而已成为工业上应用最广的萃取剂之一。在目前已有文献中，多以有机胺类萃取剂分离 Cr(Ⅵ)[42,43]，反应萃取含 Cr^{6+} 的废水，实验的步骤为：

（1）在200mL三角瓶中加入50mL Cr^{6+} 模拟含铬废水，再加入等体积的萃取剂（相比 O/A=1），在恒温水浴振荡器中充分振荡，使 Cr^{6+} 在两相间达到平衡。振荡完毕后将两相转入分液漏斗中静置分相，取水相在 UV8500 紫外可见分光度计上测定 Cr^{6+} 的浓度。反萃取时，取萃取后的平衡有机相，加入一定量的碳酸钠溶液，以后操作步骤与萃取时相同。

（2）反萃工艺条件的确定。在反萃液碳酸钠的初始浓度为1.5mol/L时，以相比O/A=10经单级反萃，反萃液经浓缩、结晶、过滤得固体重铬酸钠，再经焙烧即可得 Cr_2O_3。萃取剂用稀酸和萃铬余水再生，简单易行，经再生后可重复使用多次，萃取效果稳定。

（3）设定了初始水相酸度对分配系数、萃取剂浓度、萃取温度、助溶剂等因素，观察这些因素变化后对萃取分配系数的影响，得到了较好的萃取工艺条件是：萃取剂的组成为15%伯胺 N1923+8%正辛醇+77%煤油；初始水相酸度为2.0mol/L；萃取温度为常温操作；反萃碱液碳酸钠的浓度为1.5mol/L 在此条件铬的回收率可达95%以上。一般对 TBP 萃取 Cr^{6+} 的研究相对较少。

3.14.6.2 应用实例二

根据美国环境保护局 12010EIE03/71 报告，进行的是液-液萃取含铬废水试验。使用的萃取剂是叔胺（Alamine336）、仲胺（AmberliteLA1）等。在酸性溶液中，这些胺与 Cr^{6+} 可发生下列化学反应：

$$2R_3N+Cr_2O_7^{2-}+2H^+ \longrightarrow (R_3NH)_2Cr_2O_7 \tag{3-84}$$

有机相需要洗脱分离（或称再生），分离后的萃取剂可继续进行萃取，萃取出的浓缩物可回收或作进一步处理。由于萃取反应在酸性条件下进行，故再生洗脱需在碱性条件下进行，其化学反应为：

$$(R_3NH)_2Cr_2O_7+4NaOH \longrightarrow 2Na_2CrO_4+2R_3N+3H_2O \tag{3-85}$$

在该报告的试验中，采用了三种萃取剂，初步实验的结果见表3-4。后来的试验大都采用了叔胺，之所以不用季胺盐（Aliquat336）是由于其在水中的溶解度较大（1%），而仲胺的性能介于上述两者之间。

表 3-4 几种胺萃取 Cr^{6+} 的性能

再生剂	废水含铬量 /mg·kg⁻¹	萃取液中萃取剂浓度/%	废液与萃取液体积比	处理后废水中铬浓度/mg·kg⁻¹	pH 值	萃取率 /%
Aliquat336	10	2.0	2:1	<0.2	0.3~8.0	98
Aliquat336	10	0.2	2:1	0.2~1.0	1~3.8	90~98
Aliquat336	10	0.2	10:1	0.5~1.2	2	88~95
Aliquat336	10	2.0	2:1	0.2~0.8	0.3~1.0	92~98
Aliquat336	10	2.0	2:1	2.4~3.6	2.0~0.4	64~72
Aliquat336	10	0.2	2:1	0.4~1.1	1.0~1.5	89~96
AmberliteLA1	10	2.0	2:1	<0.2	0.3~2.0	98
AmberliteLA1	10	0.2	2:1	0.9~1.3	0.3~1.5	87~91

由上述得到的结果可以看出，采用液-液萃取法，使排出的废水中 Cr^{6+} 达到 1mg/kg 左右的水平是可行的。

要注意在处理后排出的废水中会含有少量的萃取剂，这就需要测定废水中的碳含量。当废水含碳量为 150~400 mg/kg 时，则相应的含煤油量为 200~500 mg/kg 时，有时还可观察到废水面上尚有极薄的一层油层，故在操作时需注意要有较强的搅拌，提供足够的分离面积，此外，在充分搅拌后需要有足够的分层时间。

R. R. Dougherty 开发出液-液萃取废的铜刻蚀液（如刻蚀印制线路覆铜板）。在该废液中，除了有铬酸、硫酸外，还有其他的副产品，即各种金属盐和金属氧化物，如 $CuSO_4$、Cr_2O_3 等。其萃取流程如图 3-38 所示。

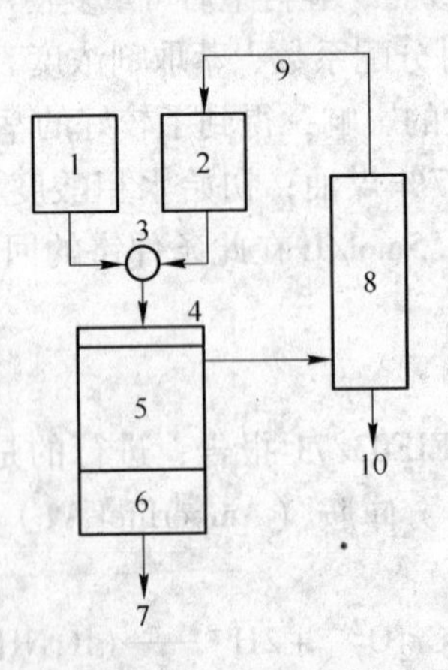

图 3-38 液-液萃取废的铜刻蚀液流程

1—废的铜刻蚀液槽；2—萃取剂槽；3—混合泵；4—分离器；5—萃取有机相；6—残液相；7—排放管；8—蒸馏塔；9—循环管线；10—残余液排出管线

混合泵 3 把废液和萃取剂（溶于水的丙酮）同时从容器 1 和 2 中抽出混合，然后进入分离器 4 进行分层，分离器内有超声波振荡器。分层后把萃取的有机相（含大量的铬酸、硫酸和其他副产品）送入蒸馏塔，蒸馏出来的丙酮通过循环管线9回到储槽继续回用。分离器出来的残液相根据情况可直接排放或做进一步化学处理。从蒸馏塔底部出来的浓缩液可回收再用于新配制刻蚀液。

加入丙酮的量与废液量之比至少应为0.5:1（体积比），最好是（2~4）:1。

分离器的操作最好在大气压（在密闭容器内自生气压）下，温度为15~75℃，但这两个条件并不太严格，温度高或低均可。

美国得克萨斯州立南方大学的McDanald博士根据EPA课题803332完成了一项溶液萃取法的实验室试验，采用Alamine336与二甲苯组成的萃取液可选择性或同时萃取Cr、Cd和Zn。废水和萃取剂的体积比为100:1，一次萃取可去除90%的Cr、98%的Cd和83%的Zn。用NaOH液洗脱可除去有机相中99.5%以上的金属。再生的萃取剂可循环使用，并不降低萃取效率。

3.15 离子浮选法处理含铬废水

20世纪50年代开始使用浮选法把离子从溶液中分离出来的技术。所谓离子浮选有两种方法，一种是加入与欲浮选出的离子电性相反的表面活性剂（捕收剂）到溶液中，起泡后，表面活性剂与该离子发生反应，形成不溶于水的化合物附属在气泡上，浮在水面形成固体浮渣，然后将固体浮渣和泡沫一起捕获进行分离；另一种是添加能和废水中欲处理的离子形成配合物或螯合物的表面活性剂，使溶液起泡形成泡沫，被处理的元素富集于泡沫再进行分离。这两种概念的差别，在于前者生成固相而后者则不形成固相。该方法的特点是可以从很稀的废水中有选择性地回收各种无机金属离子和有机离子。

由上可见，最重要的是选择捕收剂。根据浮选的作用机理，为了从水溶液中回收金属阳离子，必须采用阴离子表面活性剂，反之则采用阳离子表面活性剂。

从目前研究和试验的效果看，对Cr^{6+}、Cr^{3+}、Cd^{2+}较为有效。离子浮选法处理含镉废水，在日本已得到实际应用。

下述为处理含铬废水的试验：

由于铬酸根和重铬酸根均系阴离子，因而要选择阳离子表面活性剂。一般采用长链的伯、仲、叔、季胺化合物（含10~16个碳原子），它们与$Cr_2O_7^{2-}$能形成胶体或分子形态的配合物。

从表3-5可知，1~3捕收剂的去除效率可达89%~94%。

表3-5 各种捕收剂浮选Cr^{6+}的实验数据

序号	使用的捕收剂	使用量①/mL	pH值	Cr^{6+}浓度/mg·kg^{-1}		去除百分率/%
				最初	最终	
1	盐酸十二烷基胺	4.0	6.3	10.0	0.8	92
2	盐酸十四烷基胺	3.0	6.3	10.0	0.6	94
3	盐酸十六烷基胺	3.0	6.3	10.0	1.1	89
4	N，N′-二甲基烷基胺	4.0	6.3	10.0	6.5	35
5	癸烷基三甲基溴化胺	4.0	6.3	10.0	8.5	15
6	乙基十六烷基二甲基溴化胺	0.5	6.3	10.0	3.2②	68
7	十六烷基氯化吡啶	0.5	6.3	10.0	6.6②	34

①把捕收剂加入异丙醇中，浓度为20g/L，用盐酸中和至pH=7。

②在试验中，由于发生过量泡沫，引起一些溶液损失。

从表3-6可知，当pH值低时，去除百分率大大降低，同时低pH值时形成泡沫的趋势也增加。

表3-6 pH值对去除 Cr^{6+} 的影响

废水pH值	捕收剂添加量①/mL	Cr^{6+}浓度/$mg \cdot kg^{-1}$		去除百分率/%
		最初	最终	
2.0	2	10	2.90	71.0
3.0	2	10	1.75	82.5
4.0	2	10	0.85	91.5
4.0	3	10	0.67	93.3
6.0	3	10	0.60	94.0
8.0	3	10	0.27	97.3

①捕收剂用盐酸十四烷基胺溶入异丙醇中，浓度为20g/L。

对收集出来的泡沫，可用稀碱液再生捕收剂并回收铬。目前，大部分的基础研究工作是寻找价格便宜、来源广、无毒、无臭的捕收剂。

参 考 文 献

[1] 安成祥，崔作兴，郝建军．电镀三废治理手册［M］．北京：国防工业出版社，2002：58～59.

[2] 刘存海，李仲谨，卢卫军，等．电镀废铬液的化学絮凝与铬的回收利用研究［J］．西北农林科技大学学报，2001（8）：66～68.

[3] 王碧，彭万仁．高分子絮凝剂处理含铬（Ⅲ）废水的研究［J］．四川职业技术学院学报，2011，21（3）：117～118.

[4] 邵刚．膜法水处理技术［M］．北京：冶金工业出版社，1992：124～126.

[5] Ruppert M，Draxler J，Marr R. Liquid Membrane Permeation and its experience in pilot plant and industrial scale［J］. Separation Science and Technology，1988，23（12，13）：1659～1666.

[6] Lamb J D，Bruening R L. Characterization of a supported liquid membrane for macrocycle-mediated selective cation transport［J］. Journal of Membrane Science，1988，37：13～26.

[7] 邵刚．膜法水处理技术及工程实例［M］．北京：化学工业出版社，2002：71～74.

[8] 姚淑华，石中亮，侯纯明，等．乳化液膜法处理含铬废水的研究［J］．辽宁化工，2003，32（1）：24～25.

[9] 刑云青．EDI法去除与回收废水中Cr（Ⅵ）的研究［D］．浙江：浙江大学，2000.

[10] 王萍，李国昌，等．Keggin离子改性凹凸棒石对废水中六价铬的吸附研究［J］．非金属矿，2006，29（6）：46～49.

[11] 贾陈忠，秦巧燕，李克华，等．粉煤灰吸附处理含铬废水的研究［J］．工业安全与环保，2006，32（2）：30～32.

[12] 赖国新，任乃林，等．壳聚糖处理含铬（Ⅵ）废液的研究［J］．化工时刊，2005，19（5）：44～46.

[13] 杨向东．糖炭/硅胶复合吸附剂的制备及吸附Cr（Ⅵ）的研究［D］．郑州：郑州大学，2006.

[14] 范哲锋．活性氧化铝微柱分离富集-电感耦合等离子体原子发射光谱法在线测定水中铬（Ⅲ）和铬（Ⅵ）［J］．分析化学，2003，31（9）：1073～1075.

[15] 侯少芹，王海增，等．“氧化镁/活性炭”新型吸附剂的制备及其对Cr（Ⅵ）的吸附研究［J］．

环境工程学报，2009，3（12）：2133～2137.

［16］江伟武，曾海燕，等．沸石分子筛处理含铬废水研究［J］．中山大学学报，1998，37（2）：153～156.

［17］张进华，车永芳，李兰廷，等．煤基碳分子筛的制备及 CH_4/N_2 分离性能研究［J］．洁净煤技术，2011，17（2）：64～67.

［18］周青龄，桂双林，吴菲．含铬废水处理技术现状及展望［J］．能源研究与管理，2010（2）：29～33.

［19］屈艳芬，叶锦韶，尹华，等．生物吸附剂－活性污泥吸附处理含铬电镀废水［J］．生态科学，2006，8（25）：335～338.

［20］程永华，闫永胜，王智博．壳聚糖高效吸附处理含铬废水的研究［J］．华中科技大学学报（城市科学版），2005，22（4）：51～53.

［21］陈军，张允什．树脂对贮氢合金化学镀镍废液的交换与再生［J］．水处理技术，1996，22（2）：119～121.

［22］汪大翚，徐新华，等．工业废水中专项污染物处理手册［M］．北京：化学工业出版社，2000：84，103～104，272～273.

［23］赵文波．电镀废水处理方法评议［J］．工业水处理，1987，7（3）：7～11.

［24］郭慎满．陈福明，等．离子交换法处理镀镍废水树脂再生液的回槽利用［J］．上海环境科学，1985，4（1）：12～15.

［25］车荣和．离子交换剂在治理电镀含镍废水中的应用［J］．电镀与环保，1988，8（6）：17～20.

［26］李春华．重金属污染控制中的离子交换特点［J］．水处理技术，1992，18（3）：193～198.

［27］王孝熔．离子交换法再生含铬钝化液［J］．环境工程，1997，15（4）：57～58，60.

［28］钟福新，韦东海，陆晨梅，等．电沉积铬废液中铬的回收与处理方法［J］．桂林工学院学报，2007，27（1）：122～124.

［29］陈景文，曹淑红，钱晓荣．含铬电镀废水 Cr（Ⅵ）的萃取分离研究［J］．化工环保，2001，21（6）：311～315.

［30］段群章，李爱华．三正辛胺从硫酸溶液中萃取铬（Ⅵ）的研究［J］．湖南冶金，1997（4）：49～55.

［31］葛战勤，杨永会，孙思修，等．伯胺 N1923 萃取铬（Ⅵ）的研究［J］．应用化学，1995，12（3）：57～60.

［32］徐光宪，王文清，吴瑾光，等．萃取化学原理［M］．上海：上海科学技术出版社，1984：42～54.

［33］福明苏 B B，著．萃取动力学［M］．张帆译．北京：原子能出版社，1988：1～20.

［34］高自立，孙思修，杨永会，等．溶剂萃取动力学研究近况［J］．化学通报，1993，20（10）：9～12.

［35］陈晓东，李平，乐善堂．N235 萃取 Cr（Ⅵ）的研究［J］．华南师范大学学报，2006，2：70～74.

［36］朱慎林，朴香兰．反应萃取处理含 Cr^{6+} 废水的研究［J］．环境保护，1997，8：11～13.

［37］杜巧云，黄华鸣．N，N′-二（十二烷基）乙二胺萃取铬（Ⅵ）的研究［J］．理化检验（化学分册），2006，42（4）：281～283.

［38］段群章，李爱华．三正辛胺从硫酸溶液中萃取铬（Ⅵ）的研究［J］．湖南冶金，1997，4：49～55.

［39］王金宇，高文惠，罗敏，等．络合萃取法提取稀溶液中丙酸的研究［J］．河北科技大学学报，2004，25（2）：10～13.

［40］谭雄文．溶剂萃取法回收高浓度电镀废水中的铬［D］．湖南：湘潭大学，2004.

[41] 谭雄文，杨运泉，段正康，等．盐酸介质中磷酸三丁酯萃取分离铬（Ⅵ）[J]．化工进展，2003，22（12）：1323～1326.
[42] 杜昌顺，管志远，任钟旗，等．低浓度含铬废水萃取分离的研究［J］．北京化工大学学报（自然科学版），2007，34（2）：113～116.
[43] 林振汉．用TBP萃取分离锆和铪的工艺研究［J］．稀有金属快报，2004，23（11）：21～25.

4 铬分析方法

4.1 铬分析方法研究进展

4.1.1 分光光度法

4.1.1.1 常用分光光度法

常用的分光光度法就是利用铬可以与显色剂发生氧化反应，从而使体系颜色改变，再通过朗伯比尔定律来计算出样品中铬的含量。在这种方法中，可以发现显色剂对铬元素反应的灵敏度是关键，目前常用的经典显色剂是二苯碳酰二肼，其次是三苯甲烷类和偶氮类显色剂。二苯碳酰二肼作为显色剂的方法已经有很多报道，但是很少有对二苯碳酰二肼最佳条件进行试验的，所以报道中的灵敏度都比较低，一般测得的表观摩尔吸光系数都大约在1.0×10^4左右。三苯甲烷类显色剂和偶氮类显色剂也面临同样的问题，况且此类显色剂所需反应条件更为苛刻，有些还需要高温条件下或者强酸性条件下，所以这些显色剂对铬的灵敏度都比较低，测得的表观摩尔吸光系数1.0×10^5左右，应用价值都比较小。

这些年来，各种文献报道了测定铬的大量新的显色剂，有些显色剂只需在常温条件下反应，而且体系很稳定，例如氨基-N，N-二乙基苯胺、苯胺蓝、二苯碳酰二肼柠檬酸盐等，这些显色剂均有良好的选择性，灵敏度也比较高，表观摩尔吸光系数可达到1000000左右。

4.1.1.2 催化动力学分光光度法

因为铬具有很强的氧化还原性质，它可以改变指示剂的颜色，通过指示剂颜色增色或者减色程度，应用朗伯比尔定律计算改变的吸光度值的大小，然后得出样品中铬的含量，这就是催化动力学分光光度法的基本原理。此类方法理论成熟，应用性也十分广泛，与铬能进行氧化还原反应的试剂有很多，例如氧化性的双氧水、高氯酸钾、高溴酸钾和硝酸等，还原性的醌亚胺类和羟基蒽醌类的有机染料等。

目前此类方法已经偏向于利用表面活性剂或者催化剂等提高反应体系的稳定性和灵敏度，此方向将是催化动力学分光光度法的前进方向。

4.1.1.3 萃取分光光度法

有些样品中的铬含量很低，直接测定会有很大的误差，如果利用有效的试剂来对样品中微量铬进行萃取，之后再进行分光光度法测定，就可以达到满意的效果，这就是萃取分光光度法的基本原理[1]。这种方法适用于测定微量铬和痕量铬，有很高的灵敏度，近些年来关于这方面的报道有很多。徐瑞银等[2]首先用二甲基吲哚（DIC）染料与电镀废水中的铬生成配合物发生显色反应，然后在酸性条件下用甲苯萃取出显色配合物，取得了良好的结果。此方法摩尔吸光系数可以达到2.0×10^5，在铬含量为0.01～2.1mg/L内有良好的线性关系。吴丽香等[3]在测定合金中的微量铬时，采用了非有机溶剂萃取的方法（铬—

二苯基偶氮羰酰肼—聚乙二醇体系）。李洪英等[4]在测定水中铬时采用了固相萃取分离法，最大限度减小了误差。

4.1.2 原子吸收分光光度法

原子吸收分光光度法分为火焰原子吸收法和无火焰原子吸收法，它们主要原理是光源发射出铬元素的特征谱线，当含铬样品在原子化器上被原子化以后，特征谱线光通过时便会被样品中铬的基态原子所吸收，所以利用铬元素特征谱线光减弱的程度便可测定出铬含量的多少。

4.1.2.1 火焰原子吸收光度法

火焰原子吸收光度法是一种操作简单、检测高效、应用范围十分广泛的测试方法。此方法也适用于测定痕量铬和微量铬，经实验检测得出测定样品中铬的加标回收率为95.0%～100.2%，最低检出限可以达到0.04μg/mL左右[5]。该方法的关键是，是否可以使待测铬全部原子化，所以在前期处理样品上就显得尤为重要。陈丕英等[6]曾用微波消解法处理待测食品，之后采用火焰原子吸收光谱法进行测定，取得了良好的效果。此法测定铬的最低检出限可达到0.2μg/mL，在0.1～1.5μg/mL内均有良好的线性关系。萃取和分离技术与火焰原子吸收光谱法联用的报道也日益增多，王小芳等[7]在测定水中痕量铬时，先以二乙基硫代氨基磺酸钠为螯合剂，配合C18固相萃取，之后采用火焰原子吸收光谱法测定。该方法最低检出限可达5.00μg/L，平行测定样品，其相对标准误差为4.50%。张勇等[8]采用苯乙烯强碱型阴离子交换树脂对样品中的微量铬进行交换，然后用亚硫酸氢钠进行洗脱，再用火焰原子吸收光谱法测定也取得了令人满意的结果。

4.1.2.2 无火焰原子吸收光度法

无火焰原子吸收光度法比火焰原子吸收光度法更加灵敏，而且它最主要的特点是可以直接测定样品中的铬，灵敏度更高。此方法是通过高温的石墨管将被测样品原子化，然后通过光源发射出的特征谱线被样品中已原子化的铬吸收的程度来确定样品中铬含量。王守娟等[9]采用无火焰原子吸收光度法测定食品中的铬含量，相对标准偏差仅为1.50%，可见此方法灵敏度很高。近些年来，无火焰原子吸收光度法与其他技术方法联合应用的也非常多，周立群等[10]在检测头发中的铬含量时，采用了石墨探针等温原子化技术，此方法相对标准偏差为3.0%，最低检出限为30.0ng/mL，峰面积和铬含量在0.0001～100μg/mL之间有很好的线性关系。

4.1.3 电化学分析方法

电化学分析方法以其操作简单、检出限低等特点一直在铬含量的分析中占据着重要的位置，此方法不仅适用于痕量铬的检测，微量和低含量铬也可以用此方法进行检测。电化学分析法相对于其他方法一个最大的优点就是它无需进行复杂的前期样品处理工作，这样可以最大限度地减少被测样品的破坏程度，所以至今仍然是分析铬含量的主要方法。电化学分析方法分类有很多，其中最常用的有伏安分析法、极谱法和电位分析法等[11]。

4.1.3.1 伏安法

伏安法又可以衍化出方波伏安法、循环伏安法等，它们的基本原理是利用电位、电流以及电阻三者之间的恒定关系，来进行计算检测的一种方法。在此方向的报道很多，例如 Mieczyslaw Korolczuk[12]利用伏安法很好地测定了铬含量；许琦等[13]提出采用方波伏安法来检测自然环境中的铬；严金龙等[14]提出的利用方波伏安法来检测废水中的铬含量；储海虹等[15]建立了线性扫描伏安法测定铬。

4.1.3.2 极谱法

极谱法创建以来一直是测定方法中最简单实用的，它和伏安法的不同就在于极化电极的不同，它是通过极化的电流-电位或者电位-时间来确定样品中被测元素的浓度。近年来在此方向上的报道明显增多，例如，有文章报道采用乙二胺-亚硝酸钠作为底液，催化波极谱法可以有效地测定出水中铬的含量以及价态等；李文翠等[16]利用极谱法建立了测定水中铬的方法；王玉娥等[17]通过示波极谱法准确地测定出了水中铬的含量，实验表明在 0.04～1.00μg/mL 之间有良好的线性关系。孟凡昌等[18]也曾总结了 2001 年以前国内外极谱法测定的一些方法。

4.1.4 原子发射光谱法

在早期的实验测试中，原子发射光谱（AES）一直是主要的仪器分析手段，它可以同时测定多个元素，具有耗样量少，操作简单等优点，一直被测试工作者视为首选方法。但是原子发射光谱法测定的不稳定因素太多，随着电化学方法、原子吸收分光光度法等方法的崛起，已经很少有人采用这种方法来进行铬含量的分析。但电感耦合等离子体（ICP）技术又给原子发射光谱法带来了新的春天，它稳定的光源大大提高了灵敏度，最低检出限可以达到 0.1ng/L[19]。梁沛等[20]采用电感耦合等离子体原子发射光谱法对水中的不同价态铬进行检测，测定 Cr^{3+} 最低检出限为 0.06μg/mL，Cr^{6+} 的最低检出限为 0.04μg/mL。

一些与原子发射光谱联合应用的技术也随着原子发射光谱的重新崛起而有所改进，文献［21］报道 FI—在线微柱分离富集—ICP-AES 的方法测定铬含量、PTFE—溶解剂—ICP-AES 法测定微量铬。

4.1.5 荧光分析法

荧光分析法是近几年新兴的一种仪器分析方法，它的主要原理是[22]：当有一定能量的光照射到被测物质时，被测物质内部会发生电子的能级跃迁，从而辐射出其他强度的光线，通过辐射出来的光的特征和强度，经过计算便可以对被测物质进行定性和定量检测。因为铬原子自身不能够产生荧光，所以在早期测定铬时并不采用此方法，近些年有报道称利用化学衍生法可以测定铬。冯素玲等[23]利用铬的氧化性，可以氧化吡咯红 Y，而吡咯红 Y 可以产生荧光，但被铬氧化之后，荧光便消失的这些特性建立了间接测定铬的荧光分析法。此方法检出限很低，可达到 2.0μg/L，在 8.0～100μg/L 有很好的线性关系。陈兰化等[24]采用荧光素产生光强度的大小测定铬含量，原理是碘离子可以减小荧光素的光强度，而铬却具有氧化性质，可以氧化碘离子，从而增强荧光素光强度，由此来进行痕量铬的测定。

4.1.6 化学发光分析法

化学发光分析法与荧光分析法的原理有些相似，只不过化学发光法是通过化学反应来提供能量，使被测物质辐射出一定波长和强度的光，通过化学发光分析仪对发出的光强进行检测，便可以计算出被测物质的含量[25]。化学发光分析法是通过化学反应提供能量，化学发光分析仪来进行检测，结合了化学分析和仪器分析两方面的特点，有着非常高的灵敏度，是化学分析法和仪器分析法联用的发展方向。目前能作为发光试剂的有3-氨基苯甲酰肼（鲁米诺）、光泽精和槲皮素-H_2O_2等[26]。

4.1.7 其他类分析方法

随着科技的进步，不断地涌现出新型的检测仪器，对铬的检测分析已经不局限于上述的几种方法。质子诱发X射线分析法和共振瑞利散射法都是近些年出现的新方法，国外还有采用离子色谱法进行痕量铬[27]的检测分析，流动注射分析法[28,29]以机器化代替人工操作，也成为分析铬的新的方法。未来对铬的分析方向会倾向于仪器联合使用、检测结果更准确、灵敏度更高、操作更简单的方向发展。

4.2 Cr^{6+}的提取及测定方法

4.2.1 Cr^{6+}来源及检测方法

Cr^{6+}和Cr^{3+}是自然界中铬的常见价态，而且Cr^{6+}和Cr^{3+}在化学工业中的用途也大不相同，在人体中的作用也截然相反，所以在测定总铬含量的同时，还要进行Cr^{6+}和Cr^{3+}各自含量的测定，以便于更好地利用铬资源。在探讨Cr^{6+}的一般检测方法之前，先了解Cr^{6+}的主要来源：

(1) 自然界的矿石中有大量的Cr^{6+}；

(2) 在氧化剂作用下，可以使一定量的Cr^{3+}氧化成铬Cr^{6+}；

(3) 在一些特殊条件下，一定量的Cr^{3+}可以转变为Cr^{6+}。

能够检测Cr^{6+}的方法有很多，在这里大致可分为两大类：化学分析方法和仪器分析方法[30]。

4.2.1.1 化学分析方法

化学分析方法主要应用于常量Cr^{6+}的分析检测，基本原理是利用Cr^{6+}的氧化还原性质来进行滴定，从而计算出结果。此方法可以检测高含量Cr^{6+}，但是受实验条件和测试人员操作熟练度的制约，方法分析误差较大，不适合用做微量Cr^{6+}的测定。随着现代精密仪器设备的不断涌现，仪器分析法在测定Cr^{6+}含量中逐渐占据主要位置。仪器分析方法因所使用的仪器不同，又基本上可以分为紫外可见分光光度法、原子吸收分光光度法、电化学分析方法、化学荧光发光法、中子活化方法以及最近新兴起的同位素稀释质谱法等[31]。

4.2.1.2 仪器分析方法

仪器分析方法具有准确度高，操作简单，检出限低，灵敏度高等优点，已经逐渐被人们所广泛应用，其中紫外可见分光光度法拥有简单的原理和容易的操作方法，是人们最常用的分析方法，庄会荣等[32]对近些年来的分光光度法分析进行了总结。此方法可以测定出样品中最低为10μg/mL左右的微量Cr^{6+}，而且误差仅为3%左右。此方法的原理是Cr^{6+}具有很强的氧化性质，可以改变一些试剂的颜色，这种带有颜色的试剂非常多，例如经常使用的二苯碳酰二肼、三苯甲烷类、偶氮类都可以成为很好的显色剂。这些显色剂与Cr^{6+}构成的反应系统很稳定，反应时间也很短，灵敏度非常高，而且很容易排除干扰离子对测定的影响。

4.2.2 Cr^{6+}分光光度测定方法

Cr^{6+}的浸出分析采用二苯碳酰二肼分光光度法（GB 15555.4—1995）[33]。使用10mm或者30mm光程比色皿。具体原理是在酸性溶液中，六价铬与二苯碳酰二肼生成紫红色配合物，于最大吸收波长540nm处进行分光光度法测定。所用试剂主要有丙酮、硫酸（1+1）、磷酸（1+1）、铬标准溶液、显色剂等，所用分光光度计为721型光栅分光光度计。实验测定步骤按GB 15555.4—1995规定的步骤进行，六价铬的浓度c=（m/L）按式（4-1）计算：

$$c = m/V \tag{4-1}$$

式中 m——从标准曲线上查得试料中六价铬的量，μg；

V——试样体积，mL。

4.2.2.1 准备工作

（1）铬标准储备液，Cr^{6+}含量为0.1000mg/mL。称取于120℃下烘干2h的重铬酸钾0.2829g，用少量的水溶解后，移入1000mL容量瓶，用水稀释至标线，摇匀。

（2）铬标准溶液，Cr^{6+}含量为1.00μg /mL。吸取5.0mL铬标准储备液于500mL容量瓶，用水稀释至标线，摇匀。用时现配。

（3）显色剂溶液。称取二苯碳酰二肼0.2g，溶于50mL丙酮中，加水稀释至100mL，摇匀，于棕色瓶中低温下保存。

（4）硫酸溶液。将密度为1.84g/mL的硫酸加入到同体积的水中，边加边搅拌，待冷却后使用。

（5）磷酸溶液。将密度为1.69g/mL的磷酸与同体积的水混匀。

4.2.2.2 标准曲线绘制

（1）标定。向9支25mL具塞比色管中，分别加入铬标准溶液0.00mL、0.20mL、0.5mL、1.00mL、2.00mL、4.00mL、5.00mL、8.00mL、10.00mL，加水至标线。

（2）显色。加入硫酸0.5mL，磷酸0.5mL，摇匀，加显色剂2.0mL，摇匀，放置10min。

（3）测吸光度。用10mm或30mm光程比色皿，于540nm处，以水作参比，测定吸光度，以减去的空白的吸光度为横坐标，六价铬的量（μg）为纵坐标，绘制标准曲线。

（4）绘制标准曲线。

4.2.3 六价铬原子吸收测定方法

在1%（体积分数）硫酸和10g/L硫酸钠溶液中，采用空气-乙炔火焰进行测定。

每毫升溶液中，分别含3mg钴、铜、铋、铅，2mg钨、锡、钼，1mg钾、钠，0.1mg钡、锶、氧化钙。镁、铝、锰、钛、二氧化硅、五氧化二钒、氟、锑、砷、镉、磷、铁、镍均不干扰测定。大量铁、镍对测定有干扰，可用过氧化钠熔融后，过滤除去。10%（体积分数）的硝酸，6%（体积分数）的盐酸，4%（体积分数）的高氯酸不影响测定。磷酸对测定有明显影响。

六价铬原子吸收测定方法适用于矿石、铜、铅、锌、铋、钨、锡、铜精矿中0.05% ~ 2%铬的测定。

4.2.3.1 仪器

原子吸收分光光度计（灯电流25mA；还原性黄色火焰；波长357.9nm；狭缝宽度0.2nm）。

4.2.3.2 试剂

铬标准溶液0.1mg/mL。称取0.2829g二次重结晶并于130 ~ 150℃烘干过的重铬酸钾，溶于水后，移入1L容量瓶中，用水定容。此溶液含铬0.1mg/mL。吸取50mL上述溶液于500mL容量瓶中，用水定容。此溶液含铬10μg/mL。将该标准溶液配成每毫升含0μg、1μg、2μg、3μg、4μg、5μg铬的1%（体积分数）硫酸和10g/L硫酸钠溶液的标准系列。

4.2.3.3 分析步骤

称取0.1000 ~ 0.5000g试样于银或刚玉坩埚中，加1.5g过氧化钠，混匀，并覆盖少许。在650 ~ 700℃熔融5 ~ 6min，冷却后放入250mL烧杯中，用30 ~ 40mL热水提取，洗出坩埚，煮沸几分钟，滤入100mL容量瓶中，用热的10g/mL的氢氧化钠溶液洗涤沉淀数次。滤液用硫酸（1+1）中和，过量2mL，迅速冷却（防止硅酸析出），用水定容。在原子吸收分光光度计上测定。

4.2.3.4 注意事项

（1）在铬的测定中加入10g/L硫酸钠，可以抵制大多数元素的干扰。

（2）在还原性火焰中，Cr^{3+}的吸收值大于Cr^{6+}。因此测定时标准和样品中铬的价态应保持一致。

4.3 总铬的测定方法

4.3.1 总铬化学分析测定方法

用硫酸亚铁铵滴定法来测总铬，在酸性溶液中，以银盐作催化剂，用过硫酸铵将Cr^{3+}氧化为Cr^{6+}。加入少量氯化钠并煮沸，除去过量的过硫酸铵及反应中产生的氯气。以苯基代邻氨基苯甲酸作指示剂，用硫酸亚铁铵溶液滴定，使Cr^{6+}还原为Cr^{3+}，溶液呈绿色为终点。根据硫酸亚铁铵溶液的用量，计算出样品中总铬的含量。适用于水和废水中高浓度（大于1mg/L）总铬的测定。钒对测定有干扰，但在一般含铬废水中钒的含量在允许限以下。

4.3.1.1 试剂及其配制

（1）5%（体积分数）硫酸溶液。取硫酸100mL缓慢加入到2L水中，混匀。

（2）磷酸（H_3PO_4），$\rho = 1.69g/mL$。

（3）硫酸-磷酸混合液。取150mL硫酸缓慢加入到700mL水中，冷却后，加入150mL磷酸。

（4）过硫酸铵［$(NH_4)_2S_2O_8$］250g/L。

(5) 铬标准溶液。称取于110℃干燥2h的重铬酸钾（$K_2Cr_2O_7$，优纯级）0.5658g±0.0001g，用水溶解后移入1000mL容量瓶中加入稀释至标线摇匀。此溶液1mL含0.2mg铬。

(6) 硫酸亚铁铵溶液。称取硫酸亚铁铵［$(NH_4)_2Fe(SO_4)\cdot 6H_2O$］3.95g±0.01g，用500mL硫酸溶液溶解，过滤至2000mL容量瓶中，用硫酸溶液稀释至标线。临用时，用铬标准溶液标定。

(7) 标定。吸取三份各25.0mL铬标准溶液置500mL锥形瓶中，用水稀释至200mL左右。加入20mL硫酸-磷酸混合液，用硫酸亚铁铵溶液滴定至淡黄色。加入3滴苯基代邻氨基苯甲酸指示剂，继续滴定至溶液由红色突变至亮绿色为终点，记录用量V。

三份铬标准溶液所消耗硫酸亚铁铵溶液的毫升数的极差值不应超过0.05mL，取其平均值，按式（4-2）计算：

$$T=\frac{0.20\times 25.0}{V}=\frac{5.0}{V} \tag{4-2}$$

式中 T——硫酸亚铁铵溶液对铬的滴定度，mg/mL。

4.3.1.2 测定

吸取适量样品于150mL烧瓶中，消解后转移至500mL锥形瓶中（如果样品清澈，无色，可直接取适量样品于500mL锥形瓶中）。用氢氧化铵溶液中和至溶液pH为1~2。加入20mL硫酸-磷酸混合液1~3滴硝酸银溶液，0.5mL硫酸锰溶液，25mL过硫酸铵溶液，摇匀，加入几粒玻璃珠。加热至出现高锰酸盐的紫红色，煮沸10min。取下稍冷，加入5mL氯化钠溶液，加热微沸10~15min，除尽氯气。取下迅速冷却，用水洗涤瓶壁并稀释至220mL左右。加入3滴苯基代邻氨基苯甲酸指示剂，用硫酸亚铁铵溶液滴定至溶液由红色突变为绿色即为终点，记下用量V_1。

注：(1) 应注意掌握加热煮沸时间，若加热煮沸时间不够，过量的过硫酸铵及氯气未除会使结果偏高；若煮沸时间太长，溶液体积小，酸度高，可能使Cr^{6+}还原为Cr^{3+}，使结果偏低。

(2) 苯基代邻氨基苯甲酸指示剂，在测定样品和空白试验时加入量要保持一致。

4.3.1.3 计算方法

总铬含量c（mg/L）按式（4-3）计算：

$$c=\frac{(V_1-V_0)T\times 1000}{V} \tag{4-3}$$

式中 V_1——滴定样品时，硫酸亚铁铵溶液用量，mL；

V_0——空白试验时，硫酸亚铁铵溶液用量，mL；

T——硫酸亚铁铵溶液对铬的滴定度，mg/mL；

V——样品的体积，mL。

4.3.2 总铬分光光度法的测定

在酸性溶液中，试料中的Cr^{3+}被高锰酸钾氧化成Cr^{6+}，Cr^{6+}与二苯碳酰二肼反应生成紫红色配合物，于540nm处测吸光度。过量的高锰酸钾用亚硝酸钠分解，再用尿素分解过量的亚硝酸钠。

4.3.2.1 使用的仪器、试剂及配制方法

(1) 仪器。分光光度计。

(2) 试剂。HNO_3、H_2SO_4、氯仿（$CHCl_3$）、氨水、铜铁试剂［$C_6H_5N(NO)ONH_4$］、高锰酸钾溶液（40g/L）、尿素溶液（200g/L）、$NaNO_2$（20g/L）、铬标准储备液（0.1000mg/L）、显色剂。

(3) 显色剂配制方法。称取二苯碳酰二肼（$C_{13}H_{14}N_4O$）0.2g 溶于 50mL 丙酮（$C_3H_4O_3$）中，加水稀释至 100mL，摇匀于棕色瓶中，在低温下保存。

4.3.2.2 步骤

取适量试样（含铬少于 50μg）于 150mL 三角瓶中作为试料，调至中性。加入几粒玻璃珠，加硫酸 0.5mL，磷酸 0.5mL 加水至 50mL，摇匀，加高锰酸钾 2 滴，如红色消失，再加高锰酸钾，直至红色保持不退。加热煮沸至溶液剩 20mL，冷却后加尿素 1.0mL，摇匀，滴加亚硝酸钠，每加一滴充分摇匀，至高锰酸钾溶液红色刚退，稍停片刻，待溶液内气泡完全逸出，转入 50mL 比色管中，用水稀释至标线，用 50mL 水代替试液，按测定步骤做空白试验。

4.3.2.3 测定

取适量经处理的试液于 50mL 比色管中，用水稀释至刻线，加入显色剂 2.0mL，摇匀，放置 10min 后用 10mm 或 30mm 光程比色皿，于 540nm 处，以水作参比，测定吸光度，扣除空白试验的吸光度，从校准曲线上查得 Cr^{6+} 的量。

4.3.2.4 标准曲线的绘制

向 9 个 150mL 三角瓶中，分别加入铬标准溶液 0.00mL、0.20mL、0.50mL、1.00mL、2.00mL、4.00mL、6.00mL、8.00mL、10.00mL，加水至 50mL，按上述实验步骤，以减去空白吸光度为纵坐标、对应铬量为横坐标做图。

4.3.2.5 结果的表示

浸出液中总铬的浓度 c（mg/L），按式（4-4）计算：

$$c = \frac{m}{V} \tag{4-4}$$

式中 m——从校准曲线上查得试料中总铬的量，μg；

V——试料的体积，mL。

4.4 铬资源中其他常见元素分析方法

4.4.1 铁的测定方法

4.4.1.1 测定原理

在 pH 值为 2～9 的溶液中，Fe^{2+} 与邻二氮菲生成稳定的橘红色配合物 $Fe(phen)_3^{2+}$：

$$Fe^{2+} + 3(phen) \longrightarrow Fe(phen)_3^{2+} \tag{4-5}$$

式中，$\lg\beta_3 = 31.3$，摩尔吸光系数 $\varepsilon_{508} = 1.1 \times 10^4$ L/（mol·cm）。当铁为 +3 价时，可用盐酸羟胺还原：

$$2Fe^{3+} + 2NH_2OH \cdot HCl = 2Fe^{2+} + N_2 + 4H^+ + 2H_2O + 2Cl^- \tag{4-6}$$

Cu^{2+}、Zn^{2+}等离子也能与 phen 生成稳定的配合物，在少量情况下，不影响 Fe^{2+}的测定，量大时用 EDTA 掩蔽或预先分离。

4.4.1.2 测定过程

A 铁标准曲线的绘制

准确称取优级纯硫酸铁铵 [$NH_4Fe(SO_4)_2 \cdot 12H_2O$] 0.8634g 于 250mL 烧杯中，加水 50mL、6mol/L 的盐酸 20mL，溶解后转移入 1L 容量瓶中，用水稀释至刻度，摇匀。此溶液铁离子浓度为 0.1000mg/mL。

B 标准曲线的绘制

将铁标准溶液稀释 10 倍，得到浓度为 0.0100mg/mL 的标准溶液。取标准溶液 0.00mL、1.00mL、2.00mL、3.00mL、4.00mL、5.00mL、6.00mL 分别置于 7 只 50mL 容量瓶中，分别加入盐酸羟胺（质量分数为 10%）2mL，摇匀。再加入邻菲罗啉（质量分数为 0.25%）2mL、醋酸钠溶液 5mL，摇匀。用水稀释至刻度，摇匀后放置 10min。用 1cm 比色皿于波长 508nm 处，以空白溶液为参比，测定各溶液的吸光度（表 4-1）。以铁含量为横坐标、吸光度为纵坐标绘制标准曲线图 4-1。

表 4-1 铁含量与吸光度

铁含量/μg	0	10	20	30	40	50	60	70
吸光度 *A*	0.00	0.053	0.105	0.149	0.201	0.247	0.30	0.35

C 铁的测定

称取 0.500g 烘干后的试样于 250mL 烧杯中，用水润湿，加入盐酸 15mL，置低温电炉上加热 20min，取下稍冷，加硝酸 5mL，继续加热溶解，待试样完全溶解后冷却，加硫酸（1+1)4mL，继续加热蒸发至冒白烟，取下冷却后，用水吹洗杯壁，加热蒸发至冒白烟，稍冷，加入盐酸 15mL，加水 100mL，加热使可溶性盐溶解后，加入氯化铵 3g，用氨水中和至氢氧化铁完全沉淀后再过量 5mL，加热煮沸，用快速滤纸过滤，用含有 2% 氨水和 2% 氯化铵溶液洗涤沉淀 10 次，将沉淀用热盐酸（1+1）溶解于原烧杯中，滤纸用热水和盐酸（1+1）交替洗涤至滤纸上无黄色，然后将溶液移入 100mL 容量瓶中，用水稀释至刻度，摇匀。将浸出液稀释数倍至测定范围内浓度，准确移取 5mL 稀释液于 50mL 容量瓶中。其余步骤同上。

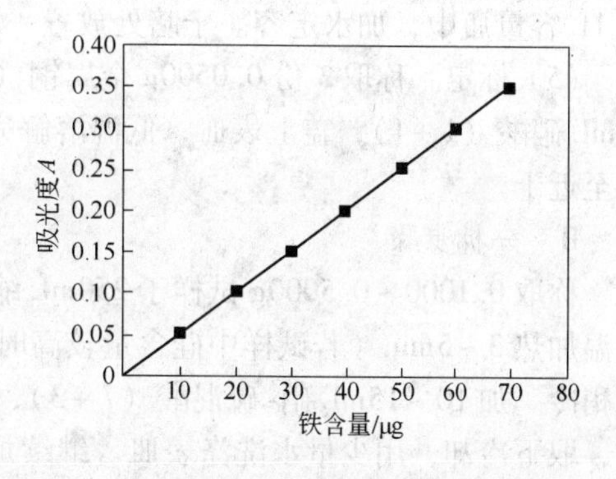

图 4-1 铁标准曲线（邻菲罗啉分光光度法）

D 铁的含量的计算

铁的含量按式（4-7）计算：

$$铁的浸出量 = A \times 稀释倍数/(0.04 \times 10^6) \tag{4-7}$$

式中 *A*——待测液的相对吸光度。

4.4.2 铜的测定方法

铜的测定方法有碘量法、原子吸收光谱法、铜试剂 DDTC 分光光度法，可以根据各种方法的可操作性及实验室条件（仪器及药品等）来选取合适的方法。

4.4.2.1 碘量法

试样经过酸分解后，用乙酸铵调节酸度，氟化氢铵掩蔽铁。在 pH = 3.0 ~ 4.0 的微酸溶液中，铜（Ⅱ）与碘化钾作用游离出碘，再以淀粉为指示剂，用硫代硫酸钠标准溶液滴定。其反应式如下：

$$2Cu^{2+} + 4I^- \longrightarrow Cu_2I_2 + I_2 \tag{4-8}$$

$$I_2 + 2S_2O_3^{2-} \longrightarrow 2I^- + S_4O_6^{2-} \tag{4-9}$$

碘量法适用于矿石中 0.5% 以上的铜的测定。

A 试剂的准备及其配制方法

（1）乙酸铵溶液（300g/L）。称取 90g 乙酸铵置于 400mL 烧杯中，加入 150mL 水和 100mL 冰乙酸，待溶解后，用水稀释至 300mL，混匀。此溶液的 pH = 5。

（2）淀粉溶液（5g/L）。称取 0.5g 可溶性淀粉置于 200mL 烧杯中，用少量的水调成糊状，将 100mL 沸水徐徐倒入其中，继续煮沸至透明，取下冷却。现用现配。

（3）硫氰酸钾溶液（400g/L）。称取 40g 硫氰酸钾置于 400mL 烧杯中，加 100mL 水溶解后（pH < 7），加 2g 碘化钾，待溶后，加入 2mL 5g/L 淀粉溶液，滴加约 0.04mol/L 碘溶液至刚好呈蓝色，再用硫代硫酸钠标准溶液滴定至蓝色消失。

（4）硫代硫酸钠标准溶液 [$c(Na_2S_2O_3) \approx 0.04mol/L$]。称取 10g 硫代硫酸钠（$Na_2S_2O_3 \cdot 5H_2O$）置于 300mL 烧杯中，加入煮沸过的冷水溶解，加入 0.1g 碳酸钠，溶解后移入 1L 容量瓶中，加水定容。于暗处放置一周后标定。

（5）标定。称取 3 份 0.0500g 金属铜（99.99%）分别置于 3 个 300mL 锥形瓶中，加 10mL 硝酸（1 + 1），盖上表皿，低温溶解完全，加入 1mL 100g/L 三氯化铁溶液混匀。加热至近干。

B 分析步骤

称取 0.1000 ~ 0.5000g 试样于 250mL 缩口烧杯中，加少量水润湿，加 10 ~ 15mL 盐酸，低温加热 3 ~ 5min（若试样中硅含量较高时，需加入 0.5g 氟化氢铵，继续加热片刻），取下稍冷。加 10 ~ 15mL 硝-硫混酸（7 + 3），盖上表皿，摇匀，低温加热，待试样完全分解后，取下冷却，用少量水洗涤表皿。继续加热蒸发至干，冷却（若试样中碳含量较高时，需加 2mL 硫酸和 2 ~ 5mL 高氯酸，加热至无黑色残渣，继续加热蒸发至干，冷却）。用 20mL 水吹洗清皿及杯壁，盖上表皿，置于电热板上煮沸，使盐类完全溶解，取下冷却至室温。向溶液中滴加 300g/L 乙酸铵溶液（若铁含量较小时，需补加 1mL 100g/L 三氯化铁），至红色不再加深并过量 3 ~ 5mL，然后滴加氟氢化铵饱和溶液至红色消失并过量 1mL，摇匀。向溶液中加 2 ~ 3g 碘化钾，摇匀。迅速用硫代硫酸钠标准溶液滴定至淡黄色。加入 2mL 5g/L 淀粉溶液（如铅、铋含量高时，需提前加淀粉溶液），继续滴定至浅蓝色，加 1mL 400g/L 硫酸氰钾溶液，激烈摇振至蓝色加深，再滴定至蓝色恰好消失，即为终点。

C 计算

铜的含量按式（4-10）计算：

$$c = \frac{Vf}{m} \times 100\% \tag{4-10}$$

式中 V——滴定时消耗硫代硫酸钠的体积，mL；

f——与1.00mL硫代硫酸钠标准溶液相当的以克表示的铜的质量；

m——称取试样量，g。

4.4.2.2 原子吸收光谱法

试样经酸分解后，在2%盐酸溶液中，采用空气-乙炔火焰于324.8nm处进行原子吸收光谱法测定。

每毫升溶液中，分别含3mg钴、铁，2mg镍、铅、锌、铋、三氧化钨、钼、镉，1mg锰、镁，0.8mg钙，0.5mg锑，0.4mg钒、铝、氧化钾、氧化钠、二氧化钛，0.2mg钡、铬、二氧化硅，0.1mg砷，20μg银均不干扰铜的测定。大于10%（体积分数）盐酸、硝酸不影响测定。3%（体积分数）的硫酸对测定有影响。

原子吸收光谱法适用于矿石、黄铁矿、钴、镍、铜、铅、锌精矿及冶金产品中0.01%~1%铜的测定。

A 仪器与试剂

P-E503原子吸收分光光度计，灯电流18mA；氧化性蓝色火焰。

铜标准溶液0.1mg/mL 取此铜标准液，分别配成含铜为0μg/mL、0.5μg/mL、1.0μg/mL、2.0μg/mL、3.0μg/mL、4.0μg/mL、5.0μg/mL的2%（体积分数）盐酸溶液的标准系列。

B 分析步骤

称取0.1000~0.5000g试样于250mL烧杯中，加15mL盐酸，加热数分钟，加5mL硝酸，蒸发至约2mL，加3mL硫酸，加热至冒三氧化硫白烟，冷却后加入4mL盐酸（1+1），加水煮沸，使盐类溶解，冷却后移入100mL容量瓶中，以水定容。待溶液澄清或干过滤后，在原子吸收分光光度计上于324.8nm处测定其吸光度。与此同时测定标准系列的吸光度。与分析试样同时进行空白试验。

4.4.2.3 铜试剂DDTC分光光度法测定

A 测定原理

在氨性溶液中（pH=8~10），铜与二乙基硫代氨基甲酸钠作用生成黄棕色配合物，此配合物可用四氯化碳萃取，在440nm波长处进行比色测定，颜色可稳定1h。

B 测定方法

用移液管吸取适量体积的试样，置于125mL分液漏斗中，加水至50mL。加入10mL EDTA—柠檬酸铵—氨性溶液，5mL氯化铵—氢氧化铵缓冲溶液，摇匀，此时pH约为9~10。之后加入5.0mL 0.2% DDTC溶液，摇匀，静置5min。准确加入10.00mL四氯化碳，用力振荡不少于2min，静置分层。用滤纸吸取漏斗颈部的水分，塞入一小团脱脂棉，弃去最初流出的有机相1~2mL，然后将有机相移入2cm比色皿内，在440nm波长下，以四氯化碳作参比，测量吸光度。以试样的吸光度减去空白试验的吸光度后，校准曲线上查得相应的铜含量。

C 校准曲线的绘制

以分析纯的硫酸铜配制浓度为1mg/L的铜离子标准溶液。吸取5.00mL铜标准溶液于1L容量瓶中，用水稀释至标线。取8个125mL分液漏斗，分别吸取上述稀释后的溶液0mL、0.20mL、0.50mL、1.00mL、2.00mL、3.00mL、4.50mL、6.00mL加入其中，加水至体积为50mL，配成一组校准系列溶液，然后按照上述测定方法步骤操作，将测得的吸光度减去试剂空白的吸光度，所得实验数据见表4-2，与相对应的铜量绘制成校准曲线，如图4-2所示。

表4-2 铜含量与吸光度

铜含量/mg	0	5	10	15	22.5	30
吸光度 A	0.001	0.11	0.23	0.362	0.563	0.75

D 铜含量的计算

铜的含量按式（4-11）计算：

$$c=\frac{\text{从标准曲线上求得的铜量}}{\text{萃取用的水样体积}} \tag{4-11}$$

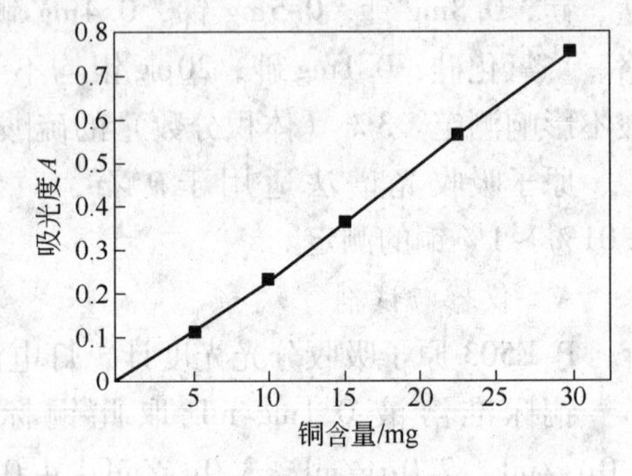

图4-2 铜标准曲线

4.4.3 镍的测定方法

镍的测定按照丁二酮肟分光光度法进行。

4.4.3.1 测定原理

在氨溶液中，碘存在下，镍与丁二酮肪作用，形成组成比为1∶4的酒红色可溶性配合物，于波长530nm处进行分光光度测定。

4.4.3.2 测定方法

取适量待测样品，置于25mL容量瓶中并用水稀释至约10mL，用2mol/L的氢氧化钠溶液约1mL使呈中性，加2mL 500g/L的柠檬酸胺溶液。然后于试样中加1mL 0.05mol/L的碘溶液，加水至20mL，摇匀，再加2mL 0.5%的丁二酮肪溶液，摇匀。之后再加2mL Na_2-EDTA溶液，加水至标线，摇匀。用1cm比色皿，以水为参比液，在530nm波长下测量显色液的吸光度并减去空白实验所测的吸光度后，从校准曲线上查得相应的镍含量。

4.4.3.3 校准曲线的绘制

用硫酸镍配制浓度为1mol/L的镍离子标准溶液，吸取10mL镍标准溶液于500mL容量瓶中，用水稀释至标线。往6个25mL容量瓶中，分别加入0mL、1.0mL、2.0mL、3.0mL、4.0mL、5.0mL上述稀释后的镍标准工作溶液，并加水至10mL，配成一组校准系列溶液，然后按照上述测定方法步骤操作，以测定的各标准溶液的吸光度减去试剂空白的吸光度，实验测定结果见表4-3，与相对应的标准溶液的镍含量绘制成校准曲线，如图4-3所示。

表4-3 镍含量与吸光度

镍含量/mg	0	20	40	60	80	100
吸光度 A	0.003	0.075	0.136	0.208	0.281	0.346

4.4.3.4 镍含量的计算

镍含量 c 由式（4-12）计算：

$$c=\frac{\text{由标准曲线查得的待测试样含镍量}}{\text{待测试样的体积}} \tag{4-12}$$

4.4.4 锌的测定方法

锌（Zn）是人体必不可少的有益元素。碱性水中锌的浓度超过5μg/mL时，水有苦涩味，并出现乳白色。水中含锌1μg/mL时，对水体的生物氧化过程有轻微抑制作用。锌对白鲢鱼的安全浓度为0.1μg/mL。农灌水中含锌量低于10μg/mL时，对水稻、小麦的生长无影响。

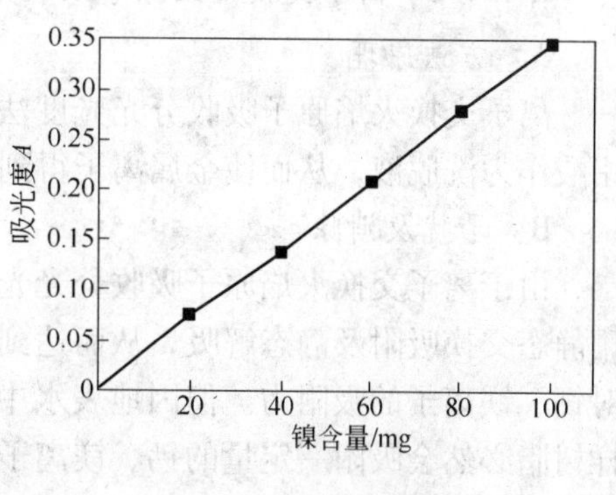

图4-3 镍标准曲线

美国天然水中的平均含锌量为64μg/L，海水中的最高含锌量为10μg/L。锌的主要污染源是电镀、冶金、颜料及化工等部门的排放废水。

锌的测定方法主要是直接吸入火焰原子吸收分光光度法测定锌，具有较高的灵敏度，干扰少，适合测定各类水中的锌。不具备原子吸收光谱仪的单位，可选用双硫腙比色法、阳极溶出伏安法或示波极谱法。

4.4.4.1 直接吸入火焰原子吸收分光光度法

A 方法原理

将样品或消解处理好的试样直接吸入火焰，火焰中形成的原子蒸气对光源发射的特征电磁辐射产生吸收。将测得的样品吸光度和标准溶液的吸光度进行比较，确定样品中被测元素的含量。

B 干扰及消除

地下水和地面水中的共存离子和化合物，在常见浓度下不干扰测定。样品中溶解硅的含量超过20mg/L时干扰锌的测定，使测定结果偏低，加入200mg/L钙可消除。铁的含量超过100mg/L时，抑制锌的吸收。

基于上述原因，分析样品前需要检验是否存在基体干扰或背景吸收。一般通过测定加标回收率，判断背景吸收的大小。根据表4-4选择与选用分析线相对应的非特征吸收谱线。背景校正用的邻近线波长。

表4-4 Zn测定波长及谱线

元素	分析线波长/nm	非特征吸收谱线/nm
锌	213.8	214（氘）

根据检验的结果，如存在基体干扰，可加入干扰抑制剂，或用标准加入法测定并计算结果。如果存在背景吸收，用自动背景校正装置或邻近非特征吸收谱线法进行校正。后一种方法是从分析线处测得的吸收中扣除邻近非特征吸收谱线处的吸收，得到被测元素原子的真正吸收。此外，也可通过萃取或样品稀释、分离或降低产生基体干扰或背景吸收的组分。

C 适用范围

直接吸入火焰原子吸收分光光度法适用于测定地下水、地面水和废水中的锌。适用浓度范围与仪器的特性有关，一般仪器的适用浓度范围0.05～1 mg/L。

所需仪器：原子吸收分光光度计、背景校正装置，所测元素的元素灯及其他必要的附件。

4.4.4.2 离子交换火焰原子吸收分光光度法

A 方法原理

离子交换火焰原子吸收分光光度法是用强酸型阳离子树脂对水样中锌离子进行吸附，用酸作为洗脱液，从而使金属离子得到浓缩，富集倍数可达100倍。

B 干扰及消除

由于离子交换火焰原子吸收分光光度法使用细粒树脂，大大加快了交换速度，因而可用静态交换吸附及静态解吸，从而达到快速和高倍数富集的目的。树脂对锌的吸附力大于对钙、镁离子的吸附力。但因地表水中钙、镁的浓度要比锌的浓度大2~3个数量级，这样树脂必然会吸附一定量的钙、镁离子。当钙、镁的浓度高达一定量时，便会与溶液中锌等元素竞争，造成树脂对这些元素吸附不完全。当湿树脂用量为2g时，所允许干扰元素的总量为3.5mmol量。如果干扰元素的量超过此限，可以采取减少样品体积，适当减少浓缩倍数的办法来解决。

C 适用范围

离子交换火焰原子吸收分光光度法适用于较清洁地表水的监测。

4.4.4.3 双硫腙分光光度法

A 方法原理

在pH=4.0~5.5的醋酸盐缓冲介质中。锌离子与双硫腙形成红色螯合物，其反应为：

$$Zn^{2+} + 2S{=}C\left\langle\begin{matrix} N(H){-}N(C_6H_5){-}H \\ N{=}N{-}C_6H_5 \end{matrix}\right. \longrightarrow S{=}C\left\langle\begin{matrix} N(H){-}N(C_6H_5) \\ N{=}N(C_6H_5) \end{matrix}\right\rangle Zn \left\langle\begin{matrix} N(C_6H_5){=}N \\ N(C_6H_5){-}N(H) \end{matrix}\right\rangle C{=}S + 2H^+ \tag{4-13}$$

该螯合物可被四氯化碳（或三氯甲烷）定量萃取。以混色法完成测定。

用四氯化碳萃取，锌—双硫腙螯合物的最大吸收波长为535nm，其摩尔吸光系数约为9.3×10^4。

B 干扰及消除

在双硫腙分光光度法规定的实验条件下，天然水中正常存在的金属离子不干扰测定。水中存在少量铋、镉、钴、铜、金、铅、汞、镍、钯、银和亚锡等金属离子时，均有干扰，但可用硫代硫酸钠掩蔽剂和控制溶液的pH值来消除这些干扰。三价铁、余氯和其他氧化剂会使双硫腙变成棕黄色。由于锌普遍存在于环境中，而锌与双硫腙反应又非常灵敏，因此需采取特殊措施防止污染。

C 适用范围

当使用光程为20mm比色皿，试份体积为100mL时，锌的最低检出浓度为0.005mg/L。适用于测定天然水和轻度污染的地表水中的锌。

4.4.4.4 阳极溶出伏安法

A 方法原理

阳极溶出伏安法又称反向溶出伏安法，其基本过程分为两步：先将待测金属离子在比其峰电位更负一些的恒电位下，在工作电极上预电解一定时间使之富集。然后，将电位由负向正的方向扫描，使富集在电极上的物质氧化溶出，并记录其氧化波。根据溶出峰电位确定被测物质的成分，根据氧化波的高度确定被测物质的含量。

电解还原是缓慢的富集，溶出是突然的释放，因而作为信号的法拉第电流大大增加，从而使方法的灵敏度大为提高。采用差分脉冲伏安法，可进一步消除干扰电流，提高方法的灵敏度。

B 干扰及消除

Fe^{3+}干扰测定，加入盐酸羟胺或抗坏血酸等使其还原为Fe^{2+}以消除其干扰。氰化物亦干扰测定，可加酸消除，加酸应在通风橱中进行（因氰化物剧毒）。

C 水样的保存

可用硝酸或高氯酸作固定剂，酸化至 $pH<2$。

D 适用范围

阳极溶出伏安法适用于测定饮用水、地面水和地下水，适用范围为1～1000μg/L，在300s的富集时间条件下，检测下限可达0.5μg/L。

4.4.4.5 示波极谱法

A 方法原理

将速度变化很快的极化电压（一般约为250mV/s），施加在滴汞电极的后2s中，在电极面积变化很小的时间内，进行快速线性电位扫描以减小充电电流的影响。用阴极射线滤波器作为测量工具，对于电极反应为可逆的物质，在长余辉示波管上，可以观察到电极反应的伏安曲线为不对称的峰形曲线，或经电子线路处理后用记录仪记录伏安曲线。其峰高与电极反应物质的浓度成正比，可用于定量分析。它的峰电位随底液中所含电解质不同而有所变化。

B 干扰及消除

示波极谱法在氨性支持电介质中测定，Fe^{3+}、钴、铊对测定有干扰。钴、铊在环境样品中含量很低，可以忽略不计。Fe^{3+}可用盐酸羟胺、抗坏血酸等还原而消除干扰。锡的干扰可用氢溴酸或浓盐酸和过氧化氢处理使锡挥发分离。

C 适用范围

示波极谱法适用于测定工业废水和生活污水。对于饮用水、地面水和地下水，需富集后方可测定。

示波极谱法的检测下限可达10^{-6}mol/L。

参考文献

[1] 张国福．萃取分光光度法测定污水中的微量铬（Ⅲ）—过铬酸—戊醇体系［J］．分析科学学报，2005，21（2）：227~228.

[2] 徐瑞银．萃取光度法测定电镀废水中的微量Cr（Ⅵ）［J］．光谱学与光谱分析，2003，23（6）：1221~1223.

[3] 吴丽香，谭立香．聚乙二醇—二苯偶氮羰酰肼萃取分光光度法测定合金钢和铝合金中Cr（Ⅵ）［J］．冶金分析，2005，25（6）：63~65.

[4] 李洪英，马彦林．固相萃取分光光度法测定水环境中Cr（Ⅵ）［J］．冶金分析，2008，28（2）：48~51.

[5] 蓝伟光，杨勇，陈霓，等．海水中铬的化学形态分析［J］．厦门水产学院学报，1991，13（1）：70~78.
[6] 陈丕英，吴燕，杨海勇，等．应用微波消解-火焰原子吸收分光光度法测定鱼粉中的铬［J］．中国饲料，2006，22：26~27.
[7] 王小芳，徐光明，叶美英．等．流动注射在线预富集-火焰原子吸收法测定水样中Cr（Ⅵ）［J］．环境污染与防治，2001，23（1）：28~31.
[8] 张勇，潘景浩．静态离子交换原子吸收法测定环境水样中的Cr（Ⅵ）和总铬［J］．中国环境监测，1997，13（3）：11.
[9] 王守娟，赵憬．石墨炉原子吸收法测定胡萝卜脆片中微量Cr的试验研究［J］．中国国境卫生检疫杂志，1999，22（5）：269~270.
[10] 周立群，蔡火操，葛伊莉，等．石墨探针-石墨炉原子吸收光谱法测定人发中痕量Cr研究［J］．理化检验化学分册，1999，8：355~356.
[11] 孙微，王磊，李一峻，等．电化学分析方法在元素形态分析中的应用［J］．分析化学，2004，32（4）：541~545.
[12] Korolczuk M. Voltammetric determination of traces of Cr（Ⅵ）in the presence of Cr（Ⅲ）and humic acid［J］．Anal. Chim，2004，14：165~171.
[13] 许琦，严金龙．电镀液中Cr（Ⅵ）含量的方法伏安法测定［J］．材料保护，2004，37（6）：50~52.
[14] 严金龙，许琦，杨春生．方波伏安法快速分析废铬液中的铬（Ⅲ）［J］．皮革化工，2003，20（5）：40~42.
[15] 储海虹，屠一锋．线性扫描伏安法同时测定铬、镉、铜［J］．分析科学学报，2003，19（5）：472~473.
[16] 李文翠，盛丽娜，李一丹．极谱法测定自来水中的六价铬［J］．中国公共卫生，2000，16（10）：946.
[17] 王玉娥．示波极谱法测定水中的六价铬［J］．现代预防医学，2003，30（5）：745.
[18] 孟凡昌，李升宽，赵丕虹．极谱络合物吸附波、催化波［M］．武汉：武汉大学出版社，2001.
[19] 陈文涛，行文茹，杨浩，等．取代三联吡啶光度法测定铬（Ⅵ）［J］．南都学坛（自然科学版），2000，20（3）：50~52.
[20] 梁沛，李春香，秦永超，等．纳米二氧化钛分离富集和ICP-AES测定水样中Cr（Ⅵ）/Cr（Ⅲ）［J］．分析科学学报，2000，16（4）：300~303.
[21] 殷永泉，贾玉国．铬（Ⅵ）的亚甲蓝分光光度法研究［J］．现代科学仪器，2001，5：27~29.
[22] 黄典文，陈跃．甲酚蓝褪色光度法测定土壤中铬［J］．冶金分析，2001，21（2）：45~46.
[23] 冯素玲，唐安娜，樊静．荧光分析法测定痕量Cr（Ⅵ）［J］．分析化学，2001，29（5）：558~560.
[24] 陈兰化，尹争志．荧光猝灭法测定痕量Cr的研究［J］．淮北煤炭师范学院学报，2004，25（3）：24~26.
[25] 高祥雯，高巍，娄莉，等．利用鲁米诺-过氧化氢-Cr（Ⅲ）体系化学发光测定尿液中的痕量Cr［J］．中国卫生检验杂志，1998，8（1）：24~25.
[26] 张帆．槲皮素化学发光新体系在分析上的应用［J］．分析化学，1991，19（2）：147~151.
[27] 刘肖．离子色谱法测定Cr［J］．环境化学，2005，24（6）：741~743.
[28] 周日东，陈秀惠，郑倩清，等．流动注射分析法与分光光度法测定水中六价铬的比较［J］．职业与健康，2008，24（13）：1256~1257.
[29] 吴宏，王镇浦，陈国松．流动注射分光光度法测定水中的痕量Cr（Ⅲ）和Cr（Ⅵ）［J］．分析试验室，2001，20（5）：65~67.

[30] Paleologos K E , Stalikas C D, Tzouwara- Karayammi S M , et al. Selection speciation of trace chromium through micelle-mediated preconcentration, coupled with micellar flow injection analysis- spectronfluorimetry [J] . Anal. Chem. Acta , 2001 , 436 (1) : 49 ~ 57.

[31] Zhu Xiashi, Hu Bin, Jiang Zucheng, et al. Cloud point extraction for speciation of chromium in water samples by electrothermal atomic absorption spectrometry [J] . Water Research, 2005, 39: 589 ~ 595.

[32] 庄会荣，朱化雨．紫外可见分光光度法测定微量亚硝酸根的研究［J］．分析科学学报，2004，20(4)：403 ~ 405.

[33] GB 15555.4—1995 固体废物 六价铬的测定 二苯碳酰二肼分光光度法［S］．北京：中国标准出版社，1995.

附　录

附录A　铬渣污染治理环境保护技术规范（HJ/T 301—2007）

（摘抄）

一、铬渣的识别

（1）应根据铬渣堆存状况初步判断铬渣污染场地的范围。

（2）应根据监测和环境影响评价结果确定铬渣污染场地的范围。

（3）可通过感观判断区分铬渣堆放场所内的铬渣和含铬污染物。铬渣一般呈松散、无规则的固体粉末状、颗粒状或小块状，总体颜色呈灰色或黑色并夹杂黄色或黄褐色；长时间露天放置后外表明显有黄色物质渗出，下层侧面明显有黄色物质渗出，渗出液呈黄色。

（4）感观判断不能确定废物属性时，应按照 HJ/T 20 采集样品，并进行鉴别。铬渣的基本特性如下：

1）按照 CJ/T 3039 现场测定铬渣的密度，一般在 0.9～1.3kg/L 之间；

2）按照 GB/T 15555.12 测定铬渣的腐蚀性，铬渣的浸出液呈碱性；

3）铬渣的主要化学成分和含量范围见附表 A-1。

附表 A-1　铬渣的主要化学成分

成　分	SiO_2	Al_2O_3	CaO	MgO	Fe_2O_3	Cr_2O_3	六价铬
含量（质量分数）/%	4～11	6～10	23～35	15～33	7～12	2.5～7.5	1～2

二、铬渣的堆放

（1）应按照 GB 15562.2 的要求在铬渣堆放场所的出入口或沿渣场道路旁设立警示标志。

（2）应采取措施防止铬渣流失或流散。

1）铬渣堆放场所应配备专门的管理人员，禁止无关人员和车辆进入铬渣堆放场所，对出入的人员和车辆进行检查和记录。

2）铬渣堆放场所内的任何作业应征得管理人员的同意，管理人员应对堆放场所内的所有作业活动进行记录。

（3）应采取措施防止雨水径流进入铬渣堆放场所。

1）设立挡水堰；

2）设立雨水导流沟渠，根据情况布设排水设备。

（4）应采取措施防止或减少铬渣渗滤液排入地面、土壤和水体，防止或减少铬渣粉尘污染空气环境。

1）设立收集沟、集液池和集液井；

2）将渗滤液收集在容器中；

3）将收集的渗滤液返回生产工艺，或进入污水处理厂（站）处理后达标排放；

4）对堆放场所进行必要的覆盖、遮挡。

（5）应尽量按照 GB 18597 的要求对现有铬渣堆放场所进行改造。

（6）禁止将本技术规范实施后产生的铬渣放置在铬渣堆放场所。

三、铬渣的挖掘

（1）应根据铬渣挖掘后续工作的进度来确定铬渣的挖掘进度和挖掘量，禁止多点任意挖掘。

（2）挖掘过程中出现硬化的地面、紧密土壤层、岩层与铬渣形成巨大外观反差等情况时可判断为污染场地，不再作为铬渣继续挖掘。

（3）挖掘时尽量在渣场内对铬渣进行筛分、磨碎等预处理，筛分出的物质应堆放在渣场内。

（4）以下情况应停止挖掘作业并采取适当防护措施：

1）恶劣天气情况，如四级风以上，降水（雨、雪、雾）等气候条件；

2）现场积存大量渗滤液或雨水；

3）可导致污染扩大的其他情况。

（5）每天的挖掘作业结束时应打扫现场，保持整洁。

（6）应对挖掘作业进行详细记录，包括挖掘时间、挖掘量或车次、场地特殊情况、天气情况、安全记录等。

四、铬渣的包装和运输

（1）严禁将铬渣与其他危险废物、生活垃圾、一般工业固体废物混合包装与运输。

（2）需要对铬渣进行包装时，其包装应满足下列要求：

1）满足 GB 12463 的要求；

2）禁止与其他废物混合包装；

3）包装物表面应有标识，标识应包括“铬渣”字样、危害特性、相关企业的名称、地址、联系人及联系方式等内容；

4）应保证包装完好，如有破损应重新包装或修理加固；

5）包装物应经过处理和检查认定消除污染后方可转作其他用途。

（3）铬渣的运输应遵守 JT 617—2004 和《道路危险货物运输管理规定》的相关要求。

（4）铬渣的运输应执行《危险废物转移联单管理办法》。

（5）铬渣的运输应采用陆路运输，禁止采用水路运输。运输单位应采用符合国务院交通主管部门有关危险货物运输要求的运输工具。

（6）铬渣的运输应选择适宜的运输路线，尽可能避开居民聚居点、水源保护区、名胜古迹、风景旅游区等环境敏感区。

（7）运输过程中严禁将铬渣在厂外进行中转存放或堆放，严禁将铬渣向环境中倾倒、丢弃、遗撒。

（8）铬渣的运输过程中应采取防水、防扬尘、防泄漏等措施，在运输过程中不得进行中间装卸操作。

(9) 在铬渣的堆放、解毒和综合利用场所内，应保证铬渣的装卸、转运作业场所粉尘浓度满足 GBZ 2 的要求。

(10) 铬渣的装卸作业应遵守操作规程，做好安全防护和检查工作。卸渣后应保持车厢清洁，污染的车辆及工具应及时洗刷干净，残留物或洗刷物不得任意排放。

五、铬渣的储存

(1) 铬渣储存场所的设计、选址、运营、监测、关闭应符合 GB 18597 的相关要求。

(2) 铬渣储存场所应设置防护设施如围墙、栅栏，按照 GB 15562.2 的要求设置警示标志，并配备应急设施和人员防护装备。

(3) 铬渣在集中式储存设施中应单独隔离存放，禁止与其他生产原料或废物混合存放。

(4) 铬渣的储存不得超过一年。

六、铬渣的解毒

铬渣解毒过程中作业场所的粉尘浓度应满足 GBZ 2 的要求。铬渣解毒产生的废水应尽量返回工艺流程进行循环使用。如需要外排时，应进行处理，满足 GB 8978 的要求后排放。解毒后的铬渣，应满足其后续处理处置的相应要求。

(一) 铬渣的干法解毒

(1) 干法解毒设施应配备自动控制系统和在线监测系统，以控制转速（回转窑）、进料量、风量、温度等运行参数；并在线显示运行工况，包括气体的浓度、风量、进料量、温度等。

(2) 应根据铬渣成分确定还原剂的用量，铬渣与还原剂应在进入解毒设施之前混合均匀。

(3) 采用回转窑进行干法解毒时，为保证还原气氛，应控制进入回转窑的空气量，确保窑气中的 CO 和 O_2 含量有利于高温还原反应的进行。窑内高温区的温度不应低于 850℃，窑尾的温度尽量控制在 350～450℃之间。应保证铬渣在窑内充分的停留时间，不应低于 45min。

(4) 出窑的铬渣应在密闭状态下立即使用水淬剂进行降温，使之迅速冷却。水淬剂一般选择 $FeSO_4$ 溶液，浓度不宜低于 0.3g/L。

(5) 干法解毒设施应配备脱硫净化装置和除尘装置，并对尾气中的粉尘、SO_2 和 CO 浓度进行在线监测。

(6) 铬渣干法解毒设施的烟气排放应满足 GB 18484 的要求，具体排放限值见附表 A-2。

附表 A-2 铬渣解毒设施的大气污染控制指标限值

污染控制指标	烟气黑度（林格曼级）	烟（粉）尘 /mg·m^{-3}	CO /mg·m^{-3}	SO_2 /mg·m^{-3}	铬、锡、锑、铜、锰及其化合物 /mg·m^{-3}
限值（级别）	1	65	80	200	4.0

（二）铬渣的湿法解毒

（1）在选择湿法解毒工艺路线时应确保不引入可能造成新的环境污染的物质。

（2）应根据铬渣的成分确定合适的工艺条件，包括铬渣粒度、还原反应的液固比、pH值，同时应保证充分的反应时间。

（3）固液混合相还原应满足以下要求：

1）铬渣和酸液的混合反应后物料的pH值应小于5；

2）根据铬渣的粒度确定酸液和铬渣的液固比；

3）根据液固比、pH值确定单次反应时间，应保证足够的反应时间。

（4）固液分离后对液相进行还原应满足以下要求：

1）二次溶出时铬渣和酸液的混合反应物料的pH值控制在5~6；

2）酸液和还原剂的加入量应确保酸溶六价铬得到还原。

七、铬渣的综合利用

铬渣用作路基材料和混凝土骨料的污染控制铬渣经过解毒、固化等预处理后，按照HJ/T 299制备的浸出液中任何一种危害成分的浓度均低于附表A-3中的限值，则经过处理的铬渣可以用作路基材料和混凝土骨料。

附表A-3 铬渣作为路基材料和混凝土骨料的污染控制指标限值

序　号	成　分	浸出液限值/$mg \cdot L^{-1}$
1	总铬	1.5
2	六价铬	0.5
3	钡	10

（一）铬渣用于水泥生产

铬渣用于制备水泥生料时，应根据工艺配料的要求确定铬渣的掺加量。铬渣的掺加量不应超过水泥生料质量的5%。

铬渣用作水泥混合材料时，必须经过解毒。解毒后的铬渣按照HJ/T 299制备的浸出液中的任何一种危害成分的浓度均应低于附表A-3中的限值。

解毒后的铬渣作为水泥混合材料，其掺加量应符合水泥的相关国家或行业标准要求。

利用铬渣生产的水泥产品除应满足国家或水泥行业的品质标准要求外，还应满足以下要求：

（1）利用铬渣生产的水泥产品经过处理后，按照“铬渣生产的水泥产品中重金属浓度”的方法进行检测，其浸出液中的任何一种危害成分的浓度均应低于附表A-4中的限值。

附表A-4 利用铬渣生产的水泥产品的污染控制指标限值

序　号	成　分	浸出液限值/$mg \cdot L^{-1}$
1	总铬	0.15
2	六价铬	0.05
3	钡	1.0

（2）利用铬渣生产的水泥产品经过处理后，按照“二苯碳酰二肼分光光度法测定水泥中水溶性六价铬”的方法进行检测，其中水溶性六价铬含量应不超过0.0002%（质量分数）。

（3）利用铬渣生产的水泥产品中放射性物质的量应满足GB 6566—2010的要求。

利用铬渣生产水泥的企业的大气污染物排放应满足GB 4915—2004的要求。

（二）铬渣用于制砖及砌块

铬渣替代部分黏土或粉煤灰用于制砖及砌块时，必须经过解毒。解毒后的铬渣按照HJ/T 299制备的浸出液中的任何一种危害成分的浓度均应低于附表A-3中的限值。

利用铬渣生产的砖及砌块成品经过处理后，按照“铬渣生产的砖及砌块产品中重金属浓度”的方法进行检测，其浸出液中的任何一种危害成分的浓度均应低于附表A-5中的限值。

附表A-5 利用铬渣生产的砖及砌块产品的污染控制指标限值

序 号	成 分	浸出液限值/$mg \cdot L^{-1}$
1	总铬	0.3
2	六价铬	0.1
3	钡	4.0

利用铬渣生产的砖及砌块禁止用于修建水池。

（三）铬渣用于烧结炼铁

应根据烧结炼铁产品的需要确定铬渣的掺加量，以满足高炉炼铁质量标准为限。

在铬渣的筛分、转运、配料、进仓、出仓等操作处应设置收尘装置。

（四）铬渣综合利用其他要求

铬渣综合利用作业场所的粉尘浓度应满足GBZ 2的要求。

利用铬渣烧结炼铁、制砖及砌块的企业的炉窑废气排放应满足GB 9078的要求。

铬渣综合利用过程中产生的废水应尽量返回工艺流程进行循环使用。如需要外排时，应进行处理，满足GB 8978的要求后排放。

各种元素浓度的测定方法见附表A-6。

附表A-6 浸出液中元素浓度的分析方法

编 号	元 素	分析方法	
1	铬	二苯碳酰二肼分光光度法	GB/T 15555.5
		直接吸收火焰原子吸收分光光度法	GB/T 15555.6
		硫酸亚铁铵滴定法	GB/T 15555.8
2	六价铬	二苯碳酰二肼分光光度法	GB/T 15555.4
		硫酸亚铁铵滴定法	GB/T 15555.7
3	钡	电位滴定法	GB/T 14671

八、铬渣的最终处置

铬渣进入生活垃圾填埋场的污染控制铬渣经过解毒、固化等预处理后，按照HJ/T 300制备的浸出液中任何一种危害成分的浓度均低于附表A-7中的限值，则经过处理的铬渣可以进入生活垃圾填埋场进行填埋。

附表A-7 铬渣进入生活垃圾填埋场的污染控制指标限值

序号	成分	浸出液限值/mg·L^{-1}
1	总铬	4.5
2	六价铬	1.5
3	钡	25

铬渣进入一般工业固体废物填埋场的污染控制铬渣经过解毒、固化等预处理后，按照HJ/T 299—2007制备的浸出液中任何一种危害成分的浓度均低于附表A-8中的限值，则经过处理的铬渣可以进入一般工业固体废物填埋场进行填埋。

附表A-8 铬渣进入一般工业固体废物填埋场的污染控制指标限值

序号	成分	浸出液限值/mg·L^{-1}
1	总铬	9
2	六价铬	3
3	钡	50

九、铬渣处理处置的监测与结果判断

（一）铬渣解毒产物和综合利用产品的监测

（1）铬渣解毒产物和综合利用产品的采样。

1）在铬渣解毒或综合利用产品生产流水线上采取铬渣的解毒产物或综合利用产品样品；

2）每8h（或一个生产班次）完成一次监测采样；

3）每次采样数量不应少于10份，在8h（或一个生产班次）内等时间段取样；

4）每份样品的最低采样量为0.5kg。

（2）采取的每份样品应破碎并混合均匀，按照第七、八小节的要求进行分析。

（3）监测结果判断。当铬渣解毒产物或综合利用产品的监测结果同时满足以下两个要求时，方可视为合格：

1）样品的超标率不超过20%；

2）超标样品监测结果的算术平均值不超过控制指标限值的120%。

(二) 铬渣处理处置场所和设施的监测

铬渣处理处置场所和设施的监测采样方法如下:
(1) 颗粒物和气态污染物的采样按照 GB/T 16157 进行;
(2) 无组织排放大气污染物的采样按照 HJ/T 55 进行;
(3) 污水的采样按照 GB 8978 进行;
(4) 地下水的采样按照 HJ/T 164 进行;
(5) 土壤的采样按照 HJ/T 166 进行。
铬渣处理处置场所和设施的监测方法如下:
(1) 污染物排放量按照相应排放标准规定的监测方法进行;
(2) 地下水中铬含量的监测按照 GB 5750 进行;
(3) 土壤中铬含量的监测按照 GB/T 17137 进行。

十、铬渣处理处置的污染控制

(1) 铬渣处理处置应制定实施环境保护的相关管理制度，包括下列内容:

1) 管理责任制度。应设置环境保护监督管理部门或者专（兼）职人员，负责监督铬渣处理处置过程中的环境保护及相关管理工作。

2) 污染预防机制和处理环境污染事故的应急预案制度。

3) 培训制度。应对铬渣处理处置过程的所有作业人员进行培训，内容包括铬渣的危害特性、环境保护要求、应急处理等方面的内容。

4) 记录制度。应建立铬渣处理处置情况记录簿，内容包括每批铬渣的来源，数量，种类，处理处置方式，处理处置时间，监测结果，去向，运输单位，事故等特殊情况。

5) 监测制度。

6) 资料保存制度。应保存处理处置的相关资料，包括培训记录、处理处置情况记录、转移联单、环境监测数据等。

(2) 铬渣处理处置设施和场所的建设应符合国家相关标准的要求。禁止在 GB3095 中的环境空气质量功能区对应的一类区域和 GB 3838 中的地表水环境质量一类、二类功能区内建设铬渣处理处置设施和场所。

(3) 铬渣的处理处置过程不得对土壤和地下水造成二次污染。

(4) 铬渣处理处置过程中因铬渣的装卸、设备故障以及检修等原因造成洒落的铬渣应及时清扫和回收。

(5) 收（除）尘装置收集的含铬粉尘应就近进入处理处置的工艺流程，不得随意处置。

(6) 铬渣处理处置的质量控制。

1) 连续解毒处理后的铬渣应分班次堆放，间歇解毒处理后的铬渣应分批次堆存，以便取样进行解毒效果的监测。

2) 铬渣解毒产物应按照第九小节（一）的要求进行监测。如果铬渣解毒产物不满足要求，应对本批次铬渣重新进行解毒处理，直至满足要求为止。

3) 铬渣综合利用的产品应按照第九小节（一）的要求进行监测。如果综合利用的产品不满足要求，应对本批次产品重新进行加工，直至满足要求为止。

（7）应每两个月向当地环境保护行政主管部门提交一次监测报告，监测报告将作为地方环境管理部门对铬渣污染治理工作进行监督管理与验收的依据。

1）监测数据应由获得国家质量技术监督局颁发的计量认证合格证书的实验室分析取得。

2）监测数据应包括：按照（6）要求测定的质量控制数据以及按照要求测定的环境监测数据。

3）监测频率。

① 气体污染物和粉尘的监测频率为每个月一次；

② 污水的监测频率为每个月一次；

③ 地下水的监测频率为每两个月一次；

④ 土壤的监测频率为每两个月一次；

⑤ 铬渣解毒产物的监测频率为每两周一次；

⑥ 铬渣综合利用产品的监测频率为每个月一次。

（8）铬渣处理处置过程结束后，应向当地环境保护行政主管部门提交铬渣处理处置总结报告，应包括：危险废物转移联单、处理处置情况记录、监测报告及其他相关材料。

十一、铬渣污染治理的环境管理

（一）铬渣污染调查

（1）铬渣污染治理项目实施前，应进行铬渣污染调查。调查前应制定调查方案，内容包括调查方法、调查表格设计、调查步骤和调查内容等。

（2）调查方法包括现场勘察及取样分析、查阅档案资料、走访知情人等。

（3）调查表格应包括调查内容中所要求的相关信息。

（4）调查步骤应包括以下几个方面：

1）了解铬渣产生企业的背景资料；

2）现场调查与采样，包括铬渣、土壤、地下水和附近水源地（如饮用水井、池塘、水渠、河流、湖泊等）样品；

3）走访企业职工，了解铬渣产生情况与去向；

4）走访企业周围常住居民，了解铬渣产生情况与去向；

5）查阅地方企业经济统计资料；

6）完成现场调查表；

7）分析样品；

8）调查总结。

（5）调查内容应包括：

1）铬盐的生产工艺、生产规模、生产年限、历年铬盐生产量、销售量；

2）铬渣年产生量、历年铬渣产生总量、其他含铬废物量；

3）铬渣堆存方式、堆存位置、占地面积、堆存量；

4）铬渣处理处置的方式和数量；

5）铬渣污染现状；

6）其他相关记录。

（6）调查结束时应提交调查报告，调查报告应作为铬渣污染治理方案的设计依据。

（7）现场调查过程中必须采取必要的安全防护措施。

（二）铬渣污染治理方案

铬渣污染治理项目实施前，应制定铬渣污染治理方案。并将治理方案报当地环境保护行政主管部门备案，作为对铬渣污染治理工作进行监督管理与验收的依据。

铬渣污染治理方案应包括以下内容：

（1）铬渣的数量；

（2）铬渣污染治理的工艺分析，包括处理方式、处理能力与处理周期；

（3）管理责任制度；

（4）污染预防机制和环境污染事故应急预案；

（5）培训方案；

（6）处理处置情况记录方案；

（7）监测方案；

（8）资料保存方案。

（三）环境影响评价

在铬渣污染治理项目实施前，应进行环境影响评价。

环境影响评价在满足国家相关法律法规和 HJ/T 2、HJ/T 19 要求的同时，还应包括以下内容：

（1）铬渣处理处置过程中的污染控制要求和具体措施；

（2）铬渣解毒产物和综合利用产品的达标效果评价；

（3）铬渣综合利用产品的长期安全性及其风险评价。

（四）监督管理

应对处理处置的全过程进行监督管理，监督管理工作报告作为对铬渣污染治理工作进行验收的依据。

（1）铬渣的挖掘、包装与运输过程的监督管理应包括：

1）挖掘量与识别出的铬渣量的一致性；

2）挖掘现场的环境监测数据；

3）危险废物转移联单；

4）相关记录。

（2）铬渣解毒过程的监督管理应包括：

1）铬渣解毒设施的运行状况及相关记录；

2）铬渣解毒过程污染控制设施的运行状况及相关记录；

3）铬渣解毒产物的监测与企业委托监测数据；

4）铬渣解毒场所和设施的监测与企业委托监测数据。

（3）铬渣综合利用过程的监督管理应包括：

1）铬渣综合利用企业设施的运行状况及相关记录；

2）铬渣综合利用过程污染控制设施的运行状况及相关记录；

3）铬渣综合利用产品的监测与企业委托监测数据；

4）铬渣综合利用场所和设施的监测与企业委托监测数据。

（五）铬渣污染治理的验收

（1）铬渣污染治理工作结束后应进行验收。

（2）铬渣污染治理的验收应包括污染治理方案、环境影响评价报告、处理处置总结报告、监督管理工作报告。

附录 B 铬盐行业清洁生产评价指标体系（试行）

（摘抄）

一、铬盐行业清洁生产评价指标体系结构

本指标体系选取资源消耗、产品质量、环保指标、资源综合利用及健康安全等 5 个方面共 37 项指标作为铬盐行业的清洁生产评价指标。这些指标的高低将反映企业的生产工艺水平、资源综合利用水平、环保水平以及健康安全环境管理水平。铬盐行业清洁生产评价指标体系如附图 B-1 所示。

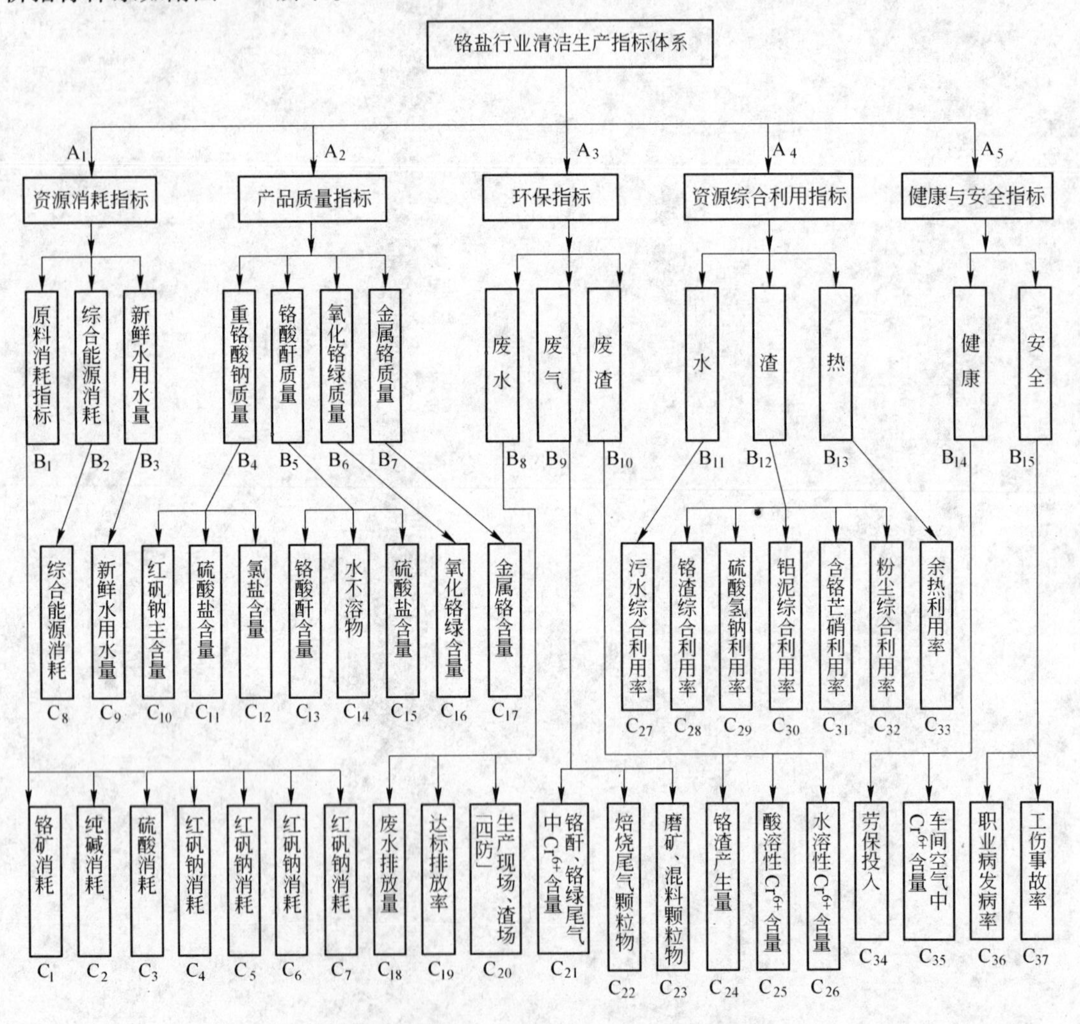

附图 B-1 铬盐行业清洁生产评价指标体系

评价指标分为正向指标和逆向指标。其中，资源消耗、环保指标均为逆向指标，数值越小越符合清洁生产的要求；资源综合利用方面的指标均为正向指标，数值越大越符合清洁生产的要求。产品质量、健康安全指标中既有正向指标，也有逆向指标。

二、铬盐行业清洁生产评价指标的基准值和权重值

铬盐行业清洁生产评价指标的基准值为各项指标的最小值和最大值。对于正向指标，其最小值采用铬盐行业平均水平，最大值采用铬盐行业能达到的最大值（即行业最优值）。对于逆向指标，其最小值采用行业能达到的最低水平值（即行业最优值），最大值采用铬盐行业平均水平，或者根据国家法律、法规和标准取值，部分指标参考了国际先进水平。

资源消耗指标中各项指标为逆向指标，其最小值取行业能达到的最小值，最大值取行业的平均水平。产品质量指标中各项指标值根据产品质量标准和行业水平确定进行确定。环保指标中各项指标为逆向指标，其最小值取行业能达到的最好水平值，最大值取国家相关环保标准的最大限值。资源综合利用指标中各项指标为正向指标，其最大值和最小值根据行业能达到的最好水平值和行业平均值确定。健康安全指标中各项指标根据国家法律、法规和标准要求取值。

各项指标的权重值采用层次分析法（AHP）来确定。

各项指标权重、基准值（最大值和最小值）见附表B-1。

附表B-1 铬盐系列产品企业的评价指标项目、权重及基准值

序号	评价指标			权重	最小值	最大值
1	资源消耗指标	铬矿消耗	红矾钠生产/$t \cdot t_{红矾钠}^{-1}$	4.72	1.10	1.25
2		纯碱消耗		1.56	0.86	0.95
3		硫酸消耗		1.56	0.20	0.46
4		红矾钠消耗	铬酐生产/$t \cdot t_{铬酐}^{-1}$	3.01	1.580	1.620
5			碱式硫酸铬生产/$t \cdot t_{碱式硫酸铬}^{-1}$	0.54	0.49	0.50
6			氧化铬绿生产/$t \cdot t_{氧化铬绿}^{-1}$	0.54	2.09	2.19
7			金属铬生产/$t \cdot t_{金属铬}^{-1}$	0.54	3.05	3.23
8		综合能源消耗/GJ·万元产值$^{-1}$		7.17	42	54
9		新鲜水消耗量/$t \cdot t_{红矾钠}^{-1}$		1.52	4	5
10	产品质量指标	重铬酸钠含量/%		1.52	98.50	99.50
11		硫酸盐含量/%		0.30	0.20	0.25
12		氯盐含量/%		0.30	0.02	0.05
13		铬酸酐含量/%		1.52	99.60	99.90
14		水不溶物含量/%		0.30	0.01	0.02
15		硫酸盐含量/%		0.30	0.04	0.08
16		三氧化二铬含量/%		1.52	97.00	99.00
17		金属铬含量/%		1.52	98.00	99.00
18	环保指标	工业废水排放量/$t \cdot t_{红矾钠}^{-1}$		5.80	0	2.00
19		废水达标排放率/%		5.80	100	100
20		生产现场、渣场“四防”措施/%		5.80	4	4
21		铬酐、氧化铬绿生产尾气中六价铬含量/$mg \cdot m^{-3}$		1.18	0.20	2.00

续附表 B-1

序号	评价指标		权 重	最小值	最大值
22	环保指标	焙烧尾气中的颗粒物 /mg · m^{-3}	1.18	100	300
23		磨矿、混料过程中的颗粒物/mg · m^{-3}	1.18	0	5
24		铬渣产生量/t · $t_{红矾钠}^{-1}$	10.57	0.80	1.50
25		铬渣中酸溶六价铬含量/%	5.80	0.10	1.30
26		铬渣中水溶六价铬含量/%	5.80	0.30	0.80
27	资源综合利用率	污水综合利用率/%	1.69	40	80
28		铬渣综合利用率/%	9.70	100	100
29		硫酸氢钠综合利用率/%	4.11	100	100
30		铝泥综合利用率/%	1.69	100	100
31		含铬芒硝综合利用率/%	1.69	100	100
32		粉尘综合利用率/%	0.60	100	100
33		余热利用率/%	1.69	30	70
34	健康安全指标	劳保投入 /元 · 人$^{-1}$	0.91	100	400
35		车间内空气六价铬含量/mg · m^{-3}	2.73	0	0.080
36		职业病新增发病率 /%	2.73	0	0.3
37		工伤事故率/%	0.91	0	0.3

注：1. 资源综合利用率指标是正向指标，即数值越大越好；其余指标为逆向指标，数值越小越好。

2. 铬矿消耗，按折标 50% 计算。

3. 纯碱消耗，按折标 100% 计算。

4. 用作原料的红矾钠均以含量折标 100% 计算。

5. 铬粉生产红矾钠消耗指标按铬粉含量 25% 折标计算。

6. 综合能耗消耗包括燃料煤、气、油及电消耗。

7. 铬渣产生量、铬渣中酸溶性六价铬含量、铬渣中水溶性六价铬含量均指铬渣干基。

8. 生产现场、渣场的“四防”是指防渗、防淋、防洪、防飞扬。

9. 污水综合利用主要指工业含铬废水，包括渣场水的收集与使用、生产区废水的清污分流、地下水的截流与回收使用。

10. 粉尘综合利用主要指磨矿、配料工段及窑尾粉尘的回收与利用。

11. 余热利用主要指焙烧尾气的利用，计算方法暂采用：余热利用率 =（余热锅炉进口温度 - 出口温度）/进口温度，未安装余热锅炉则该台旋窑余热利用率为 0。

12. 职业病的统计以卫生监督部门的体检结果为准。

13. 劳保投入包括劳保用品，以及为改善职工健康投入的设施、物资，如生产区内的职工餐厅、发放的牛奶等。

14. 考虑到现行环境保护政策法规要求，企业被地方环保主管部门认定为主要污染物排放未“达标”（指总量未达到控制指标或污染源排放超标）的，或发生重大污染事故，该企业不能被评定为“清洁生产先进企业”或“清洁生产企业”。

15. 企业发生因工死亡事故，该企业不能被评定为“清洁生产先进企业”或“清洁生产企业”。

16. 部分指标涉及的工业总产值的统计均采用 1990 不变价。

17. 部分指标的最大、最小值确定，考虑了鼓励无钙焙烧等先进工艺的采用，以体现清洁生产污染预防的宗旨。

三、铬盐企业清洁生产评价指标的考核评分计算方法

（一）评价指标实际数值的标准化处理

企业清洁生产评价指标的考核评分，以企业在考核年度（一般以一个生产年度为一个考核周期，并与生产年度同步）内各项指标实际数值为基础进行计算，综合得出该企业评价指标的考核总分值。考虑到正向指标与逆向指标的差别，对各项评价指标的实际数值根据其类别和不同情况分别进行标准化处理。

当某一指标实际数值介于基准值（最小值和最大值）之间时，采用线性插值方法进行处理。其计算公式如下：

正向指标： $C_i = (X_i - X_{\min(i)})/(X_{\max(i)} - X_{\min(i)})$

逆向指标： $C_i = (X_{\max(i)} - X_i)/(X_{\max(i)} - X_{\min(i)})$

式中 C_i——该企业第 i 项指标的标准化值；

X_i——企业第 i 项评价指标的实际数值；

$X_{\max(i)}$——第 i 项指标的最大值；

$X_{\min(i)}$——第 i 项指标的最小值。

当企业某一正向指标实际数值小于或等于最小值时，该指标的标准化值取0；当企业的逆向指标实际数值大于或等于最大值的时，该指标的标准化值取0。

当企业某一正向指标实际数值大于或等于最大值时，该指标的标准化值取1；当企业的逆向指标实际数值小于或等于最小值时，该指标的标准化值取1。

（二）产品种类不一致的企业权重值的确定

本指标体系涵盖的产品范围包括重铬酸钠、铬酸酐、碱式硫酸铬、氧化铬绿、金属铬等，若某企业除重铬酸钠外其他的产品未包括完，则在计算时应取消未生产产品涉及的项目，并调整相应的权重值，调整方法为：各大项的总权重值不变，只按比例调整相应大项中小项的权重值。

例如，某企业未生产氧化铬绿，则产品质量指标这个大项中“三氧化二铬含量”应在计算时取消，并调整重铬酸钠含量等其他六个小项的权重值。计算如下：产品质量指标8个小项总权重值为7.28，三氧化二铬含量的权重值为1.52，重铬酸钠含量的权重值为1.52，则重铬酸钠含量的权重值调整为 $=7.28/(7.28-1.52)\times 1.52=1.92$，其他各项权重依此类推进行调整。

（三）企业清洁生产综合评价指数的考核评分计算

综合评价指数计算公式为：

$$P = \left\{\sum_{i=1}^{n}(C_i \times W_i)\right\}/2 + 50$$

式中 P——企业的清洁生产综合评价指数；

C_i——第 i 项指标的标准化值；

W_i——第 i 项指标的权重，$\sum_{i=1}^{n} W_i = 100$。

企业的清洁生产综合评价指数 P 值介于 50 至 100 之间。

（四）铬盐行业清洁生产企业的评定

本评价指标体系将铬盐行业企业清洁生产水平划分为两级，即国内清洁生产先进水平和国内清洁生产一般水平。对达到一定综合评价指数的企业，分别评定为清洁生产先进企业或清洁生产企业。

根据目前我国铬盐行业的实际情况，不同等级的清洁生产企业的综合评价指数见附表 B-2。

附表 B-2 铬盐行业不同等级的清洁生产企业综合评价指数

清洁生产企业等级	清洁生产综合评价指数
清洁生产先进企业	$P \geqslant 80$
清洁生产企业	$70 \leqslant P < 80$